W0186431

MARTIN WEHRLE

Noch so ein Arbeitstag, und ich dreh durch

mosaik

Buch

In vielen Firmen herrscht das Diktat der Unvernunft. Mitarbeiter müssen tun, was ihnen gesagt wird, weil es ihnen gesagt wird – auch wenn es der letzte Unsinn ist. Regeln ersetzen den gesunden Menschenverstand. Das Betriebsklima orientiert sich vor allem an der Laune der Chefs. In seinem neuen Buch zerrt Martin Wehrle ans Licht, womit Unternehmen ihre Mitarbeiter heute in den Wahnsinn treiben. Mit Erfahrungsberichten, unglaublichen Beispielen aus seiner Praxis und seiner typischen erfrischenden Sprache holt er die Leserinnen und Leser dort ab, wo sie täglich herausgefordert sind, und eröffnet Möglichkeiten, dem Wahnsinn entgegenzutreten.

Autor

Der Erfolgsautor Martin Wehrle ist Deutschlands bekanntester Karriere- und Lebenscoach. Seine Bücher haben rund um den Globus begeisterte Leser gefunden, zuletzt erschienen die Bestseller *Der Klügere denkt nach* sowie *Sei einzig, nicht artig!*. An seiner Karriereberater-Akademie gibt er Erfahrungen weiter und bildet mit großem Erfolg Coachs aus. Firmen schätzen ihn als unterhaltsamen Redner und Podiumsteilnehmer.
Über seinen YouTube-Kanal »Martin Wehrle: Coaching- und Karrieretipps« erreicht er jährlich mehrere Millionen Menschen.

Außerdem von Martin Wehrle im Programm:
Geheime Tricks für mehr Gehalt (auch als E-Book erhältlich)
Bin ich hier der Depp?! (auch als E-Book erhältlich)
Viel Fleiß, kein Preis (auch als E-Book erhältlich, auch unter dem Titel »Herr Müller, Sie sind doch nicht schwanger?!« erschienen)
Sei einzig, nicht artig! (auch als E-Book erhältlich)
Der Klügere denkt nach (auch als E-Book erhältlich)

Martin Wehrle

Noch so ein Arbeitstag, und ich dreh durch

Was Mitarbeiter
in den Wahnsinn treibt

MOSAIK

Dieses Buch ist auch als E-Book erhältlich.

MIX
Papier aus verantwortungsvollen Quellen
FSC® C083411

Verlagsgruppe Random House FSC® N001967

1. Auflage
Originalausgabe Oktober 2018
Mosaik Verlag in der Verlagsgruppe Random House GmbH,
Neumarkter Str. 28, 81673 München

Dieses Buch wurde vermittelt durch die Montasser Medienagentur, München.
Umschlag: *zeichenpool
Umschlagmotiv: istockphoto/Ryzhi
Illustrationen: istockphoto/Rhyzhi
Satz: Buch-Werkstatt GmbH, Bad Aibling
Druck und Bindung: CPI books GmbH, Leck
Printed in the Czech Republic
MZ · Herstellung: IH
ISBN 978-3-442-39326-8

www.mosaik-verlag.de

Inhalt

Vorwort: Haben Sie Mr Hyde gesehen?

Warum interessiert Sie dieses Buch? Hegen Sie den Verdacht, dass Sie bei der Arbeit durchdrehen? Überprüfen Sie es in nur zwei Minuten. Wie oft stimmen Sie den folgenden Aussagen zu?

- ☐ Haben Sie es satt, jeden Tag in Meetings zu sitzen, in denen Arbeitszeit verbrannt und nur eines bewegt wird: die Lippen?
- ☐ Hat sich Ihr letztes Mitarbeiter-Gespräch – wie oft wurde es verschoben? – mal wieder als »Nullrunde« entpuppt, auch inhaltlich?
- ☐ Hören Sie pausenlos, dass Mitarbeiter in Ihrer Firma »Mitunternehmer« sind – während Ihr Entscheidungsspielraum nicht einmal zur Bürotür reicht und der Gewinn zuverlässig an Ihnen vorbeirauscht?
- ☐ Sind die Arbeitsfluten bei knapper Personalstärke so sehr angeschwollen, dass Sie Überstunden aus Notwehr leisten?
- ☐ Ist Ihr Chef ein Meeting-Nomade, der jeden Flecken auf den Tapeten der Sitzungsräume besser kennt und öfter sieht als seine Mitarbeiter?
- ☐ Haben Sie als Frau den Verdacht, dass »Chancengleichheit« sich nicht auf Gehalts- und Karrierechancen bezieht, sondern auf Ihren Vortritt beim Kaffeekochen?
- ☐ Haben Sie als Mann den Verdacht, dass das Ausschöpfen der Elternzeit Ihrer Karriere etwa so sehr dient wie ein aus Ihrer Ecke geworfenes Handtuch beim Boxen?
- ☐ Gleicht Ihre Arbeit einem bürokratischen Hindernislauf, bei dem Sie stolpern über Richtlinien, Reportings und ähnlichen Käse?

- ☐ Hat sich das Controlling in Ihrer Firma zum Selbstzweck erhoben und braust wie ein riesiger Mähdrescher über alles hinweg, um zu kürzen, wo nichts mehr zu kürzen ist?
- ☐ Und wurde Ihnen im Vorstellungsgespräch eine höchstvernünftige Firma präsentiert, die Ihnen nach Ihrem Eintritt so nie wieder begegnet ist?

Wenn Sie ein- bis zweimal genickt haben, drehen Sie nur gelegentlich durch. Wenn Sie drei- bis viermal genickt haben, führt der Irrsinn bereits die Geschäfte. Und wenn Sie öfter bejaht haben, sage ich: Herzliches Beileid – und Kopf hoch, denn Sie sind nicht allein!

Die durchgedrehte Arbeitswelt ist mein Spezialgebiet, als Karriereberater sitze ich an der Quelle: Unzählige Mitarbeiter berichten mir, was wirklich abgeht an ihren Arbeitsplätzen. Dann zerplatzen die Sprechblasen der Firmen-PR. Dr. Jekyll, das freundliche Firmen-Maskottchen, verwandelt sich in Mr Hyde, einen begnadeten Motivations-Killer.

Zum Beispiel hat mir neulich der Industriekaufmann Jan Nidder[1] (34) berichtet, wie er nach drei Wochen Urlaub zurück zur Arbeit kam. Seine Kollegen in dem Energiekonzern freuten sich riesig, auch weil sie in Arbeit fast erstickten (dank Personalkürzungen). Er krempelte die Ärmel hoch und legte los.

Mittags in der Kantine lief ihm sein Chef, ein passionierter Meeting-Bewohner, über den Weg. Er steuerte direkt auf ihn zu und meinte gönnerhaft: »Herr Nidder, sind Sie denn immer noch hier?«

»Immer noch?«

»Der August ist schon fast zu Ende!«

»Wie meinen Sie das?«

»Na, Sie wollten doch in Sommerurlaub fahren. Jetzt wird's Zeit!«

Fast wäre Nidder das Tablett aus der Hand gefallen: Sein Chef hatte nicht bemerkt, dass er drei Wochen abwesend war! Fortan spielte er mit dem Gedanken, einfach zu Hause zu bleiben: »Vielleicht fällt's nicht auf. Und ich bekomme mein Gehalt bis zur Rente weiter.«

Wer die Führungsrichtlinien dieses Konzerns liest, dem vermittelt Dr. Jekyll ein ganz anderes Bild: »Wertschätzung«, »Individualität«, »Mitarbeiterorientierung« – es hagelt Führungs-Kuschelvokabeln, die im Alltag nur leere Worthülsen sind. Meine Erfahrung:

> Je lauter eine Firma Compliance predigt, desto mehr wird beschissen. Je lauter sie die Gerechtigkeit preist, desto willkürlicher geht es zu.

Ich kenne sogar einen Zulieferer, der eine Richtlinie gegen Bürokratie erlassen hat. Kanonendonner für Pazifismus.

Mein erstes Buch zum Thema, *Ich arbeite in einem Irrenhaus,* erschien vor sieben Jahren und zerrte Mr Hyde ans Licht. Über 150 Wochen stand es in der Spiegel-Bestseller-Liste, sprang in Titelgeschichten von »Stern«[2] und »Bild«[3] und beförderte mich auf die Talk-Sofas bei »Markus Lanz« und »Maischberger«. Ein großer Erfolg für mich? Inhaltlich leider nicht:

- Ich hatte mehr Ehrlichkeit in den Unternehmen gefordert, herausgekommen ist: Diesel-Gate (siehe ab Seite 153).
- Ich hatte mehr Personal gefordert, herausgekommen ist Mainz, wo die Bahn durch Kürzungen »das größte Chaos der Firmengeschichte«[4] verursachte (siehe ab Seite 102).

- Ich hatte gerechtere Löhne gefordert, herausgekommen ist ein Mindestlohn, der mit tausend Tricks umgangen wird (siehe ab Seite 236).
- Ich hatte den Führerschein für Führungskräfte gefordert[5], ans Licht gekommen sind mittlerweile Chefs, denen nicht mal der größte Serienmord der deutschen Geschichte aufgefallen war, obwohl am Arbeitsplatz verübt (siehe ab Seite 149).
- Und ich hatte realistischere Ziele und Termine gefordert, herausgekommen ist der Flughafen Berlin-Brandenburg, wo auch über 2300 Tage (!) nach der geplanten Eröffnung nur eines abgehoben hat: die Selbstüberschätzung der Bauleiter[6] .

Die Wirtschaft boomt, aber die Qualität der Arbeit leidet. Vorgesetzte spielen sich zu Vormündern auf, Überstunden breiten sich wie eine Seuche aus, und Jahres-Endgespräche sorgen für Endzeit-Stimmung. Wer in aktuelle Studien schaut, erkennt mehr denn je den Fingerabdruck Mr Hydes:

- Sechs von zehn Mitarbeiter geben an, ihrer Firma *nicht* zu vertrauen. Die Bezahlung? Finden sie unfair. Die Führung? Finden sie unfähig. Und die Chancengleichheit? Sehen sie als Märchen, das oft erzählt, aber kaum gelebt wird.[7]
- Obwohl Rekordgewinne sprudeln und Fachkräfte angeblich fehlen, werden immer mehr Arbeitsplätze zu Schleuderstühlen. Nahezu jede zweite Neueinstellung ist »befristet«, es soll nach Lust und Laune gefeuert werden können. Motto: Frist – oder stirb![8]
- Zumindest *eine* Produktion funktioniert perfekt: die von Albträumen. 80 Prozent aller deutschen Arbeitnehmer leiden laut einer DAK-Studie an Schlafstörungen. Dabei geben sich die

Firmen alle Mühe, ihre Mitarbeiter zu ermüden, aber die 1,8 Milliarden Überstunden pro Jahr wollen als Schlafmittel nicht recht taugen.[9]

In diesem Buch haben Arbeitnehmer aller Branchen ausgepackt, vom Azubi bis zum Manager. Erst lesen Sie, was Beschäftigte durchdrehen lässt – ehe ich Ihnen am Ende erkläre, woran das ganze System krankt. Und wie die Arbeitswelt doch noch zu retten ist.

Ich wette, so manches Erlebnis wird Ihnen verdächtig bekannt vorkommen. Chefdarsteller trifft Mitarbeiter, diese Begegnung endet oft mit leichtem Schwindel. Sie wissen, was ich meine? Dann sind Sie wohl auch schon mal durchgedreht!

P. S. Wenn Sie Durchgedrehtes in Ihrer Firma erleben, schreiben Sie mir gern über meine Homepage www.karriereberater-akademie.de. Wertvolle Tipps zu Karriere- und Bewerbungsthemen bekommen Sie auch über meinen YouTube-Kanal »Martin Wehrle: Coaching- und Karrieretipps«.

Der Durchdreh-Reim

Der Himmel hinterm Firmentor
kommt dem, der drin ist, höllisch vor.

1. Firma mit Knall:

Ich bin ein Mitarbeiter, holt mich hier raus!

In diesem Kapitel erfahren Sie …

- warum Kundenfreundlichkeit Sie Kopf und Kragen kosten kann,
- warum von zehn Projektterminen mindestens elf ins Wasser fallen,
- welche heimlichen Spielregeln dafür sorgen, dass Meetings sind, wie sie eben sind
- und wie ein Mitarbeiter zum »Terroristen« wurde, obwohl er doch nur seinen Job machen wollte.

Mich fragt ja keiner!

Als der Filialleiter sie zu einem Vier-Augen-Gespräch bat, dachte Emma Zauner (26) an nichts Böses. Warum auch? Seit zwei Jahren galt sie als gute Fee des Coffee-Shops. Die Kunden schwärmten von ihrer Herzlichkeit, jedem gab sie an der Theke das Gefühl, der wichtigste Mensch der Welt zu sein.

Dabei half ihr gutes Gedächtnis. Sie begrüßte Stammkunden mit Namen und las ihnen die Wünsche von den Lippen ab: »Wieder Käsesahne, Herr Meyer – und einen Pfefferminz-Tee dazu?« Und Herr Meyer, ein Rentner, der jeden dritten Tag kam, strahlte übers ganze Gesicht: »Sie kennen mich perfekt!«

Der Filialleiter räusperte sich und kam zur Sache: »Also, Frau Zauner, wir hatten neulich einen Qualitätsmanager aus der Zentrale hier. Der hat Ihnen inkognito eine Stunde bei der Arbeit zugeschaut.«

Emma Zauner wusste, dass es gelegentlich solche Kontrollen gab, und sie hatte ein gutes Gewissen. »War er zufrieden?«

Die Miene ihres Chefs verfinsterte sich. »Es gibt Kritik an ihrem Umgang mit den Kunden.«

»Wie bitte? Ich bin doch zu jedem freundlich!«

»Das bestreitet niemand.«

»Und die Kunden mögen mich.«

»Das bestreitet auch niemand.«

»Aber?«

Ihr Chef kratzte sich am Ohr. »Sie verstoßen gegen die Service-Richtlinien. Sie wissen doch, was die Geschäftsleitung vorschreibt: Wenn ein Kunde nur etwas zu trinken bestellt, müssen Sie etwas zu essen anbieten. Und umgekehrt.«

»Aber das mache ich doch!«

»Leider nicht regelmäßig. Der Qualitätsmanager hat in einer Stunde vier Verstöße registriert.«

Emma Zauner grübelte, ehe ihr Gesicht sich aufhellte: »Das kann ich erklären: Ich kenne meine Stammkunden. Ich weiß, wer nie etwas zum Kuchen trinkt – oder nie etwas zum Kaffee isst.«

»Das weiß unser Qualitätsmanager aber nicht. Die Vorschrift ist eindeutig.«

»Aber was denken die Stammkunden von mir, wenn ich ihnen jeden Tag wieder ein Getränk anbiete – und sie mich jeden Tag wieder daran erinnern, dass sie keines wollen? Das wäre doch unhöflich.«

»Das wäre korrekt! Außerdem müssen Sie die Kundenwünsche abwarten. Oft haben Sie ihnen Bestellungen in den Mund gelegt. Das gefiel dem Qualitätsmanager gar nicht.«

Das Unfassbare geschah: Emma Zauner, die Heldin ihrer Kunden, kassierte eine Abmahnung – wegen »Serviceverstößen«. Ihr Filialleiter gab zu verstehen, eines seiner eigenen Jahresziele sei, den Service zu verbessern – diese Abmahnung sende auch »ein Signal nach oben«.

Was hat dieser Coffee-Shop mit Ihrem Arbeitgeber zu tun? Fragen Sie sich einfach:

Wofür werde ich in meiner Firma mit einer höheren Wahrscheinlichkeit belohnt?

a) Dafür, dass ich die Wünsche meines Kunden perfekt erfülle und ihm helfe, seine Ziele zu erreichen?

b) Dafür, dass ich die Wünsche meines Chefs perfekt erfülle und ihm helfe, seine Ziele zu erreichen?

Also, wohin fließt die Energie: zum Kunden? Oder zum Chef? Sehen Sie! Viele Arbeitgeber sind zu Arbeitverhinderern geworden, es herrscht ein Diktat der Unvernunft. Mitarbeiter müssen tun, was ihnen gesagt wird, weil es ihnen gesagt wird – auch wenn es der letzte Humbug ist. Die Regelwerke sind wie Gefängniszäune, sie schließen den Verstand aus.

Der schwerste Fehler, den Sie als Mitarbeiter 200 Jahre nach Beginn der Industrialisierung begehen können? Sie nutzen Ihren Kopf nicht zum Nicken, sondern zum Denken!

Ein paar Beispiele, wie ich sie jede Woche von meinen Klienten höre:

- Wer sein Management auf ein Problem hinweist, wird selbst mit diesem Problem verwechselt. Dann ist der Termin eben nicht zu eng gelegt, sondern der Mitarbeiter zu langsam. Und basta.
- Wer die Kundenfreundlichkeit ernster als seine Firma nimmt, wie Emma Zauner, bekommt keinen Orden, sondern wird zur Ordnung gerufen; »Extrawürste« sprengen die Richtlinien.
- Und gerade neulich hat mir ein junger Ingenieur erzählt, wie es sich ausgewirkt hat, dass er seinen Chef bei Meetings mehrfach vor einer Fehlentscheidung warnte: Sein nächstes Mitarbeiter-Gespräch geriet zum Kriegsgericht – angeklagt als Deserteur.

Es ist ein Hohn: Überall singen die Firmen das hohe Lied vom modernen Mitarbeiter, überall schwärmen sie vom »Mitunternehmer« und vom »Wissensarbeiter«. Doch hinter den Firmentoren drehen sich die Zeiger in die falsche Richtung, die Fließbänder der Bürokratie bringen den Taylorismus zurück: Standard schlägt Verstand.

Vorgesetzte diktieren Abläufe, Dienstwege bremsen zeitnahe Entscheidungen aus, und ein Parcours aus bürokratischen Fallstricken verhindert zwar nicht, dass ein Mitarbeiter pünktlich *zur* Arbeit kommt, ganz sicher aber, dass er pünktlich *zum* Arbeiten kommt. Und keiner bemerkt mehr die Ironie, wenn es nach dem dritten Meeting des Tages heißt: »Zurück an die Arbeit!«

Erwachsene Menschen, nach Feierabend geschäftsfähig als Lebenspartner, Eltern oder Häuslebauer, geraten in ein riesiges Entmündigungsverfahren. Auch wenn sie von ihrem Fach mehr als die Vorgesetzten verstehen: Ihre Meinung ist nicht gefragt, ihr Handeln vorgegeben.

Diese Infantilisierung kostet Innovationen: Während bei Toyota in Japan jeder einzelne Mitarbeiter 62 Verbesserungsvorschläge im Jahr einbringt, liegt die Quote in Deutschland bei 0,6 Ideen.[10] Alle 383 Arbeitstage wird *eine* Idee geäußert, hurra! Ein deutscher Mitarbeiter müsste 103 Jahre arbeiten, ehe er auf dieselbe Zahl wie ein Japaner im Jahr kommt.

Warum sagen 70 Prozent der Arbeitskräfte von sich, dass sie lediglich »Dienst nach Vorschrift« leisten?[11] Warum sind die DAX-Konzerne im Durchschnitt deutlich über 100 Jahre alt, also Relikte aus dem Kaiserreich?[12] Und warum werden die Großkonzerne der Gegenwart – Google, Facebook, Alibaba – stets auf anderen Kontinenten gegründet? Weil es an einer Unternehmenskultur fehlt, in der denkende Mitarbeiter willkommen sind.

Innovation ist nicht mehr »made in Germany« – Innovation ist »late in Germany«.

Will ich also behaupten, dass sich seit der Industrialisierung nichts getan hat? O doch, ein paar Fortschritte gibt es zu vermelden:

- Damals wurde unqualifizierten Arbeitskräften das Denken verboten – heute verbietet man es den qualifizierten.
- Damals sorgte das Fließband dafür, dass kein Mitarbeiter auf dumme (also: eigene) Ideen kam – heute besorgen das Richtlinien und Vorgesetzte.
- Damals gab es unmenschliche Arbeitszeiten – heute gibt es moderne Medien und unbezahlte Überstunden.

Seit der Industrialisierung haben durchgedrehte Firmen einen großen Schritt gemacht. Leider in die falsche Richtung!

Der Durchdreh-Reim

Der Kunde steht im Mittelpunkt,
bis dass ein Chef dazwischenfunkt.

Warum Arbeit so oft aus der Kurve fliegt

Stellen Sie sich vor, Sie steuern einen Wagen und rauschen mit 180 Sachen über die Autobahn. Doch obwohl Sie der Fahrer sind und die Straße im Blick haben, ist es Ihnen strengstens untersagt, die Geschwindigkeit oder die Route zu ändern. Ob ein Stau vor Ihnen auftaucht, ein Geisterfahrer naht oder Blitzeis lauert – Ihr Kommando lautet: »weiterfahren«.

Denn ehe Sie losgefahren sind, saß ein Manager kurz auf dem Beifahrersitz und hat die Straße überblickt. Da war: kein Stau, kein Geisterfahrer, kein Blitzeis. Auf dieser Basis hat er eine Fahrzeit kalkuliert. Dabei war er sehr optimistisch, weil Manager immer sehr optimistisch sind.

»Gute Fahrt!«, wünschte er Ihnen noch – und stürzte sich ins nächste Meeting. Nun sind Sie allein auf der Straße und sehen, wie die Verkehrslage sich entwickelt. Verdammt, es beginnt zu schneien, Ihre Reifen drehen durch. Und leuchten da vorne nicht schon die Bremslichter eines Staus?

Was tun? Wenn Sie weiterfahren, knallt's. Wenn Sie bremsen, gefährden Sie das Ziel und verstoßen gegen eine Vorschrift.

Genau so funktioniert meiner Erfahrung nach das Management der Gegenwart: Die Ziele werden von langer Hand festgelegt, wie zu Zeiten der Industrialisierung, während sich die Wirklichkeit von immer kürzerer Hand wandelt. Doch die Mitarbeiter dürfen ihre Route nicht selbst verändern. Bremsen? Verboten. Die Termine? In Stein gemeißelt.

Moderne Management-Theorie, etwa das Stärken der Mitarbeiter (»Empowerment«), bleibt, was sie ist: Theorie. In der Praxis werden viele Firmen von blinden Verkehrs-Leitzentralen regiert:

> Das Management macht Vorgaben, die sich auf eine Realität beziehen, die längst überholt ist. Doch es pocht darauf, stur wie ein Kind, das weiter an den Nikolaus glauben will, obwohl Papi beim Outing den weißen Bart in der Hand hielt.

Einen solchen Fall hat mein Klient Wolf Opitz (36), ein Bauingenieur, erlebt. Seine Geschäftsleitung hatte für ein Einkaufszentrum eine Bauzeit von 18 Monaten kalkuliert, eine äußerst zuversichtliche Annahme.

Wolf Opitz erinnerte seine Geschäftsleitung daran, dass Schwierigkeiten beim Bauen die Regel waren. Lapidare Antwort: »Wir schaffen das schon!« Vollmundig teilte seine Verkehrs-Leitzentrale dem Kunden mit, in 18 Monaten könne eröffnet werden.

Was jetzt folgte, war die reinste Geisterfahrt: »Es ging los damit, dass wir nicht genügend neue Mitarbeiter fanden – Fachkräftemangel am Bau«, erzählte Wolf Opitz. »Dann hat sich der Baubeginn verzögert, weil Anlieger protestiert haben. Und schließlich gab es große Schwierigkeiten mit der Elektrik.«

Was tat Opitz? Er meldete die aktuelle Verkehrslage immer an sein Management. Und was tat das Management? Es funkte immer denselben Spruch zurück: »Das Ziel gilt weiter – *Sie* müssen das schaffen.«

Opitz suchte das direkte Gespräch mit seinem Geschäftsführer: »Der Termin ist unmöglich zu halten.«

»Wollen Sie unseren Kunden im Regen stehen lassen und uns lächerlich machen?«

»Aber ich hatte doch von Anfang an gesagt, dass ...«

»Zeitschinden ist doch Ihr Job als Bauleiter.«

»Ich war nur realistisch!«

»Sie müssen den Termin unter allen Umständen halten!«

»Soll ich denn bei der Elektrik pfuschen? Soll ich Schwarzarbeiter aus Osteuropa einstellen? Soll ich ...«

»Die Details sind Ihre Sache. Aber eine Verspätung wäre tödlich für uns. Auch für Sie!«

Die Drohung war nicht zu überhören. Sein Management

zwang ihn, das kurzfristige Ziel wichtiger als die Interessen des Kunden zu nehmen. Also ließ er pfuschen. Also holte er zweifelhafte Arbeitskräfte. Also ermöglichte er einen »Fertigstellungstermin«, zu dem noch nichts wirklich fertig war.

Doch was passierte, als in dem Einkaufszentrum schon kurz nach der Eröffnung die Lichter flackerten und die Alarmanlage versagte? Wolf Opitz wurde zu seiner Geschäftsführung zitiert und stand am Pranger! Erst hatte ihn die Verkehrsleitzentrale gezwungen, über den Standstreifen zu rasen. Und nun, da der Strafzettel kam, sollte er persönlich dafür haften.

Wie sieht es in Ihrer Firma aus?

- Orientieren sich die Ziele an der Realität – oder an den Wunschvorstellungen des Managements?
- Werden Entscheidungen der Realität angepasst, wenn die sich verändert? Oder soll sich die Realität, mitsamt Mitarbeitern, gefälligst nach den Zielen richten?
- Und werden Sie ernst genommen, wenn Sie ein Ziel in Frage stellen und auf Hindernisse hinweisen? Oder laufen Sie Gefahr, als Bote der schlechten Nachricht Ihren Kopf unfreiwillig zu verlieren?

Sogar Weltkonzerne rauschen an der Realität vorbei: Wie ich aus erster Hand weiß, schärfte das VW-Management seinen Ingenieuren ein, die Abgas-Grenzwerte bei den Dieselfahrzeugen seien einzuhalten, obwohl das durch den gesetzten Rahmen unmöglich war. Offenbar sollte nach dem Pippi-Langstrumpf-Motto verfahren werden: »Ich mach mir die Welt (bzw. den Wert), wie sie (bzw. er) mir gefällt!« (siehe ab Seite 153).

Oben wird gedacht, unten wird gemacht: Zu Zeiten der Industrialisierung war diese Arbeitsweise sinnvoll. Damals reichte es, als Manager einmal im Jahr auf die Straße zu blicken und den ungelernten Mitarbeitern den Kurs vorzugeben – es herrschten ja kaum Verkehr und Bewegung. Mittlerweile sieht das anders aus:

- Heute sind viele Mitarbeiter fachlich besser ausgebildet als ihre Chefs und dichter am Kunden dran.
- Heute gleichen die Märkte einem aufgewühlten Meer: Trends werden an die Oberfläche gespült und wieder verschlungen, neue Kundenwünsche branden an, der Renner von heute ist der Flop von morgen. Die Mitarbeiter registrieren das zuerst.
- Und heute kreuzen Konkurrenten aus aller Welt wie Piraten über das Meer der Globalisierung, entern Märkte, klauen Ideen und erobern Kunden. Nur wer schnell reagiert, hat noch eine Chance.

Kann man ein modernes Unternehmen noch wie eine Fabrik anno 1850 führen? Was passiert, wenn der Funkkontakt zur Realität abreißt? Dann gerät die Fahrt zur Irrfahrt, und ganze Konzerne zerschellen, von Schlecker bis Quelle, von Hertie bis Horten. Aus Großunternehmen werden Großinsolvenzen.[13]

Die Manager landen weich in ihren Abfindungs-Airbags, zum Beispiel ging der Chef des Pleitefliegers Air Berlin mit 4,5 Millionen nach Hause.[14] Härter fühlt sich der Aufprall auf der Straße an – für die Mitarbeiter.

Der Durchdreh-Reim

Ein Mitarbeiter, der noch denkt,
der wird mit Maulkorb eingeschränkt!

Wahrer Irrsinn

Betr.: Wie ich zum »Attentäter« wurde

Ich musste sofort an Gerhard Schröder denken, den Ex-Bundeskanzler: Als junger Mann soll er am Zaun des Kanzleramts gerüttelt und gerufen haben: »Ich will da rein!« Ähnlich ging es mir eines Morgens, als ich meinen Mitarbeiter-Ausweis vergessen hatte und vorm Tor meines Konzerns stand.

Erst dachte ich noch: Kein Problem, die Pförtner kennen mein Gesicht seit 14 Jahren, die lassen mich rein. Doch ein bulliger Kerl vom Werkschutz knurrte: »Ohne Ausweis setzen Sie keinen Fuß auf dieses Gelände!«

»Aber ich muss hier rein«, protestierte ich. »In 15 Minuten beginnt ein wichtiger Termin mit einem großen Kunden. Es geht um einen Auftrag.«

»Dann brauche ich Ihren Personalausweis für ein Ersatzdokument.«

»Der ist auch in meiner Brieftasche. Und die habe ich vergessen.«

Er schüttelte den Kopf. »Keine Chance!«

Was sollte ich tun? Mein Arbeitsweg dauerte im Morgenverkehr 1 ½ Stunden, ich konnte nicht mal eben nach Hause fahren. Ich appellierte an den gesunden Menschenverstand: »Wo liegt das Problem? Sie kennen mich, ich betrete das Firmengelände jeden Morgen!«

Der Sicherheitsmann kniff die Augen zusammen. »Und was, wenn Sie gestern entlassen worden sind? Sie könnten ein Attentäter sein!«

Allmählich wurde ich sauer. »Mein Chef erwartet mich für eine wichtige Präsentation vor einem Kunden. In 15 Minuten. Ich werde ihn jetzt anrufen.«

Fünf Minuten später kreuzte mein Chef am Eingang auf und verbürgte sich für mich.

»Wir haben unsere Vorschriften«, gab der Torwächter zurück.

Mein Chef rief seinen eigenen Vorgesetzten an. Der kam ebenfalls zum Tor geeilt und forderte meinen Einlass. Der Mann vom Werkschutz hielt lautstark dagegen. Mittlerweile verfolgten Schaulustige die Szene. Eine Frau wisperte ihrer Kollegin zu: »Der hat wohl was Schlimmes ausgefressen!« Dabei wollte ich nur zur Arbeit!

Obwohl mich alle kannten, obwohl ein wichtiger Termin anstand, obwohl es für die Firma um viel Geld ging: Die verschärften Sicherheitsvorkehrungen hatten Vorrang. Ich durfte das Werksgelände nicht betreten, galt als potenzieller Attentäter.

Gerhard Schröder hatte mit seinem Rütteln am Zaun schließlich Erfolg. Ich dagegen musste abziehen wie der letzte Straßenköter: mit einem Fußtritt verjagt, unerwünscht auf dem Gelände der eigenen Firma.

Der Auftrag des Kunden ging natürlich flöten.

Sascha Reibach, Projektleiter

Betr.: Warum meine Fortbildung ein Reinfall war

»Datenbanken sind doch Ihr Ding«, sprach mein Chef mich an. »Wie wäre es mit einer Fortbildung zum Thema?«

Überrascht sah ich ihn an. Seit fünf Jahren hatte ich keine Fortbildung mehr genehmigt bekommen. Unser Fortbildungsetat schien weniger Geld zu enthalten als das Sparschwein meiner fünfjährigen Tochter.

»Sehr gerne«, beeilte ich mich zu sagen, ehe er es sich anders überlegte.

»Nur eine Sache ist da noch«, hob er vorsichtig an.

Sofort rechnete ich damit, dass ich den Kurs selbst bezahlen, ihn erst in zehn Jahren belegen oder vorher den neuen Weltrekord in Überstunden aufstellen sollte.

»Und zwar?«, fragte ich.

»Der Kurs soll an einem Samstag stattfinden. Wäre das okay für Sie?«

Erleichtert stimmte ich zu, denn meine Samstage verbrachte ich ohnehin oft mit Arbeiten, die während der regulären Geschäftszeiten nicht zu schaffen waren.

»Worum genau geht es in dem Kurs?«, fragte ich.

»Das fragen Sie mich?«, gab er verwundert zurück. »Denken Sie sich was Schönes aus.«

»Ich soll mir was ausdenken?«

»Klar – Sie sollen den Kurs doch für die Kollegen halten!«

Wahrscheinlich habe ich ein Gesicht gezogen, das mich bestens für die Geisterbahn qualifizierte. Na wunderbar! Nach fünf Jahren durfte ich endlich wieder zu einer Fortbildung, aber die hatte drei Haken: Ich musste sie selbst halten; ich wurde nicht dafür bezahlt; und mein Samstag war auch noch futsch.

Und doch habe ich eine wichtige Lektion gelernt: »Sag nie Ja zu deinem Chef, ehe du ganz genau weißt, was er von dir will!«

Anja Schlier, Informatikerin

Betr.: Wie mir mein Feierabend abhandenkam

Meine Arbeit schwappte immer öfter übers Ufer des Feierabends: Mails aus der Firma, Handy-Anrufe, alles dringend. Mehrfach hatte mich mein Chef ins Büro zurückbeordert: »Wir brauchen Sie hier, es brennt!« Mittlerweile war ich schon hypernervös und nahm Tabletten gegen den hohen Blutdruck.

Ich musste meinen Feierabend besser verteidigen. Aber wie? Meine Frau schlug vor: »Schalt einfach dein Smartphone ab – dann hast du Ruhe!« Gesagt, getan. Am nächsten Abend besuchten wir eine Theateraufführung, Brechts Stück »Herr Puntila und sein Knecht Matti«. Das Theater war ausverkauft, mein Handy hübsch ausgeschaltet. Meine Frau und ich genossen einen entspannten Abend.

In der Pause lief ich zum Ausschank, um zwei Gläser Sekt zu holen. Da raschelte es an der Decke, und eine tiefe Stimme dröhnte: »Eine dringende Nachricht für einen unserer Gäste! Herr Ralf Straub wird gebeten, in seiner Firma anzurufen.« Als ich meinen Namen hörte, schwappte mir der Sekt über. War das ein schlechter Traum? Doch die Stimme wiederholte: »Herr Ralf Straub soll sich bitte bei seinem Chef melden!«

Mein Rückruf ergab: Ich musste in der Firma vorbeischauen. Auf dem Weg zum Ausgang fühlte ich Blicke in meinem Nacken brennen. Verdammt, warum hatte ich bloß beim Mittagessen in der Kantine erwähnt, wie ich meinen Abend verbringen wollte.

Eine ältere Dame rief mir hinterher: »Ihr Chef sollte sich schämen.« In Wahrheit schämte ich mich, denn jetzt musste meine Frau das Stück alleine zu Ende schauen. Ich kam mir vor wie die Figur Matti von Brecht: der Knecht eines Ausbeuters.

Ralf Straub, Außenhandels-Kaufmann

Beim nächsten Meeting drehe ich durch!

Es gibt drei Möglichkeiten, wie Sie Ihre Arbeitszeit verschwenden können. Durch Meetings. Durch Meetings. Und durch Meetings. Früher schlugen die Menschen die Hände überm Kopf zusammen, wenn sie in einen Krieg einberufen wurden. Heute tun sie es, wenn jemand ein Meeting anberaumt. Nicht umsonst lehnt sich der Traum des modernen Angestellten an einen alten Spruch der Friedensbewegung:

Stell dir vor, es ist Meeting – und keiner geht hin!

Alle halten Meetings für Zeitverschwendung. Alle sind genervt vom leeren Gerede. Alle wollen ihre Arbeit *verrichten,* statt nur darüber zu *berichten.* Und doch: Alle gehen hin. Viele laden dazu ein. Und einige glauben noch daran, dass nach einem Meeting etwas anders sein könnte als davor. Das stimmt sogar: Wer vor dem Meeting ein Sachproblem hatte, hat danach auch noch ein Beziehungsproblem.

> Durchgedrehte Firmen veranstalten Meetings, um Probleme zu lösen. Genauso gut könnte man Kettenrauchen gegen Lungenkrebs empfehlen.

Denn Management-Spezialisten wie Fredmund Malik sagen mit Recht: Eine gute Unternehmenskultur zeichnet sich nicht durch möglichst viele, sondern möglichst wenige Meetings aus.[15] Die typische Sitzung macht Probleme nicht kleiner, sondern größer.

Wer aber versucht, die Meeting-Seuche zu stoppen, gerät vom

Regen in die Jauche. So auch Ulla Hansen, eine Marketing-Expertin. Auf ihren Vorschlag, nicht für jeden Fliegenschiss ein Meeting einzuberufen, reagierte ihr Abteilungsleiter mit einem Reflex: »Das können wir nicht allein entscheiden – das müssen wir in großer Runde diskutieren.«

Und so wurde – herrliche Ironie! – ein Meeting einberufen, um zu besprechen, wie viele Meetings eigentlich nötig sind. Als würde man sich in der Raucherecke auf eine Filterlose treffen, um etwas gegen Lungenkrebs zu unternehmen.

Und natürlich galten auch für diese Sitzung die üblichen Meeting-Regeln, die Ihnen sicher bekannt vorkommen:

Zehn Gebote für Durchdreh-Meetings

Gebot 1: Lad zum Meeting alle ein, die zwei Voraussetzungen erfüllen: Sie verstehen nichts von der Sache – und haben eigentlich keine Zeit.

Gebot 2: Sorg dafür, dass die Einladung möglichst nebulös und unbedingt frei von Zielen bleibt. Also besser »Diskussion der Meeting-Kultur« als: »Wie können wir die Zahl der Meetings reduzieren?«.

Gebot 3: Setz das Meeting niemals eine Stunde vorm Mittagessen an. Meetings dehnen sich so lange aus, wie man ihnen Zeit gibt. Gib ihnen alle Zeit der Welt!

Gebot 4: Hol einen möglichst autoritären Chef an den Tisch, damit ihm alle nach dem Mund reden und niemand auf die Idee kommt, die Wahrheit zu sagen.

Gebot 5: Verzichte auf alles Überflüssige, zum Beispiel auf: Moderation, Einhalten der Tagesordnung und einander ausreden lassen.

Gebot 6: Achte darauf, dass sich bei der Diskussion nicht die stärksten, sondern die lautstärksten Argumente durchsetzen. Positiver Nebeneffekt: Dann haben die meist stilleren Frauen keinen Stich.

Gebot 7: Mach die eigentliche Sache zur Nebensache und das Meeting zum Machtkampf: jeder Abteilung ihre Pfründe, jedem Teilnehmer sein Applaus.

Gebot 8: Sorg dafür, dass jeder kritische Gedanke – »Der Termin wackelt!« – sofort als »Miesmacherei« verurteilt und mit mindestens drei Eimern Zweckoptimismus überstrichen wird.

Gebot 9: Stell sicher, dass eine kleine Klüngel-Runde längst ausgeheckt hat, was nun von großer Runde nach möglichst langem Scheingefecht abgenickt wird.

Gebot 10: Beende das Meeting, ohne jemanden mit konkreten Aufgaben zu behelligen; beim Reden wurde schon genug Zeit verbrannt.

Das Meeting zur Abschaffung der Meetings versammelte die üblichen Verdächtigen, vor allem Oberindianer. Niemand kam auf die Idee, ein paar einfache Mitarbeiter einzuladen und sie zu fragen: »Wie oft sehen Sie Ihren Chef eigentlich noch? Hat er Zeit für Sie und Ihre Anliegen? Oder verschlucken ihn die Meeting-Räume schon am frühen Morgen?«

Zu Beginn des Meetings war Ulla Hansen noch guter Hoffnung: »Ich wusste ja aus vielen Gesprächen, dass die Kollegen von den Meetings genauso genervt waren wie ich. Also habe ich mit Rückendeckung gerechnet.«

Aber dann holte die Wirklichkeit sie ein: »Als Erster hat der Lieblingsabteilungsleiter des Chefs gesprochen. Er hat gesagt: ›Meetings sind die Brücke vom Management zu den Mitarbeitern und umgekehrt. Je mehr es davon gibt, desto besser. Wollen wir die tatsächlich einreißen?‹«

Der Bereichsleiter am Kopfende des Tisches nickte wohlwollend. Ulla Hansen suchte nach einer passenden Antwort. Doch ein Kollege, hinter den Kulissen Meeting-Kritiker, kam ihr zuvor: »Das stimmt schon: Wenn wir nicht mehr miteinander reden, erfahren wir nichts mehr voneinander.« Damit war die Richtung der Diskussion vorgegeben: Ein Meeting-Hasser nach dem anderen ging von der Fahne ab.

Ulla Hansen hielt tapfer dagegen – zum sichtbaren Ärger des Bereichsleiters. Je länger das Meeting dauerte, desto mehr wurde sie als weltfremde Querulantin an den Pranger gestellt. Dieselben Münder, die sie selbst gegen Meetings hatte wettern hören, verteidigten jetzt die »Sitzungskultur«. Lediglich ein paar Marginalien zu Tagesordnungen und Protokollen wurden in Frage gestellt.

Später erfuhr Hansen: Der Bereichsleiter hatte seine Truppe im kleinen Kreis auf den Pro-Meeting-Kurs eingeschworen. Lange, ehe die Sitzung begonnen hatte, stand die Stoßrichtung fest. Und die Unentschlossenen? Schluckten ihre Bedenken runter und schwenkten auf die Seite des Chefs.

Die Wissenschaft hat für dieses Phänomen einen Namen: Surface Acting[16]. Die Meeting-Teilnehmer verhalten sich wie Kinder beim Versteckspiel, die ihre Augen schließen, um nicht gesehen zu werden. Nur dass sie die Augen vor den Problemen verschließen. Und Lösungen sehen, wo keine sind. Studien belegen, dass Menschen in Gruppen zu unberechtigtem Optimismus neigen und die Dauer von Projekten unterschätzen.[17]

Und so passierte nach dem besagten Meeting, was in durchgedrehten Firmen nach jedem Meeting passiert: gar nichts. Die Tagung gegen Lungenkrebs beschloss: Wir rauchen fröhlich weiter. Und wenn sie nicht gestorben sind, dann qualmen bzw. tagen sie noch heute.

Statt zu arbeiten.

Der Durchdreh-Reim

Gehn viele rein, und nichts kommt raus,
sieht's ganz nach einem Meeting aus.

Die Hexenjagd auf Low-Performer

Der Abteilungsleiter Jan Albrecht (46) blies seine Wangen auf und stieß zischend Luft aus. Es klang, als ließe ein Teekessel Druck ab. Die Verzweiflung grub sich mit tiefen Falten in seine Stirn. Eigentlich hatte er kein Problem mit seinem Team. Aber seine Firma hatte ihm eines gemacht.

Er war ein wertschätzender Vorgesetzter, förderte die Stärken seiner Mitarbeiter und hielt ihnen den Rücken frei. Der Laden lief wunderbar. Sein Team bestand aus neun Männern und sechs Frauen, und alle packten an, dachten mit, gingen füreinander durchs Feuer. Aber seine Firma, ein Konsumgüter-Konzern, wollte das nicht wahrhaben.

»Ich muss ein Phantom jagen«, klagte er in der Karriereberatung.

»Wie meinen Sie das?«, fragte ich zurück.

»Unsere Personalabteilung besteht darauf, dass ich mein Team in drei Gruppen einteile: Out-Performer, Normal-Performer und Low-Performer.«

»Sie sollen Low-Performer benennen, obwohl es gar keine gibt?«

»Ich brauche eine Minderleister-Quote von 10 Prozent. Und da ich 15 Mitarbeiter habe, hat die Personalabteilung die 1,5 aufgerundet: Ich muss zwei Mitarbeiter zu Low-Performern stempeln.«

Wieder wölbten sich seine Wangen, und er blies Luft aus. Ich spürte, wie sehr er unter Druck stand.

»Aber es ist doch eine gute Nachricht, dass Sie ein starkes Team geformt haben.«

»Der Personalchef sieht das anders, er hat mir an den Kopf geknallt: ›In jedem Team gibt es Minderleister. Das ist statistisch nachgewiesen!‹«

»Wie sind Sie miteinander verblieben?«

»Er hat mir gedroht: ›Wenn ein Vorgesetzter keine Low-Performer in seinem Team ausmacht, ist er selbst womöglich einer!‹«

Das muss man sich auf der Zunge zergehen lassen: Wer als Vorgesetzter *zu viele* gute Mitarbeiter hat, macht sich verdächtig. Nicht als vorbildlicher Chef gilt er, sondern als Führungsversager. Wer dagegen die Faulpelz-Quote erfüllt und seine eigenen Leute ans Messer liefert, erntet ein Schulterklopfen. Viele Firmen, besonders große, hantieren mit solchen Quoten.[18]

> Der Arbeitsplatz als Rampe, Führung als Selektion. Mitarbeiter werden wie Champignons sortiert: erste Wahl, zweite Wahl, Ausschussware.

Die Firma schwingt sich auf zur Evolution. Die Starken werden befördert und leben auf. Die Schwachen werden gefeuert und sterben aus im Organigramm. Längst läuft auf der Firmenbühne die neue Casting-Show »Deutschland sucht den Super-Mitarbeiter«:

- Wer harrt am längsten im Großraumbüro aus?
- Wer leistet die meisten Überstunden?
- Wer ist auch am Wochenende verfügbar?
- Wer verschiebt die meisten Urlaubstage ins nächste Jahr?
- Wer hängt die Kollegen am deutlichsten ab?
- Wer stemmt noch ein Projekt mehr, übernimmt noch eine Urlaubsvertretung und beantwortet seine Mails nach Feierabend oder am Urlaubsstrand am schnellsten?

Die Mitarbeiter bekommen die Folgen dieser Hexenjagd zu spüren. Der Teamgedanke bleibt auf der Strecke, denn jedem ist klar: »Wenn der Kollege der Low-Performer ist – was ich unterstützen kann –, muss ich es nicht sein.« Oder umgekehrt: »Wenn ich verhindere, dass er der Out-Performer ist, winkt mir dieses Prädikat.« Die Interessen der Firma und der Kunden gehen dabei über den Jordan.

Und wie soll man in einem solchen Klima noch offene Gespräche mit seinem Vorgesetzten führen? Zum Beispiel kann ein Mitarbeiter, dem das Verhandeln schwerfällt, seinen Chef nicht offen um ein Training bitten. Sonst outet er sich als Verhandlungsversager und muss mit einer Quittung als Low-Performer rechnen.

Und was tut ein fleißiger Mitarbeiter, wenn er von seinem Chef zum Low-Performer erklärt wird? Er denkt: »Meine Leistung war für die Katz!« Er fährt seine Arbeit ein paar Gänge zurück. Wer zwanghaft Low-Performer sucht, wird zwanghaft Low-Performer produzieren. Aber:

- Wer stellt die Teams eigentlich zusammen, wer führt und motiviert sie? Dass sich die unfähigsten Mitarbeiter stets unter den fähigsten Chefs versammeln, ist eher unwahrscheinlich.
- Der Wert eines Mitarbeiters lässt sich nicht nur am »Output« messen. Gerade neulich habe ich die Entlassung eines Volkswirts erlebt, angeblich mangels Leistung – seine Chefin hatte übersehen, dass er die gute Seele des Teams war und alle zusammenhielt. Nach seiner Entlassung zerbrach das Team.
- In der Regel werden die (vermeintlichen) Minderleister aus den Teams entfernt und durch (vermeintlich) bessere Kandidaten ersetzt. Sollte die Qualität des Teams auf diese Weise nicht so sehr zunehmen, dass es eines Tages gar keine »Minderleister« mehr gibt? Aber die Quote gilt weiter – weil das Modell nicht funktioniert.

Der Abteilungsleiter Jan Albrecht blieb hart: Er weigerte sich, zwei Low-Performer zu benennen. Sein direkter Chef meinte: »Sie sind zu weich für diesen Job.« Albrecht erinnerte ihn daran, dass die Ergebnisse seines Teams weit über dem Durchschnitt lagen – eben weil er einen guten Draht zu den Mitarbeitern habe.

»Genau das ist Ihr Problem«, konterte sein Vorgesetzter. »Sie brauchen mehr Distanz zu Ihren Leuten.«

Was er damit meinte, machte er vor: Er benannte selbst zwei »Low-Performer« aus Albrechts Team. Dabei musste er im Intranet nachschauen, welcher Name zu welchem Gesicht gehörte, so wenig kannte er die Mitarbeiter.

Ein halbes Jahr später kündigte Albrecht und wechselte zur Konkurrenz. Die Firma verlor einen ihrer fähigsten Abteilungsleiter. Und zwei seiner besten Mitarbeiter folgten ihm. Raten Sie mal, welche!

Der Durchdreh-Reim

Der faule Sack – Chef, sei gewarnt! –,
ist einer, der durch Fleiß sich tarnt!

Wahrer Irrsinn

Betr.: Warum ich nicht aufs Klo darf
Für eine große Modekette führe ich eine kleine Filiale in einem Einkaufszentrum. Als einzige Angestellte bin ich das Mädchen für alles. Ich schließe morgens die Tür auf, bestelle die Waren, berate die Kunden und halte das Geschäft sauber.

Meine Filiale läuft gut, die Kunden sind zufrieden. Doch neulich bekam ich Ärger: Der Bereichsleiter wollte mich am Nachmittag besuchen und stand vor der verschlossenen Ladentür, eine Minute lang. Als ich zurückkam, blaffte er mich an: »Sie sperren die Kundschaft also während der Geschäftszeiten aus!«

»Soll ich die Tür denn offen lassen, während ich auf der Toilette bin?«

»Was machen Sie auf der Toilette?«, fragte er und sah mich durchdringend an.

Am liebsten hätte ich gesagt: »Dreimal dürfen Sie raten, Sie Schlauberger!« Stattdessen sagte ich: »Sie wissen doch, dass es in unserem Geschäft keine Toilette gibt. Deshalb muss ich auf die öffentliche.«

»Wie oft gehen Sie pro Tag auf die Toilette?«, fragte er bierernst.

»So oft wie möglich«, hätte ich am liebsten gesagt, »damit ich auf Typen wie dich scheißen kann!«

Stattdessen sagte ich: »Höchstens dreimal.«

»Das geht so nicht«, murmelte er und ließ seinen Blick durch die Filiale schweifen. Offenbar suchte er nach einer Ecke, wo sich eine Toilette einbauen ließe. Vielleicht war er ja doch zur Vernunft gekommen.

Doch er deutete auf eine halbleere Wasserflasche hinter meinem Verkaufstresen und meinte: »Kein Wunder, dass Sie so oft müssen! Trinken Sie weniger.«

»Ist das eine dienstliche Anweisung?«, fragte ich scherzhaft.

»Ja«, sagte er ernst – und fuhr zurück in seine Zentrale, wo es ein paar Dutzend Kaffeeküchen und Toiletten gibt.

Juli Schneider, Einzelhandelskauffrau

Betr.: Wie mein Geschäftsführer zum »Müllmann« wurde

Der Ton in unserer Firma war eisig wie Polarwind geworden. Niemand sagte mehr »bitte« oder »danke«. Für Höflichkeit schien die Zeit zu fehlen, seit der Sparbesen die Abteilungen gelichtet hatte. Chefs erteilten keine Aufträge, sondern gaben »Marschbefehle«. Und da die Zeit immer knapp war, fügten sie gern Wendungen wie »Wird's bald!« hinzu.

Früher hatten mich die Nachbarabteilungen noch um Informationen »gebeten«. Nun wurde »aufgefordert«, eine gewünschte Information »rauszurücken«, natürlich »unverzüglich«. Und vorsichtshalber wies man mich auf die »schwerwiegenden Konsequenzen« hin, falls das Projekt durch mich »ausgebremst« würde. Wer etwas »verbockt« hatte, der wurde neuerdings »gesteinigt«.

Eines Tages schritt unser Geschäftsführer ein: In einer Mail an alle Abteilungen beklagte er den Verlust an Umgangsformen und kündigte Kommunikationsseminare an. Als Ziel gab er an, »den Umgang so zu gestalten, dass wir freundvoll miteinander arbeiten können«. Eine »Unternehmenskultur gegenseitiger Wertschätzung« schwebe ihm vor. Das stand zwar im krassen Gegensatz zu den Entlassungen, klang aber nicht schlecht, fand ich – bis mich unter seinem Namenszug ein kursives PS ansprang, offenbar gewohnheitsmäßiger Teil seiner Signatur:

»Bitte keine Dankesmails – den Posteingang nicht vermüllen.«

Der Mann, der für bessere Umgangsformen kämpfte, sah ein Dankeschön als »Müll«. Offenbar hatte sein Vorbild in der Firma Schule gemacht.

Vielen Dank auch!

Nils Kersting, Ingenieur

Betr.: Wie mein Meeting schmerzhaft endete

Die Meetings unserer Firma zogen sich endlos hin, drei bis vier Stunden waren keine Seltenheit. Das lag vor allem an unserem Chef, einem großen Umstandskrämer. Seine Beiträge und Nachfragen machten das Einfache kompliziert.

Da hatte meine Kollegin Ina eine Idee: »Lasst uns doch mal ein Meeting im Stehen abhalten. Wer steht, fasst sich kürzer. Spätestens, wenn die Knochen zu schmerzen beginnen.«

Unser Chef hatte nichts einzuwenden – auch er fand die Meetings zu lang, was er aber uns in die Schuhe schob. Seine Sekretärin ließ mehrere Stehtische zusammenrücken. Das Meeting begann mit einem Rückblick, der Chef war umständlich wie immer. Doch nach 30 Minuten merkte ich, dass sich alle immer kürzer fassten, auch er. Die Rechnung schien aufzugehen.

Unser Chef, Anfang 60, zog immer öfter Grimassen und fasste sich an die Wirbelsäule. Nach einer knappen Stunde sagte er: »Mein Kreuz tut zu sehr weh!« Er verließ den Sitzungsraum.

Ich strahlte Ina an: Der Plan war aufgegangen! Voller Freude rafften wir unsere Unterlagen zusammen und wollten zurück an die Arbeit. Da kam uns der Chef entgegen. Er trug einen Stuhl vor sich her und ließ sich darauf plumpsen: »Weiter geht's!«

Über 2 ½ Stunden haben wir getagt. Er saß wie ein König auf dem Thron, wir standen als Fußvolk im Raum. Alle Knochen taten mir am Ende weh. Nie wieder haben wir eine Sitzung im Stehen abgehalten.

Susanne Münster, Pharmareferentin

2. Arbeit ohne Grenzen:

Wer hat meinen Feierabend geklaut?

In diesem Kapitel erfahren Sie …

- warum es ein schlechtes Zeichen sein kann, wenn Ihre Firma Ihnen ein Frühstück spendiert,
- warum abends im Großraumbüro keiner als Erster gehen möchte,
- warum »Dienst nach Vorschrift« viel besser ist als sein Ruf
- und wie sich eine Bank dazu durchgerungen hat, ihre Praktikanten schon um 3 Uhr nachts in den Feierabend zu schicken.

Der Mann, der in seiner Firma schlief

»Ich weiß nicht, wie es so weit gekommen ist«, seufzte Gunar Steinke (28). Tiefe Augenränder gruben sich in sein bleiches Gesicht. Seine Wimpern zuckten nervös wie ein flimmernder Bildschirm. Er rutschte auf seinem Stuhl hin und her, als wollte er eine Unwucht ausgleichen.

Ein halbes Jahr zuvor hatte er angeheuert bei einer aufstrebenden Firma der Internet-Branche – und war auf Anhieb begeistert: »Da ging's total locker zu. Alle liefen rum wie zu Hause, in Jeans und T-Shirt. Die Chefs kamen geradelt.« Sein Arbeitgeber ließ sich nicht lumpen und machte auf Hotel: Morgens lockte ein Frühstücksbuffet mit Obst und frischen Brötchen, Wurst und Käse, Müsli und selbst gepressten Säften. Catering fürs Personal.

Immer seltener frühstückte Steinke zu Hause, seine Freundin saß morgens allein am Tisch. »Das lag auch am firmeneigenen Fitnesscenter«, sagte er. »Es war rund um die Uhr geöffnet, dort trainierte ich jetzt morgens vorm Frühstück. Mein bisheriges Fitnessstudio habe ich gekündigt, meine Freundin ging dann alleine hin.«

In der jungen Firma gab es ein »Work-Life-Balance-Team«, das nur eine Aufgabe hatte: den Mitarbeitern Privates vom Hals zu halten. Man konnte sein Auto in die Werkstatt bringen, Einkäufe erledigen oder Wäsche bügeln lassen – alles wurde von der Firma organisiert. Sogar ein Friseur kam ins Büro.

Gunar Steinke fühlte sich wie ein König, ließ sich bedienen und widmete seine gesparte Freizeit einem guten Zweck: der Arbeit.

Immer länger blieb er abends in der Firma, für Abwechslung war gesorgt: Mal spielte er am Tischkicker auf dem Flur, mal nutzte er einen der Massagesessel. Und mal tobte er sich draußen auf dem Beach-Volleyball-Feld aus. Die Firma war ein großer Freizeitpark.

Mittlerweile hatte er das Morgentraining im internen Fitnessstudio durch eine »Abendrunde« mit seinem Teamkollegen ergänzt. Nur blieb die Entspannung aus, wie er erzählte: »Wir wollten Sport machen, um abzuschalten. Aber nach spätestens fünf Minuten diskutierten wir unsere Projekte. Privat kannten wir uns nur oberflächlich.«

Dabei entstanden Ideen. Wer sich aus dem Sattel des Ergometers erhob, nahm neue Aktionen mit. Das Büro war nur ein paar Schritte entfernt, nichts wie hin. Ein Gedanke wollte festgehalten, eine Mail geschrieben, ein Versäumnis des Tages nachgeholt sein. Mal wurde es 22, mal 23 Uhr.

Zum Schlafen war Gunar Steinke viel zu aufgedreht: »Oft habe ich mit den Kollegen noch einen After-Work-Gutschein genutzt. Jedes Team durfte einmal pro Woche abends ausgehen, drei Getränke pro Person.« Und wieder gab es nur ein Thema: die Arbeit.

Gunar Steinkes Beziehung zerbrach – ausgerechnet im Fitnessstudio lernte seine Freundin ihren Neuen kennen. Seine Freunde riefen nicht mehr an, nachdem er sie mehrfach wegen der Arbeit versetzt hatte. Übrig blieb nur seine Ersatzfamilie: die Firma.

Eines Abends, schon nach 23 Uhr, riet ihm ein Kollege: »Drüben im ›Wohlfühl-Raum‹ auf den Massageliegen kann man prima übernachten – sofern noch eine frei ist.« Fortan schlief Steinke bis zu dreimal pro Woche in der Firma. Zu Hause erwartete ihn niemand mehr, hier war für alles gesorgt: Dusche, Waschraum, frisches Frühstück.

Dieses Spiel ohne Arbeitsgrenzen hielt er 1 ½ Jahre durch. Dann wollte er eines Morgens aufstehen, aber kam nicht mehr aus dem Bett. In der Klinik wurde festgestellt: Körperlich war alles in Ordnung, seelisch nicht. Er litt an schwerem Burnout. Am Ende hatte Steinke bis zu 16 Stunden pro Tag gearbeitet, auch an Wochenenden.

Viele Firmen tun alles, um die Grenze zwischen Privat- und Berufsleben zu verwischen.

> Die Mitarbeiter sollen sich bei der Arbeit so wohl fühlen, dass sie nicht auf blöde Ideen kommen – etwa die, Feierabend zu machen.

Bitte erklären Sie mir:

- Warum bietet eine Firma Frühstück an? Aus Großherzigkeit? Nein, damit die Leute früher zur Arbeit kommen.
- Warum kümmert sich eine Firma um private Besorgungen, von Einkauf bis Autoreparatur? Aus Fürsorge? Nein, damit die Leute all ihre Energie auf die Arbeit verwenden.
- Und was soll das firmeneigene Fitnessstudio bewirken? Dass die Mitarbeiter Freizeitspaß genießen? Nein, dass sie seltener krank werden – und in Reichweite der Arbeit bleiben.

Mitarbeiter sollen sich mit ihrer Arbeit identifizieren, heißt es. Aber wie weit darf diese Ehe mit der Firma gehen, ohne dass ein Mensch sich selbst verliert oder seine wahre Ehe scheitert? Wenn sich eine Firma als Familie des Mitarbeiters ausgibt, macht sie ihm seine wahre Familie abspenstig. Dahinter steckt ein Kalkül: Ein Frühstück kostet nur ein paar Euro, eine unbezahlte Überstunde des Mitarbeiters kann 50 Euro wert sein – wer macht hier das Geschäft? Aber die Firmen schaden sich selbst:

- Erstens bildet sich ein Sog, der Menschen ihrem Privatleben entreißt – doch diesen Ausgleich brauchen sie, um kreativ und leistungsfähig zu sein. Privat- und Arbeitsleben widersprechen sich nicht, sondern können sich befruchten.
- Zweitens werden Menschen infantilisiert. Es passt schlecht zusammen, wenn einer bei der Arbeit initiativ sein soll – aber die Firma ihm privat die Initiative fürs Einkaufen und Naseputzen wegnimmt. So viel Fürsorge macht Mitarbeiter zu großen Babys. Wer im Privatleben Verantwortung übernimmt, trainiert diese Fähigkeit auch für seinen Beruf und entwickelt sich charakterlich weiter.
- Und drittens ist es eine moralische Unflätigkeit, dass Firmen ihre Finger so tief ins Privatleben der Mitarbeiter schieben. Damit wird die Würde der Menschen, ihre Autonomie verletzt. Solche Firmen erinnern an Sekten, die ihre Mitglieder rund um die Uhr kontrollieren und mit ihrer Ideologie beschallen wollen.

Gunar Steinkes erste Krankmeldung für drei Tage wurde noch wohlwollend aufgenommen: Die Firmenfamilie wünschte gute Besserung. Doch als er beim zweiten Mal ankündigte, für den nächsten Monat nicht verfügbar zu sein, zückte sein Vorgesetzter die emotionale Keule: »Du weißt genau, wie viel Arbeit deine Kollegen schultern. Du willst sie jetzt doch nicht hängenlassen!« Die Sekte forderte Gehorsam ein. Steinke verweigerte sich und wurde zum Appell in die Personalabteilung bestellt. Dort hieß es, die Vertrauensbasis für die Zusammenarbeit sei zerstört. Man bot ihm einen Aufhebungsvertrag an. »After Work« bekam für ihn eine neue Bedeutung. Die Zusammenarbeit war vorbei. Am Ende fühlte es sich wie eine Befreiung an.

Der Durchdreh-Reim

Wer Arbeit hat, der schau gut hin,
ob er sie hat oder sie ihn.

Das Fließband läuft im Kopf

Treten Sie ein, kommen Sie näher, genießen Sie die beste aller Arbeitswelten! Knochenjobs werden Sie hier nicht mehr finden, die sind abgeschafft. Niemand muss mehr 14 Stunden unter Tage schinden, jeder Arbeitsplatz gleicht einer Oase, hell und wohltemperiert. Und längst haben Chefs humanere Führungsinstrumente als Peitschen entdeckt, zum Beispiel Duz-Freundschaften bei Facebook.

Lange Arbeitszeiten? Ach was, nach acht Stunden ruft der Gesetzgeber: »Feierabend!« Zwang zu Überstunden? Papperlapapp, das Gesetz lässt sie nur aus zwingenden Gründen zu, etwa wenn die Firma brennt. Und harte Arbeitsbedingungen? Quatsch, moderner Arbeitsschutz erinnert an ein Fünf-Sterne-Hotel: Wie groß ein Bildschirm, wie hell ein Raum oder wie lang eine Pause sein muss – alles vorgeschrieben.

Offiziell darf es keine Ausbeutung mehr geben, deshalb wurden die Fließbänder in die Köpfe der Mitarbeiter verlegt. Der

Chef befindet sich immer in Rufweite, das Handy ist zur modernen Sklavenkette geworden. Und wer abends seinen Laptop aufklappt, öffnet die Büchse der Pandora. Laut einer Studie des Digitalverbandes Bitkom sind sieben von zehn Mitarbeitern sogar im Urlaub erreichbar.[19]

Es ist mittlerweile leichter, eine langjährige Liebesbeziehung zu beenden als einen Arbeitstag; denn immer funkt etwas dazwischen:

- Wer springt für den kranken Kollegen ein?
- Wer schickt noch rasch das überfällige Angebot raus?
- Wer übernimmt die Eilkorrektur des Kunden?
- Wer macht die Urlaubsvertretung?
- Wer boxt das verspätete Projekt raus?
- Wer räumt das Chaos des Tages auf?
- Wer schreibt noch rasch das Protokoll des Abendmeetings?

Und erst die Termine! Der langjährige Unternehmensberater Ewald F. Weiden schreibt, dass Deadlines »gerne auch willkürlich festgelegt« und »als Druckmittel eingesetzt« werden – was »48-Stunden-Arbeitstage« heraufbeschwöre.[20] Mit solchen unrealistischen Vorgaben treibt die Chefetage die Beschäftigten wie Schlittenhunde vor sich her.

Plötzlich fragt man sich beim Blick in den Terminkalender: »Kann ich denn einfach so Urlaub nehmen, nur weil mir Urlaub zusteht?« Jeder dritte Arbeitnehmer lässt Urlaubstage verfallen, häufigster Grund laut Umfragen: Angst vor Jobverlust. Am meisten Urlaub verschenken diejenigen, die pro Woche am längsten arbeiten.[21]

Und da es mit der Wirtschaft so schön aufwärtsgeht, wollen

die Beschäftigten mitmischen: Auch sie haben eine Steigerung von 86 Prozent in zehn Jahren zu bieten – bei den psychisch bedingten Krankheiten.[22] Wer hinter die Fassade dieser schönen neuen Arbeitswelt schaut, stößt auf eklatante Widersprüche:

- Die Gesundheitsvorschriften an den Arbeitsplätzen sind strenger als je zuvor – aber die Arbeit treibt immer mehr Menschen in psychische Krankheiten.
- Seit 2010 sind über 3,5 Millionen sozialversicherungspflichtige Jobs entstanden – aber 2,5 Millionen davon in Teilzeitarbeit, oft mies bezahlt.[23]
- Die Urlaubsansprüche sind größer als je zuvor – aber immer mehr Menschen fehlt die Zeit, diesen Urlaub zu nehmen und arbeitsfrei zu verbringen.
- Die offizielle Arbeitszeit nimmt ab – aber die inoffizielle dehnt sich immer mehr aus. Am längsten arbeiten die über 55-Jährigen. Und nahezu die Hälfte der Beschäftigten klagt über Termindruck und hohe Arbeitszeitdichte.[24]
- Die formalen Arbeitsbedingungen wirken menschenfreundlich – aber jeder fünfte Mitarbeiter von unter 25 nimmt keine Pause mehr, weil die Arbeit sie nicht zulässt. [25]
- Und was nützt ein strenger Kündigungsschutz, wenn die Jüngeren oft nur am seidenen Faden befristeter Arbeitsverträge hängen und die Älteren rausgemobbt werden?

Wie kommt es, dass Menschen immer tiefer in den Strudel ihrer Arbeit geraten? Das Perfide ist: Obwohl Manager wichtige Entscheidungen oft an sich reißen und Mitarbeiter regelrecht entmündigen, werden diese doch für die Ergebnisse verantwortlich gemacht. Je schlechter die Entscheidungen von oben, desto größer der Verantwortungsdruck und oft auch die Hektik unten.

Noch vor 30 Jahren war der Mitarbeiter ein ausführendes Organ. Er tat, was ihm gesagt wurde. Seine Aufgabe war ein anspruchsloses Baby, das er nach Anleitung schaukelte und abends an den Chef zurückgab. Hände und Kopf waren dann wieder frei.

Heute ist jeder Mitarbeiter zum Mini-Chef mutiert, koordiniert eine Baustelle, schließt Verträge ab oder steuert ein Projekt. Am Ende eines Acht-Stunden-Tages darf er wählen: Lässt er den Termin sausen, das Projekt auflaufen, den Kunden in den USA warten? Nein, er will sein Baby nicht im Stich lassen; denn keiner nimmt es ihm mehr ab.

Also macht er Überstunden, nimmt Arbeit mit nach Hause und hängt sich bis zum Umfallen rein, ob im Urlaub, beim Joggen oder nachts im Schlafzimmer. Soziologen diagnostizieren eine »Entgrenzung« der Arbeit. Digitale Medien wie das Smartphone machen Mitarbeiter jederzeit verfügbar. Aufgaben prasseln wie Schneehagel auf Köpfe ein, immer komplexer, immer kurzfristiger.[26]

> Die moderne Arbeitswelt verführt zur Selbstausbeutung. Statt pünktlich Feierabend zu machen, gerät die Eigentlich-nicht-Arbeitszeit zur Eigentlich-doch-Arbeitszeit.

Ehe der Dienst beginnt, wird vorgearbeitet: Akten wollen studiert, Meetings präpariert, Lösungswege gefunden sein. Wenn die Arbeit vorbei ist, wird nach(t)gearbeitet: Protokolle wollen geschrieben, Mailberge abgetragen und Anrufe aus der Firma beantwortet sein. Und dazwischen liegt ein flacher Schlaf, der zu

34 Prozent aus Träumen von der Arbeit besteht, als häufigstes Thema überhaupt.[27]

In ihrem aufrüttelnden Buch »Der neue Geist des Kapitalismus« beschreiben der französische Soziologe Luc Boltanski und die Wirtschaftswissenschaftlerin Ève Chiapello, wie die Wirtschaft den Wunsch der 68er nach mehr Mitbestimmung raffiniert genutzt hat, um immer mehr soziale Verantwortung auf den Einzelnen abzuwälzen.[28] Die Selbstausbeutung fliegt unter dem Radar des kritischen Verstandes hindurch. Die Arbeitnehmer halten sich für frei, aber sind nur vogelfrei.

Was passiert, wenn eine Firma ihren Beschäftigten sagt: »Ihr könnt beliebig viel Urlaub nehmen, solange die Arbeit nur gemacht wird«? Dann nimmt die Urlaubszeit ab, aber die Arbeitszeit zu – so in der US-Firma Evernote geschehen.[29]

Hinter der scheinbaren Freiwilligkeit lauert ein hässlicher Zwang:

- »Sie können nach Hause gehen, wann Sie wollen«, heißt: *Bleib gefälligst hier, bis die Arbeit fertig ist!*
- »Sie tragen die Budgetverantwortung« meint: *Du haftest für jeden Cent!*
- Und »Ich gebe Ihnen die volle Verantwortung« ist nicht als Kompliment, sondern als Drohung zu verstehen: *Wenn es nicht klappt, bist du dran!*

Offiziell besteht Arbeitsschutz, aber tatsächlich legt sich der Arbeitsschmutz als Feinstaub auf geschundene Seelen. Treten Sie ein in die moderne Arbeitswelt – und vor allem: Gehen Sie pünktlich wieder raus!

Der Durchdreh-Reim

Der Arbeitstag bis 17 Uhr
ist hier die erste Halbzeit nur.

Wahrer Irrsinn

Betr.: Warum ich zum Überstunden-Rennen antrat
Unser Vertriebsleiter hatte eine ganze Wand in seinem Büro als Schreibfläche eingerichtet, dort visualisierte er die Gesamt- und Einzelumsätze seiner sieben Außendienstler. Jeder unserer Namen war mit einer eigenen Farbe angeschrieben. Wenn sich meine Kurve über die Längsachse erhob, lagen meine Verkäufe über dem Schnitt – sank sie darunter, war ich abgehängt.

Natürlich schürte diese öffentliche Visualisierung das Konkurrenzdenken: Jeder wollte über dem Durchschnitt liegen, keiner Letzter werden. Ich war ehrgeizig, arbeitete hart und lag meist auf Rang zwei oder drei.

Umso erstaunter war ich, als mein Chef eine zweite »Rennliste« an seiner Wand platzierte: wieder unsere Namen, wieder eine Längsachse. Aber meine Linie lag weit unter dem Durchschnitt.

»Was ist denn das?«, fragte ich ihn.

»Das ist die Statistik der Überstunden.«

»Und wozu soll das gut sein? Sie messen uns doch schon an den Verkäufen!«

»Die Verkäufe zeigen das Ergebnis – die Überstunden das Engagement.«

Völlig idiotisch: Er wollte Verkäufer nicht an Verkäufen, sondern an Stunden messen. Und dennoch: Dass ich unter dem Durchschnitt lag, wurmte mich. Ich legte ein paar Arbeitsstunden nach und überholte einen Kollegen. Worauf dieser nachlegte. Worauf ich nachlegte. Worauf andere nachlegten. Die Linien an der Wand liefen zick und zack.

So entstand ein völlig unsinniger Überstunden-Wettkampf.

Am Ende des Geschäftsjahres konnte sich der Chef über einen neuen Rekord an Überstunden freuen. Leider war der Gesamtverkauf abgesackt – zu viele Krankheitstage durch Erschöpfung!

Mehmet Özdal, Außendienstler

Betr.: Wie mein Chef sich als Nachtarbeiter tarnte

Das Eckbüro unseres Geschäftsführers lag im obersten Stockwerk. Er war als Nachtarbeiter bekannt: Egal, wie spät man nach Hause ging, bei ihm brannte noch Licht – als wollte er uns »Frühheimkehrern« ins schlechte Gewissen leuchten.

Zu sprechen war der Boss abends aber nicht mehr: Mehrfach hatte er betont, dass er sich für konzeptionelle Arbeit zurückziehe und sein Telefon auf stumm stelle. Doch immer wieder bekam man Mails von ihm mit abenteuerlichen Sendezeiten. Erst kurz vor Mitternacht erlosch das Licht in seinem Büro, wie eine Kollegin bezeugte, die in der Nachbarschaft der Firma wohnte.

Eines späten Nachmittags im Winter beobachtete meine Kollegin Sabine, wie der Geschäftsführer durch die Hintertür aus dem Treppenhaus huschte. Er trug Mantel und Aktentasche. Sabine trat vor die Tür: Das Licht in seinem Büro brannte noch. Was hatte das zu heißen?

Mittlerweile ist sein kleines Geheimnis aufgeflogen: Seine Schreibtischlampe ist an eine Zeitschaltuhr unter dem Schreibtisch gekoppelt. Und die steht auf 23.55 Uhr. Offenbar hält er es für nötig, eine so lange Anwesenheit zu simulieren, auch durch Mails von zu Hause – als Ansporn zur Nachtarbeit für alle untergebenen Faulpelze.

Vorbildlich wäre für mich ein Chef, der pünktlich geht und uns zum selben Verhalten anregt. Vielleicht sollte ich ihm seine Zeitschaltuhr auf 17 Uhr vorstellen.

Carin Schmidt, Werbefachfrau

Betr.: Was unsere Geschäftsleitung gegen Personalmangel tat

Es war ein Teufelskreis: Weil unsere Produktion schlecht besetzt war, lieferten wir fehlerhafte Ersatzteile aus. Weil wir fehlerhaft lieferten, rollte auf uns eine Beschwerdewelle zu.

Weil wir auch in der Verwaltung dünn besetzt waren, konnten wir nur einen Teil dieser Beschwerden sauber beantworten. Und weil wir nur einen Teil sauber beantworteten, protestierten die nicht Verarzteten immer lauter.

Aber die Produktionsabteilung wurde nicht aufgestockt. Weitere Fehler bedeuteten: weitere Proteste. Weitere Proteste bedeuteten: noch mehr Arbeit für uns in der Verwaltung. Noch mehr Arbeit für uns bedeutete: Noch mehr Kunden blieben ohne Antwort. Noch mehr ausgebliebene Antworten bedeuteten: noch mehr Proteste. Und für den Vertrieb wurde es immer schwieriger, das Produkt mit dem schlechter werdenden Image noch zu verkaufen.

So konnte es nicht weitergehen, das hatten wir der Geschäftsleitung mehrfach signalisiert. Schließlich sagte unsere Prokuristin: »Ich habe mir eine Lösung einfallen lassen!« Ihre Idee haute uns um: Sie verschrieb dem kompletten Kollegium ein Seminar in Zeitmanagement.

Statt das wahre Problem zu beseitigen, wurden wir selbst zum Problem erklärt. Vielen Dank auch! Zumindest eine Produktion funktionierte noch einwandfrei: die blöder Ideen.

Manfred Wolf, Sachbearbeiter

Die Kunst der Selbstausbeutung

Wie bekommen Firmen es hin, dass Beschäftigte zu perfekten Selbstausbeutern werden? Drei Schritte können diesen Prozess beschleunigen:

1. Nimm einen Mitarbeiter in die Geiselhaft der alleinigen Verantwortung: für eine Aufgabe, ein Projekt, ja für die ganze Firma. Als Hinterbänkler der Hierarchie soll er dieselbe Verantwortung tragen wie ein Chef, ohne auf die blöde Idee zu kommen, dafür dasselbe Gehalt zu wollen.
2. Sorg dafür, dass seine Aufgabe die reguläre Arbeitszeit sprengt. Beschäftige zu wenig Personal, dann ist der Einzelne so richtig beschäftigt. Lass komplexe Aufgaben gleichzeitig auf ihn einprasseln; ein Ball muss immer in der Luft sein, sonst geht er früh nach Hause.
3. Lass durchblicken, dass du ihn am Erfolg misst. Er wird den Umkehrschluss verstehen und alles dafür tun, dass sein Arbeitsplatz nicht von der nächsten Entlassungswelle weggeschwemmt wird, an einen Freiberufler ausgelagert oder von einem nachrückenden Jungspund zum Billigtarif erledigt.

Die Beschäftigten bekommen mehr Verantwortung auf den Teller, als in der regulären Arbeitszeit zu bewältigen ist. Das Unerledigte zieht Gedanken magisch an. Wer zu Hause sein Essen kaut, kaut in Gedanken auf seiner Arbeit herum. Und was im Bett als Liebesgeflüster beginnt, endet als Gespräch über die Arbeit. Höhepunkt ist dann das Versenden einer tagsüber vergessenen Mail.

Das Leben schmilzt zum Arbeitsleben, alles hat einen Bezug zum Job. Sogar die Hobbys sind nur noch ein Kasernenhof, der Menschen für die tägliche Arbeitsschlacht abrichtet. In der Karriereberatung höre ich immer wieder Aussagen wie:

- »Ich jogge, damit ich fit bleibe und mich nicht jede Grippewelle umhaut« – bloß nicht zu oft durch Krankheit fehlen!
- »Ich gehe abends ins Fitnessstudio, damit ich am nächsten Tag einen freien Kopf habe« – bloß keine Fehler machen!
- »Ich gehe zum Boxen, denn als Managerin brauche ich Durchsetzungskraft« – bloß nicht beim Meeting als zu weich gelten!
- »Ich hab das Bergsteigen angefangen, denn mein Chef verlangt von mir mehr Zielstrebigkeit« – bloß nicht den Projektgipfel zu spät erreichen!

Warum ist es nicht mehr genug, sich beim Sport zu erholen? Warum ordnet sich alles dem Job unter? Warum sitzt die verflixte Arbeit auf einem Thron und regiert unser ganzes Leben?

Vor einiger Zeit habe ich verfolgt, wie der leitende Hausjurist eines Konzerns an Lungenkrebs erkrankte. Die Ärzte stellten ihm eine schlechte Diagnose aus. Stapelweise ließ er sich Arbeit ins Krankenhaus bringen. Die Blumen wurden beiseitegeschoben, sein Nachttisch war unter Akten kaum mehr zu sehen.

Vor lauter Arbeit haben wir nicht einmal mehr Zeit fürs Sterben. Und erst recht nicht fürs Vergnügen. Trifft eine lange geplante Party auf eine kurzfristige Überstunde, hat der Job immer Vorfahrt – wer könnte eine Feier genießen, während sein Arbeitsbaby nach ihm schreit?

Und auch im Urlaub schauen viele Arbeitnehmer aufs Display – flimmert ja auch blau! – statt aufs Meer hinaus. »Ich muss öfter mal kurz meine Mails checken, sonst werde ich unruhig«, sagt eine Wirtschaftsprüferin. »Öfter« heißt: alle zehn Minuten; »mal kurz«: bis in die tiefe Nacht. Denn die Kollegen haben ein Bombardement aus Anfragen gestartet. Wer einmal im Urlaub nach fünf Minuten antwortet, muss sich rechtfertigen, wenn die nächste Antwort sechs Minuten dauert; es entsteht ein Gewohnheitsrecht zu seinen Ungunsten.

Arbeit bestimmt sogar die Familienplanung. Paare fragen sich nicht mehr: Wollen wir Kinder? Sondern: Vertragen sich Kinder mit der Karriere? Und wann wäre der optimale Zeitpunkt für dieses »Projekt«? Alles ist zum »Projekt« mutiert und wird mit kühler Hand organisiert, die eigene Hochzeit genauso wie die Beerdigung der Eltern.

Doch wer vorm Kinderkriegen noch rasch die große Fortbildung abschließen, den Aufstieg hinlegen und einen unbefristeten Vertrag ergattern will – der schaukelt am Ende des Tages nur sein Arbeitsbaby. Weil sich der Partner verkrümelt. Oder die Biologie verweigert. Oder der Festvertrag ausbleibt.

Hinter dem Kampf um den beruflichen Erfolg lauert die Angst vorm Scheitern. Viele Bürostühle sind Schleudersessel geworden. Wer nicht funktioniert oder nicht mehr kann, macht den Abflug, erst recht mit befristetem Vertrag.

Wehe, ein Mensch zerbricht an seiner Arbeit! Dann war nie die Arbeit zu hart, sondern immer der Mensch zu weich.

Wer unter dem Druck zusammenbricht, wird zur »Burnout-Persönlichkeit« erklärt. Mir kommt das vor, als würde man einen Fluss vergiften und dann zu den Fischen sagen: »Was seid ihr für Schlappschwänze, dass ihr umkippt!«

Ein Heer von Ausgebrannten habe ich schon beraten, deshalb weiß ich: Der Fehler liegt *nicht* beim Einzelnen, er liegt im System. Wenn laut Bundes-Arbeitszeitreport 53 Prozent aller Beschäftigten über Müdigkeit und Erschöpfung klagen, wenn 40 Prozent körperlich erschöpft sind und jeder Vierte niedergeschlagen ist – dann sind keine Weichlinge am Schwächeln, dann grassiert eine Überlastungs-Epidemie.[30]

Anfällig macht uns ein gesellschaftliches Klima, das Aufstieg im Job mit einer Himmelfahrt verwechselt. Jeder Arsch, der sich auf einen Chefsessel setzt, hat angeblich »etwas aus sich gemacht«; Calvinismus schlägt Humanismus. Wer dagegen Teilzeit arbeitet, gilt als halber Mensch. Und Arbeitslose stehen im Abseits einer Gesellschaft, die den Wert eines Menschen vom Gehaltszettel abliest.

Die Arbeit dient als Ersatzreligion: Wer arbeitslos wird, dessen Glücksempfinden sinkt laut einer großen Studie um ein Drittel mehr, als wenn er verwitwet.[31] Als wäre der Verlust des Ehepartners weniger schlimm als der des Jobs. An der Stelle, wo einst das Herz schlug, klingelt eine Registrierkasse.

Aber was sagen Positionen und Gehälter eigentlich aus? Ist ein Manager denn mehr wert als eine Verkäuferin, nur weil er mehr verdient? Tut ein erziehender Vater weniger für die Gesellschaft als ein leitender Angestellter? Und ist es überhaupt klug, die Höhe der Gehälter der Willkür des Marktes zu überlassen?

Höchste Zeit, dass wir uns starkmachen für eine Arbeitswelt mit einem festen Wertesystem, in der es nicht nur um Profit und Gewinn, sondern auch um Menschlichkeit und Gerechtigkeit geht; eine Arbeitswelt, in der die Gesundheit der Mitarbeiter mindestens so hoch wie die wirtschaftliche Gesundheit der Unternehmen bewertet wird.

Unrealistisch, meinen Sie? Hängt ganz davon ab, was die Arbeitnehmer gemeinsam fordern (siehe ab Seite 307). Durchsetzen ließe sich (fast) alles. Denn ein Unternehmen ohne Mitarbeiter ist wie ein Meer ohne Wasser: Es verdient seinen Namen nicht mehr. Und erst recht kein Geld.

Der Durchdreh-Reim

Die Arbeit läuft hier wie geschmiert.
Die Freizeit auch: Sie emigriert!

Wenn Arbeit alle Deiche sprengt

Die Katastrophe im Sommer 1997 begann mit ein paar Regentropfen. Dann öffnete der Himmel seine Schleusen. Die Oder in Brandenburg schwoll über ihre Ufer hinaus. Die feuchten Deiche ächzten, bis der Druck des Wassers sie sprengte. Die Wassermassen sprudelten in Keller, Wohnzimmer, Häuser.

Über 20 Jahre später schwappt wieder eine Flut durchs Land und dringt bis in die Schlafzimmer: die Arbeitsflut.

Meine Klientin Julia Wagner, Kauffrau für Büromanagement, erzählte mir vom schleichenden Verlust ihrer Freizeit: »Anfangs rief etwa einmal pro Woche abends jemand aus der Firma an. Eine Kollegin hatte ein Problem – warum hätte ich nicht helfen sollen?«

Doch bei »einmal pro Woche« blieb es nicht: »Später kamen drei Anrufe an einem Abend. Der Chef leitete Mails an mich weiter und bat um ›rasche Stellungnahme‹. Und immer öfter hieß es: ›Wir brauchen dich dringend, komm noch mal kurz rein!‹« Sie wohnte nur fünf Minuten von der Firma entfernt. »Wie hätte ich mich rausreden sollen?« Einfach auf ihren Feierabend zu verweisen, diese Idee kam ihr nicht mehr.

Einmal im Kino hatte Julia Wagner ihr Handy doch ausgeschaltet. »Am nächsten Morgen machte mein Chef ein Riesentheater: ›Wir alle tragen viel Verantwortung und müssen im Notfall erreichbar sein!‹« Seither war ihr Feierabend nur noch eine Rufbereitschaft.

Sogar im Griechenland-Urlaub griff die Firma nach ihr, der Chef forderte: »Sie müssen zurückkommen!« Ihre Kollegin sei krank geworden, die Arbeit anders nicht zu schaffen. Für die Ehe war das Gift: »Mein Mann saß die restlichen fünf Tage allein im Doppelzimmer, das hat er mir noch lange vorgeworfen.«

Wie ist es der Arbeit gelungen, so tief ins Privatleben einzudringen? Zu Beginn, Anfang der 1990er Jahre, traf es die Führungskräfte. Unter neidischen Blicken nahmen sie ihre funkgerätgroßen Diensthandys entgegen. Der direkte Draht zur Firma galt als Auszeichnung, als Glück der Unentbehrlichkeit. Dann rückten die Spezialisten in dieselbe exklusive Liga nach.

Ab Anfang der 2000er Jahre sprangen Handy und Laptop vom Berufsleben ins Privatleben über. Es galt als smart, ein Smartphone zu besitzen. Die Kontaktdaten waren nur den Freunden bekannt. Doch irgendwann gehörte der Chef zu diesen »Freunden«. Jedes Handy wurde zum Diensthandy, jeder Mitarbeiter verfügbar wie eine Führungskraft.

Abends noch ein Anruf aus dem Büro? Morgens noch eine Mail vor der Arbeit lesen? Im Urlaub eine kurze Rückfrage beantworten? Alles kein Problem, für sich genommen. Doch die Tropfen summierten sich zur Flut. Und der wachsende Arbeitsdruck ließ die Deiche des Privaten immer mehr nachgeben.

Der New Yorker Soziologe Richard Sennett sieht den »neuen Kapitalismus« gekennzeichnet durch einen Flexibilisierungswahn, der das private Wertesystem von Menschen untergräbt. Mitarbeiter hüpfen von Aufgabe zu Aufgabe, Überstunde zu Überstunde, Ort zu Ort, um im rauen Wind des Systems zu überleben. Dabei nehmen sie für ihr Privat- und Familienleben eine fatale Botschaft mit: »Bleib in Bewegung, geh keine Bindungen ein (...).«[32] Ständige Arbeitsbindung führt zu privater Unverbindlichkeit.

Bezeichnend für den Untergang des Freizeitlandes ist der Urlaub. In den 1990er Jahren waren Vertretungen üblich. Fuhr ein Stammmitarbeiter in Urlaub, erledigte ein anderer seinen Job. Wer aus dem Urlaub zurückkam, konnte einfach weiterarbeiten – die Hauptarbeit war gemacht.

> Heute klebt auf dem Urlaub ein fettes Preisschild: Ehe einer fährt, muss er tagelang vorarbeiten. Und wenn er zurückkommt, muss er tagelang nacharbeiten. Genau genommen hat er gar keinen Urlaub mehr, die Arbeit wird nur verschoben.

Wenn der Urlaub zum Stress wird, gibt es einen einfachen Trick: Man nimmt ihn nicht mehr; kleine Spende an die Firma. Die Amerikaner dienen wieder mal als Vorbild: Sie lassen die Hälfte ihrer Urlaubstage ungenutzt.[33]

Alles, was von der Arbeit ablenkt, ist unerwünscht; Kinder natürlich auch. Wer es als Vater wagt, mehr als zwei Monate Elternzeit zu nehmen, raubt sich laut einer Studie des Berliner

Instituts für sozialwissenschaftlichen Transfer dreierlei: Ansehen, Einkommen und Karrierechancen. Plötzlich kann es schlechte Bewertungen und Vorwürfe hageln.[34] Kinder-Erziehung wird als Arbeitskraft-Entziehung gewertet und bestraft (auch bei Frauen, siehe ab Seite 270). Hauptsache, die Gewinne pflanzen sich noch fort!

Und wer den Arbeitsplatz verlässt, weil seine alte Mutter schwer gestürzt ist und sich die Hüfte gebrochen hat, kann eine Abmahnung kassieren – auch wenn er sich ordnungsgemäß bei der Sekretärin abmeldet. »Ihre Mutter ist in der Klinik und versorgt, die Arbeit ist wichtiger«, rückt der Chef die Prioritäten gerade.[35]

Über Jahrtausende war das Leben der Menschen geprägt von zwei Phasen, die sich abgewechselt haben: Spannung und Entspannung. Der Ernte folgt das Erntefest, dem Hausbau das Richtfest, der Jagd der Grillabend am Feuer. Der alte Rhythmus von Yin und Yang, von Einatmen und Ausatmen, von Familie und Arbeit hielt die Menschen im Gleichgewicht.

In der modernen Arbeitswelt sind die Erholungsphasen abhandengekommen: Wer ein Projekt abschließt, auf den wartet schon das nächste, eine Nummer größer. Wer sich in die eine Aufgabe kniet, um den Termin noch zu schaffen, vernachlässigt zugleich die andere Aufgabe, deren Termine ihm vor die Füße krachen. Und was früher als Verschnaufpause galt, wird heute als Stillstand verflucht.

Spannung folgt auf Spannung, Druck auf Druck, Projekt auf Projekt. Der moderne Arbeitnehmer atmet ein, aber hat keine Zeit fürs Ausatmen mehr. Sogar das heimische Bett ist für viele Schlaf- und Arbeitsplatz zugleich.

Die Oder-Flut ist wieder abgeschwollen. Danach wurden die

Deiche stabilisiert und erhöht. Genau dasselbe ist in der Arbeitswelt fällig: Jeder muss einen Damm um sein Privatleben ziehen, sonst reißt die Arbeitsflut es weg (siehe ab Seite 309).

Der Durchdreh-Reim

Wer frei hat, ist nur rufbereit,
bis dass der Chef per Handy schreit.

Der Welpenschutz

Wenn Mitarbeiter nicht mehr nach Hause gehen, was kann ein Arbeitgeber dann tun? Die US-Investmentbank Goldman Sachs kam auf eine menschenfreundliche Idee: Sie begrenzte die Arbeitszeit. Nicht für alle Mitarbeiter – man muss es ja nicht übertreiben! –, aber es galt Welpenschutz: Die Praktikanten sollten Feierabend machen, ehe ihre Gesundheit litt. Raten Sie einmal, nach welcher Zeit:

- Nach 8 Stunden?
- Nach 10 Stunden?
- Nach 12 Stunden?

Die richtige Antwort ist um einiges schockierender: Das großzügige Bankhaus schrieb seinen Praktikanten vor, spätestens nach *17 Stunden* den Stift fallenzulassen.[36] Wer um 9.00 Uhr seine Arbeit aufnimmt und eine Stunde Mittagspause macht, kann dann um 3 Uhr nachts den Abflug machen. Danach darf der junge Mensch noch ein paar Freunde treffen (sofern Arbeitszombies wie er selbst), einen Kaffee trinken (sofern ihn die Bahnhofsmission noch reinlässt) oder den Mond anheulen (da ihm nach diesem Arbeitstag zum Heulen ist).

Was hat Goldman Sachs zu diesem Akt der Humanität veranlasst? Nicht zuletzt die Geschichte von Moritz Erhardt, deutscher Praktikant einer Investmentbank in London, der sich 2013 zu Tode gearbeitet hat. Vor seinem Zusammenbruch soll er 72 Stunden am Stück geschuftet haben, um sich für einen unbefristeten Vertrag zu empfehlen. Nur die Harten kommen in den Garten der Festanstellung; für sie gilt dann allerdings keine großzügige 17-Stunden-Grenze mehr.

Was für ein Glück, dass die deutschen Gesetze solche Arbeitszeiten nicht zulassen. Und was für ein Pech, dass sich keiner um die Gesetze schert.

Um zu wissen, wie gut Ihre Arbeit ist, müsste Ihr Chef sich näher damit befassen – hat er überhaupt Zeit dafür? Aber um zu wissen, ob Sie um 18 Uhr noch am Arbeitsplatz sind, reicht ein kurzer Blick. Das bekommt er hin.

Jeder Nachtarbeiter ist ein lebendes Mahnmal für diejenigen, die früh gehen wollen; Sitzfleisch wird belohnt. Wer länger da ist, gilt als fleißiger, auch wenn er mit leerem Kopf nur noch eines tut: Stunden absitzen.

Um 17 Uhr beginnt das Spiel: Wer zuerst aufsteht im Großraumbüro, um Feierabend zu machen, hat verloren. Kritische Blicke und dumme Sprüche begleiten ihn: »Hast du einen halben Tag frei?« Der »pünktliche Feierabend« ist zu einem arbeitsrechtlichen Delikt, zum Synonym für Faulheit und mangelndes Engagement geworden.[37]

Wer einen »9-to-5-Job« erledigt, gilt als jämmerlicher Arbeitsverweigerer. Die Anklage lautet: »Dienst nach Vorschrift!« Es ist nicht ganz klar, worin das Delikt besteht – denn die vereinbarte tägliche Arbeitszeit liegt ja bei etwa acht Stunden. Doch der moderne Arbeitnehmer soll seinen Vertrag übertreffen. Der Stunde folgt die Überstunde, dem Arbeitstag die Arbeitsnacht. Macht Feierabend mit dem Feierabend!

Aber wie steht es mit den Arbeitgebern? Tun sie alles, um auch ihren Teil des Arbeitsvertrages zu übertreffen? Prüfen Sie es selbst:

- Zahlt die Firma Ihnen mehr Gehalt, als im Vertrag festgeschrieben ist, vielleicht mal zwischendurch ein paar Tausender? Oder gibt sich das Unternehmen eher schottisch?
- Gewährt die Firma Ihnen mehr Urlaubstage als vereinbart, vielleicht mal eine Woche zwischendurch? Oder schaffen Sie es kaum, Ihren regulären Urlaub zu nehmen?
- Stellt die Firma Ihnen eine Dienstwohnung, obwohl sie Ihnen nicht zusteht? Oder würden Sie mit einer solchen Forderung höchstens einen Lacherfolg erzielen?
- Gewährt Ihnen das Unternehmen einen Kündigungsschutz, der ein halbes Jahr über den Vertrag hinausgeht? Oder werden unliebsame Arbeitnehmer immer wieder mit fadenscheinigen Begründungen abserviert?

Das ist der große Widerspruch: Dieselben Firmen, die bei ihren Mitarbeitern »Dienst nach Vorschrift« kritisieren, erfüllen ihre Verträge bestenfalls »nach Vorschrift«, nie darüber hinaus. Sie verschenken keinen Urlaub, werfen keine Gehaltserhöhungen um sich und nehmen es mit dem Kündigungsschutz nicht so genau.

Lassen Sie sich nicht länger einreden, »Dienst nach Vorschrift« sei eine Schande. Wenn acht Stunden vereinbart sind, müssen Sie *kein* schlechtes Gewissen haben, wenn Sie nach acht Stunden gehen – sondern Ihre Firma, wenn sie Sie daran hindern will.

Der Durchdreh-Reim

Die Nacht im Bett, das ist nicht cool:
Wozu gibt es den Schreibtischstuhl?

Wahrer Irrsinn

Betr.: Wie ein Frühschoppen mit Keulenschlag endete
»Wir müssen etwas für unser Gemeinschaftsgefühl tun«, mahnte unsere Bereichsleiterin. Das stimmte: Vor lauter Arbeit war der Zusammenhalt abhandengekommen. Wir grüßten uns nur noch kurz, statt zu plaudern. Jeder hetzte allein zum Mittagessen. Und der Betriebsausflug war mehrfach verschoben worden.

Unsere Chefin schürte diese Misere: Wie eine Verrückte zog sie neue Aufträge an Land. Gleichzeitig ließ sie vakante Arbeitsplätze unbesetzt. Doch nun wollte sie neues Gemeinschaftsgefühl stiften. Sie lud ihr Team zu einem

»unbeschwerten Frühschoppen« am Sonntag ein, auf Firmenkosten im Nebenraum eines Lokals.

Das klang gut, wie eine Art Mini-Betriebsausflug. Und für eine halbe Stunde schien es nett zu werden; wir plauderten unbeschwert und prosteten uns zu. Dann hob unsere Chefin an: »Jetzt möchte ich noch ein paar Takte zum neuen Workflow erzählen …« Sie trat vor die Gruppe. Statistiken und Prognosen quollen aus ihrem Mund. Wortreich erklärte sie, warum sie zwei Abteilungen zusammenlegen wollte. Unterm Strich hieß das: noch mehr Arbeit!

Niemand lachte mehr. Alle starrten auf ihre Gläser. Die »paar Takte« dauerten 75 Minuten. Nach einer kurzen Anstandsfrist leerte sich der Raum in Windeseile. Es fühlte sich an wie ein Hinterhalt: Wir waren zu einem »unbeschwerten Frühschoppen« eingeladen, aber mit einer neuen Arbeitskeule überfallen worden.

Zwei Monate später, als sie zum Folge-Frühschoppen einlud, hatte keiner mehr Zeit. Auf diese Art von »Gemeinschaftsgefühl« konnten wir verzichten.

Melanie Schuster, Großhandelskauffrau

Betr.: Wie ich der private Mailfreund meines Chefs wurde
Lange war es in unserer Firma üblich, dass Vorgesetzte ihre Mails bis Mitternacht verschickten: Antwort per Nachtexpress erwünscht! Dass ich zu Hause keine Ruhe mehr

fand, machte mich fix und fertig. Auf Druck des Betriebsrats zog die Geschäftsleitung die Notbremse: Der Firmenserver wurde von 20 Uhr bis zum nächsten Morgen ausgeschaltet. Während dieser Zeit sollten keine Dienstmails gesendet oder empfangen werden. Ich freute mich darauf, endlich wieder arbeitsfreie Abende zu genießen.

Doch schon nach drei Tagen bekam ich eine E-Mail meines Chefs, von seiner privaten Mailadresse an meine. Er begann die Mail mit einer kumpelhaften Plauderei, aber am Ende stellte er eine dienstliche Frage, die ziemlich dringend klang. Viele Kollegen erlebten dasselbe: Nach 20 Uhr kamen die Mails jetzt an die privaten Adressen. Führungskräfte waren besonders gefordert: Ein Gruppenleiter, der nicht sofort reagierte, wurde von seinem Chef per SMS aufs Privathandy angesprochen, ob er sich mal kurz melden könne.

Das Chaos am Arbeitsplatz war perfekt: Wer eine wichtige Information aus einem Mailwechsel suchte, musste puzzeln – erst die dienstlichen Mails durchsuchen, dann die privaten, dann beides zusammensetzen. Das kostete Zeit und verursachte Stress.

Am Ende des Jahres rühmte sich die Geschäftsleitung, durch den abendlichen Mailstopp einen »wichtigen Beitrag zur Work-Life-Balance« geleistet zu haben. Als wäre der Nachtexpress gestoppt worden. Doch der fuhr weiterhin – jetzt auf dem privaten Gleis.

Sebastian Simon, Entsorgungsspezialist

Betr.: Wie ich als Mann durch meine Elternzeit im Abseits landete

Als ich meinem Chef mitteilte, dass ich sechs Monate Elternzeit plante, zuckte er zusammen: »Bei einer Frau würde ich das ja verstehen …« Offenbar begriff er nicht, warum ein Abteilungsleiter von 34 Jahren sechs Monate mit seinem Kind verbringen wollte. Doch ich war fest entschlossen, diese einmalige Chance zu nutzen.

»Natürlich haben Sie einen rechtlichen Anspruch«, sagte er. »Aber denken Sie bitte auch an die Signalwirkung.«

»Ist es denn ein schlechtes Signal, als kinderliebender Vater zu gelten?«

»Man kann seine Kinder auch lieben, während man weiterarbeitet«, erwiderte er. »Keiner unserer Top-Manager hat eine so lange Elternzeit in Anspruch genommen.«

Ich blieb bei meiner Entscheidung. Er legte mir dringend ans Herz, wenigstens das Diensthandy mit in die Elternzeit zu nehmen. Ich lehnte das ab, weil ich von einer Kollegin wusste, dass sie pro Tag zehn Anrufe aus der Firma bekommen hatte. Der einzige Ruf, dem ich folgen wollte, sollte der meines Kindes sein.

Nach meiner Elternzeit bekam ich die Quittung: Ein neuer Mann wurde als »Unit-Leiter« direkt über mir installiert; das kam einer Entmachtung gleich. Etliche meiner Privilegien, so Einzelcoachings, gingen an ihn über. Und mein Chef behandelte mich in der großen Führungsrunde wie einen Nachhilfeschüler.

Angeblich hatte all das nichts mit meiner Elternzeit zu

tun. Aber jeder in der Firma verstand die Botschaft. Danach entschieden sich viele Männer, vor allem Führungskräfte, gegen die Elternzeit.

Olav Vogel, Abteilungsleiter im Großhandel

3. Führung mit Schnuller:

Bin ich denn hier im Kindergarten?

In diesem Kapitel erfahren Sie …

- warum Jahresgespräche so oft ein Schlag ins Wasser sind,
- was vereinbarte Ziele mit gesprengten Geldautomaten gemeinsam haben,
- warum Prämien und Motivationsphrasen die Arbeitslust beschädigen
- und wie eine Firma es geschafft hat, Kritiker mit einer »Meckerkasse« mundtot zu machen.

Willkommen im Mitarbeiter-Gespräch!

Der aschblonde Mann gab sich alle Mühle, den kleinen Konferenzraum aufrecht zu betreten. Doch es war, als zöge ein unsichtbares Gewicht seine Schultern nach unten. So sieht einer aus, der zu seiner Hinrichtung schlurft, dachte ich. Oder in sein Mitarbeiter-Gespräch.

»Nehmen Sie Platz«, sagte sein Chef. Dann zeigte er beiläufig auf mich. »Dort hinten sitzt Herr Wehrle. Er begleitet unser Gespräch als stummer Supervisor, stören Sie sich nicht an ihm.«

Der Mitarbeiter schaute kurz zu mir. Dann verschluckte ihn sein Stuhl. Seine Augen fixierten die Tischplatte. Was ihn hier störte, war definitiv nicht ich.

»Darf ich Ihnen einen Kaffee anbieten?«, fragte sein Chef. Der Mitarbeiter schüttelte den Kopf. Zwischen seinen Händen rollte er einen Kuli. Er sah aus, als wollte er nur eines: diesen Raum möglichst rasch wieder verlassen. Offenbar hatte er einschlägige Erfahrung mit Jahresgesprächen gesammelt.

Sein Chef betrieb ein wenig Smalltalk. Dann ging er einen Beurteilungsbogen mit dem Mitarbeiter durch. Nach 15 Minuten kam er zum Kern: »Letztes Jahr hatten wir vereinbart, dass Sie die Stornoquote von 6,5 Prozent auf 6 Prozent senken. Leider stehen wir immer noch bei 6,3 Prozent.«

Der Mitarbeiter sank noch tiefer in seinen Stuhl. Halbherzig verteidigte er seine Arbeit und wies auf Qualitätsmängel des Produktes hin. Mehrfach habe er Verbesserungen angeregt, immer ohne Erfolg. Sein Chef aber winkte mit einem Papierbogen über den Tisch: »Sie haben in Kenntnis des Produktes genau diese Zielvereinbarung unterschrieben.«

Routiniert fuhr er fort: »Letztes Jahr sollte der Sprung 0,5 Prozent betragen. Eigentlich wären wir bei 6 Prozent. Dieses Jahr habe ich an 0,6 Prozent gedacht. Als Jahresziel schlage ich eine Stornoquote von 5,4 Prozent vor.«

»Das ist völlig unrealistisch!«, wandte der Mitarbeiter ein. »Sechs Prozent wären schon ein Erfolg.«

»Moment!«, unterbrach ihn sein Chef. »Wollen Sie Lohn für Stagnation? Dafür, dass Sie Ihr Ziel aus dem letzten Jahr erst dieses Jahr erreichen?«

Der Mitarbeiter bearbeitete den Stift zwischen seinen Handflächen mit so viel Druck, dass es wie das Rollen eines Bürostuhls auf hartem Boden klang. Vielleicht stellte er sich vor, eine Dampfwalze direkt auf seinen Chef zuzusteuern. Dann sagte er leise: »Wenn alles optimal läuft, gehen dieses Jahr 5,9 Prozent.«

»Na also! Wenn wir uns auf 5,6 Prozent einigen, ist das zwar weit unter meinen Vorstellungen, aber dem gehobenen Management gerade noch vermittelbar. Einverstanden?«

Der Mitarbeiter ließ resigniert seinen Kopf sinken.

»Ich sehe, Sie nicken«, sagte der Vorgesetzte.

Ich war nicht sicher, ob er scherzte oder das tatsächlich so wahrgenommen hatte. Der Mitarbeiter zögerte einen Moment. Dann ließ er es geschehen. Als er aus dem Raum schlurfte, hingen seine Schultern noch tiefer.

Der Chef drehte sich um zu mir, und mit einem selbstsicheren Grinsen fragte er: »Na, wie hat's Ihnen gefallen?« Ich atmete tief durch. Wir würden viel zu besprechen haben.

Der Durchdreh-Reim

Der eine nennt es: Künstlerpech.
Der andere: sein Zielgespräch.

Das späteste Feedback der Welt

Ist es wahr, dass Mitarbeiter und Chefs wenig verbindet? Falsch – beide hassen Mitarbeiter-Gespräche. Vorgesetzte jammern über ihren vollen Kalender und fragen sich: Soll ich denn für jeden Mitarbeiter noch eine Extrawurst braten? Und warum mischt sich die Personalabteilung da eigentlich ein? Läuft doch alles prima!

Und Mitarbeiter wissen aus Erfahrung, dass der »Austausch« in einem Jahresgespräch heißt: Man geht rein mit der eigenen Meinung – und soll rauskommen mit der des Chefs. Und wie soll ein Gespräch von 60 Minuten nachholen, was in den 230 Arbeitstagen des Jahres versäumt wurde?

Das offene 360-Grad-Feedback kommt nur auf Fragebögen vor, die nach dem Ausfüllen niemand mehr liest. Die tatsächliche Rückmeldung fließt nach dem Gesetz der hierarchischen Schwerkraft: von oben nach unten. Deshalb reden viele Mitarbeiter auch vom »Kritikgespräch«.

Nur einen Rekord stellen die Rückmeldungen auf: den in Zeitverzögerung. Angenommen, Sie kochen täglich für Ihre Familie. Wann wollen Sie hören, ob Ihre Gerichte schmecken? Etwa schon beim Essen? Nach dem Prinzip des Jahresgespräches müssten Sie erst mal 365 Tage abwarten.

Falls die Familie Sie dann kritisiert, würden Sie mit Recht

fragen: »Warum nicht früher? Dann hätte ich etwas verändern können.« Und falls die Familie Sie lobt, werden Sie sich denken: »Wenn es ernst gemeint wäre, hättet ihr's doch längst gesagt!«

Eine natürliche Rückmeldung, zeitnah und spontan, ist tausendmal mehr wert als eine erzwungene Nachlieferung in einem Standardgespräch.

> Das Jahresgespräch ist eine Krücke. Es soll richten, was im Alltag abhandengekommen ist: den regelmäßigen Austausch zwischen Führenden und Geführten.

Etliche Führungskräfte haben begriffen, was wirklich wichtig für ihre Karriere ist: Meetings, Geschäftsreisen und Schaulaufen vor dem eigenen Chef. Und etliche Mitarbeiter haben begriffen, was nicht wichtig für diese Führungskräfte ist: sie selbst. Jedes unsinnige Meeting hat freie Fahrt in den Kalender eines Vorgesetzten. Nur ein Gespräch mit einem Mitarbeiter landet auf der langen Bank. Dabei wünschen sich 91 Prozent der Mitarbeiter in Deutschland laut einer Studie der ManpowerGroup ein regelmäßiges und ehrliches Feedback von ihrer Führungskraft.[38]

Dass überhaupt noch Mitarbeiter-Gespräche stattfinden, ist nur der Hartnäckigkeit der Personalabteilungen zu verdanken. Sie klopfen so lange beim Fachvorgesetzten an, bis der in Abwägung, was ihn mehr nervt, die Anmahnung des Mitarbeiter-Gespräches oder dieses selbst, sich gegen die Anmahnungen entscheidet.

Der Kern des Mitarbeiter-Gespräches, die Zielvereinbarung, läuft meist ab wie oben geschildert: Der Chef stellt eine Forderung, die unrealistisch hoch ist. Und der Mitarbeiter hält dagegen. Nach einem langen Scheingefecht trifft man sich dort, wo der Chef »die Mitte« definiert – also gespenstisch dicht an seiner Vorstellung.

Taugt das Führen durch Ziele denn nichts, obwohl die Methode 1954 vom Management-Vordenker Peter F. Drucker mit großem Erfolg eingeführt wurde?[39] Es gibt zwei Probleme: Erstens ist die Welt heute so frech, sich innerhalb eines Jahres fundamental zu verändern. Wenn am Markt kein Stein auf dem anderen bleibt, bis auf die Jahresziele, dann sind diese nur noch für Archäologen interessant.

Zum anderen wird die Methode missbraucht. Wer dem Mitarbeiter ein Ziel aufs Auge drückt und das »Zielvereinbarung« nennt, könnte auch einen Geldautomaten in die Luft sprengen und das »Geldabheben« nennen. Es fehlt an Respekt und an Wertschätzung. Laut einer Studie der Personalberatung Rochus Mummert sind drei von vier Führungskräften nicht in der Lage, ihre Mitarbeiter wertzuschätzen.[40]

In einem solchen Klima der emotionalen Unverbindlichkeit haben Beschäftigte das Gefühl, beim Jahresgespräch nur verlieren zu können:

- Wer ein ehrliches Ziel anbietet, wird dafür abgestraft – sein Chef packt aus Prinzip noch etwas drauf.
- Die Ziele werden von Jahr zu Jahr weiter nach oben geschraubt. Wer schon bis zum Hals in der Arbeit steht, soll noch einen Schritt weitergehen.
- Jedes Prämienziel vermittelt Beschäftigten die Botschaft, dass sie sich nur dann richtig anstrengen, wenn man sie schriftlich zwingt – ein Misstrauensvotum.

Wer seine Aufgabe für sinnvoll und wichtig hält, muss nicht mit Prämienzielen zur Leistung verlockt werden; er gibt sein Bestes von allein. Die begeisterte Hobbygärtnerin wird ihre Pflanzen im Sommer so oft gießen, dass es ihnen gutgeht. Eine Prämie für häufiges Gießen wäre kontraproduktiv. Erstens besteht die Gefahr, dass sie es mit dem Gießen übertreibt, dann ersaufen ihre Pflanzen. Und zweitens könnte das Ziel ihren Blick verengen. Vielleicht vergisst sie vor lauter Gießen, die Schnecken einzusammeln. Dann werden ihre Pflanzen aufgefressen.

Übertragen auf einen Verkäufer: Wenn ein bestimmtes Produkt in einer bestimmten Menge verkauft werden soll, weil es das Ziel erfordert, dann wird ein bestimmtes Produkt in einer bestimmten Menge dem Kunden aufgeschwatzt – auch wenn der einen ganz anderen Bedarf hat oder in Produkten ertrinkt.

Übertragen auf eine Ärztin: Wenn sie eine bestimmte Zahl von Operationen braucht, um ihre Prämie zu bekommen, dann sieht sie ihre Patienten nur noch als Erfüllungsgehilfen auf dem Weg zum Ziel. Und jeder, er mag springen wie ein junger Hase, bekommt ein künstliches Knie verpasst – während sie andere Krankheiten vielleicht übersieht wie die Gärtnerin die Schnecken.

Beide, Verkäufer und Ärztin, werden dazu verlockt, ihre eigenen Interessen wichtiger zu nehmen als die des Kunden oder Patienten. Und wer sein Rekordziel tatsächlich erreicht, büßt im nächsten Jahr: Sein Chef legt noch eine Schippe drauf. Es muss aufwärtsgehen, weil es aufwärtsgehen muss, ob der Markt es hergibt oder nicht.

Ich finde, aufwärtsgehen muss etwas anderes: die Qualität der Gespräche zwischen Führungskräften und Mitarbeitern – schon im Alltag.

Der Durchdreh-Reim

Ein Jahresziel, vom Chef gestanzt,
liegt höher, als du springen kannst!

Wahrer Irrsinn

Betr.: Wie mein Jahresgespräch sich verdoppelte
Mein Mitarbeiter-Gespräch kam einfach nicht zustande. Der erste Termin sollte im Oktober stattfinden. Doch zwei Stunden vorher sagte mein Chef ab; die Geschäftsleitung habe ihn zu sich beordert. Beim zweiten Termin im Oktober saß ich pünktlich in seinem Büro. Er rief von unterwegs an: dringender Außentermin, heute wird's leider nichts.

Einen dritten Termin vor Weihnachten sagte er ab mit Verweis auf den »typischen Jahresendstress«. Im Januar verwies er auf seinen »zum Jahresstart extrem vollen Kalender«. Und im Februar fand er »vor lauter internen Terminen leider keine Lücke für unser Gespräch«.

Ich kam mir blöd vor, aber wollte unbedingt mein Gehalt besprechen; deshalb bat ich erneut um einen Termin. Diesmal schob er das Gespräch in den April. Dieser Termin kam zustande: Mein Chef bat mich, Platz zu nehmen. Aber nach zwei Minuten klingelte sein Telefon – und ich sah ihn mit einer Staubwolke aus dem Büro entschwinden: »Ein Notfall – wir müssen uns leider vertagen!«

Als ich im späteren Frühjahr dann noch mal um einen Termin bat, packte mein Chef ein verblüffendes Argument aus: »Es ist ja schon Mai, was halten Sie davon, dass wir im kommenden Oktober dann ein Zwei-Jahres-Gespräch führen?«

Deutlicher ist mir im Leben noch nie gesagt worden, dass jemand keinen Bock auf ein Date mir hat.

Elif Akgün, Sekretärin

Betr.: Wie ich Gespräche führe, ohne sie geführt zu haben
In unserem Konzern gehören Mitarbeiter-Gespräche zum Pflichtprogramm. Meine Vorgesetzte, eine Ingenieurin mit überfülltem Terminkalender, geht pragmatisch an die Sache heran: Sie führt ihre Mitarbeiter-Gespräche in Abwesenheit.

Wie das geht? Sie bekommt von der Personalabteilung einen »Feedback-Bogen« ausgehändigt. Dort sind Eigenschaften wie »Kreativität«, »Ordnungsliebe« und »Effektivität« aufgelistet. Und nun sollen beide, Mitarbeiter und Chefin, auf diesem Bogen Zahlen von 1 (für wenig ausgeprägt) bis 5 (für sehr ausgeprägt) ankreuzen. Und die Anweisung lautet: Gesprochen werden muss vor allem über Punkte, bei denen Selbst- und Fremdwahrnehmung voneinander abweichen.

Der Trick meiner Chefin: Sie lässt uns die Bögen in Stillarbeit ausfüllen und an ihr Sekretariat zurückgeben. Erst dann füllt sie selbst ihren Bogen aus. Dabei orientiert sie sich offenbar an unseren Kreuzen, denn es kommt kaum zu Abweichungen. Zuletzt hat sie mich angerufen und mal wieder gesagt: »Ich habe Ihren Bogen durchgeschaut – fast identisch mit meinem. Wir sind uns einig, kein Gesprächsbedarf. Oder?«

Also habe ich mein Mitarbeiter-Gespräch mit einem Blatt Papier geführt. Und sie ebenfalls. Danach gehen die ausgefüllten Bögen an die Personalabteilung zurück, und dort denkt man: Alles in Ordnung!

Beim nächsten Mal werde ich mir überall Bestnoten geben. Und dann lege ich eine große Gehaltsforderung per Formular nach. Vielleicht winkt sie die ja auch durch, nur um sich das Gespräch mit mir zu ersparen.

Anton Sauer, Technischer Zeichner

Betr.: Wie ein Lob mich beleidigte

Zwei Wochen vorm Termin meines Mitarbeiter-Gespräches wurde mein Chef durch einen jungen Schnösel ersetzt. Der nahm den Termin wahr, obwohl er mich kaum kannte, und lobte mich euphorisch: »Mir ist gleich aufgefallen, wie positiv Ihre Ausstrahlung ist. Sie sind eine Frau, die Motivation und Tatkraft verströmt. In Ihnen steckt eine große Verkäuferin!«

Danach machte er einen wahnsinnigen Vorschlag: Ich sollte meine Umsätze nicht um drei Prozent steigern, wie bisher, sondern um zwölf.

»Wie kommen Sie auf diesen Wert?«, fragte ich entsetzt.

»Zwölf Prozent waren üblich in meiner letzten Firma.«

»Aber Sie kommen doch aus einem Start-up in einer Wachstumsbranche – wir sind ein Traditionsunternehmen!«

Ich fand es völlig dämlich, das Wachstum eines jungen Unternehmens mit dem eines alten zu vergleichen. In einer mühsamen Verhandlung konnte ich ihn auf neun Prozent drücken. Eine vergebliche Mühe, denn auch diese Zahl war unerreichbar.

Später erzählte mir eine Kollegin von ihrem Mitarbeiter-Gespräch. Zuerst habe der Neue gesagt, sie sei »eine Frau, die Motivation und Tatkraft verströmt«; dann, dass in ihr »eine große Verkäuferin« stecke. Und schließlich habe er ihr zwölf Prozent aufs Auge drücken wollen. Das Ergebnis waren: neun.

Ich kam mir vor wie ein Mitarbeiter-Teilchen in einer großen Fabrik, das gerade durch seine Führungs-Stanzmaschine gelaufen war. Immerhin konnte ihm niemand unterstellen, dass er seine Mitarbeiterinnen nicht gleich behandelte ...

Flora Böhm, Verkäuferin

Meinungsfreiheit mit Maske

Was passiert in einer Diktatur, wenn einer Kritik übt? Er riskiert seinen Kopf. Was passiert in einem Unternehmen, wenn einer Kritik übt? Er riskiert seine Karriere. Zwar tun die Unternehmen so, als wäre Kritik willkommen. Aber wenn das stimmt, warum werden die meisten Mitarbeiterbefragungen dann *anonym* durchgeführt?

Zuletzt habe ich eine solche Befragung bei einem Unternehmen der Finanzindustrie verfolgt. Das Firmenschiff hatte am Markt eine Schlagseite bekommen, agile Wettbewerber zogen vorbei. Die Stimmung war schlecht, etliche Mitarbeiter schon zur Konkurrenz gewechselt. Ideen der Belegschaft waren jahrelang übergangen, kritische Töne zur Unternehmenspolitik unterdrückt worden.

Befördert wurden Typen, die in den Büros ihrer Vorgesetzten eine dicke Schleimspur zogen. Bei Meetings fielen sie als Meinungs-Papageien ihrer Chefs auf. Wer es wagte, einen Zentimeter von der Linie abzuweichen, galt als Revoluzzer. Eine Mitarbeiterin war aus einem Meeting geflogen, nur weil sie einen Manager für dessen Strategie kritisiert hatte.

Erst kurz vorm Untergang rief der Firmeneigentümer die Seenotretter herbei: Junge Unternehmensberater schwärmten über die Flure und führten Einzel-Interviews mit den Mitarbeitern. Schnell wurde klar, dass sich der Frust bis zur Unterkante der Oberlippe gestaut hatte.

Und so kam es zur anonymen Befragung. Die Unternehmensberater stellten ihre Fragebögen ins Intranet, jeder Mitarbeiter sollte einen Bogen am PC ausfüllen, ihn ausdrucken und dann in den »Kummerbriefkasten« neben dem Fahrstuhl werfen.

Die Bankkauffrau Anna Petrov erinnert sich: »›Alles ist anonym‹, hatten die Berater uns versichert. Aber konnte die IT-Abteilung im Intranet nicht jeden Schritt verfolgen? Was, wenn die Schriftbilder der Abteilungsdrucker analysiert wurden? Und konnten wir sicher sein, dass die Fingerabdrücke auf den Bögen nicht mit denen auf unseren Schreibtischen abgeglichen wurden?«

Die Mitarbeiter verhielten sich wie Oppositionelle in einem Polizeistaat: Sie wollten sicherstellen, nicht als Systemkritiker enttarnt zu werden.

Anna Petrov berichtet: »Ein Kollege kam auf die Idee, die Datei mit dem Fragebogen auf einen Stick zu ziehen und sie in einem Internet-Café auszudrucken. Ein Drucker für alle Bögen, dann flog wenigstens keine Abteilung auf.« Und schnell lief durchs Unternehmen der Tipp, den Mitarbeiter-Fragebogen nur mit Plastikhandschuhen anzufassen – wegen der Fingerabdrücke. Beim Einwerfen der Bögen blickten die Mitarbeiter scheu über die Schulter, als handelte es sich um einen anonymen Erpresserbrief. Diese Vorsicht war nicht übertrieben, das wurde bei der Präsentation der Ergebnisse klar:

»Wir erkannten unsere eigenen Zitate kaum wieder«, erinnert sich Anna Petrov, »denn sie waren mit Zucker übergossen. Ich hatte geschrieben: ›Die Meinung der Mitarbeiter wird am laufenden Band abgebügelt und interessiert das Management einen Dreck‹ – auf der Folie stand: ›Die Meinung der Mitarbeiter wird vom Management noch nicht oft genug berücksichtigt und ausreichend gewürdigt.‹ Ein Kollege hatte geschrieben: ›Dieser Saftladen tickt noch so wie im vorletzten Jahrhundert, null Bereitschaft zu Reformen‹ – auf der Folie stand: ›Unsere Firma tickt noch nicht modern genug und sollte ihre Reformbereitschaft erhöhen.‹«

Die Geschäftsleitung wollte die *ganze* Wahrheit eben doch nicht hören. Offenbar hatten die Unternehmensberater das rechtzeitig bemerkt und sich darauf eingestellt. Noch am »Tag des Klartextes« wurde schöngefärbt. Der Geschäftsführer bedankte sich für die Offenheit und versprach, die Belegschaft »um ein Vielfaches mehr« einzubeziehen. Ein Vielfaches wovon? Die Zahl, mit der er multiplizieren wollte, war eine Null.

Es ist ein albernes Spiel: Dieselben Unternehmen, die im Alltag Ja-Sager belohnen, Kopfnicker befördern und Gehorsam einfordern – diese Unternehmen spielen bei der Mitarbeiter-Befragung mal kurz Prager Frühling.

Das soll ihnen einen modernen Anstrich verleihen und die Mitarbeiter besänftigen.

Aber wehe, jemand nimmt dieses Theater ernst und kritisiert drei Tage später eine Idee der Geschäftsleitung! Dann rollen die Meinungspanzer ein. Die herrschenden Gedanken im Unternehmen haben die Gedanken der Herrschenden zu sein. Meinungsfreiheit ist erlaubt – als Freiheit, sich der Meinung des Chefs anzuschließen.

Dass ihr Unternehmen noch strikt hierarchisch geführt werde, dieser Aussage stimmen 83 Prozent der Mitarbeiter deutscher Unternehmen in einer Studie der Akademie für Führungskräfte der Wirtschaft zu.[41] Denn Beschäftigte messen ihre Chefs nicht an Sonntagsreden, sondern am Verhalten im Alltag:

- ob sie Kritik wertschätzend annehmen – oder bestenfalls zähneknirschend ertragen;
- ob sie auch kritische Mitarbeiter befördern und mit Gehaltserhöhungen bedenken – oder ob Chef Hans immer nur Mitarbeiter Hänschen fördert;
- und ob sie eine Kultur des offenen Austausches schaffen – oder nur die entsprechende Theaterkulisse durch Mitarbeiterbefragungen.

Wir brauchen eine Unternehmenskultur, die durchlässiger und demokratischer wird, eine Kultur, in der sich Führungskräfte nicht nur als verlängerte Arme der Geschäftsleitung, sondern auch als Vertreter ihrer Mitarbeiter sehen. Sogar der Machtstratege Niccolò Machiavelli weist in seinem Klassiker »Der Fürst« darauf hin, dass ein Führender es leichter hat, wenn er durch die »Gunst des Volkes« an die Macht komme statt gegen dessen Willen.[42]

Schon lange schlage ich vor, Führungskräfte demokratisch von ihren Mitarbeitern wählen zu lassen. Einige Unternehmen wie die Drogeriekette dm sammeln mit dem Prinzip der Klassensprecher-Wahl beste Erfahrungen. Denn es ist wie in der Politik: Ein Despot tut alles, um Kritik zu unterdrücken, weil er sie als Angriff auf seine Macht definiert. Ein demokratisch legitimierter Führer aber kann Kritik sachlich nehmen und Missstände zum Wohle aller beseitigen. Auch im Unternehmen.

Unter dem bemerkenswerten Titel »Der Ruf nach Freiheit« fand die TU München in einer Studie heraus, dass 70 Prozent der Beschäftigten ihren Vorgesetzten gern auf Zeit wählen würden. Und 80 Prozent legen ihren Firmen ein einfaches Rezept für mehr Produktionskraft ans Herz: sie selbst mehr an wichtigen Management-Entscheidungen zu beteiligen.[43]

Offenheit brauchen Firmen umso mehr, je schneller sich das Karussell der Märkte dreht. Denn wer soll Managern sagen, wenn etwas schiefläuft? Wenn ein Produkt zu scheitern droht, wenn Kunden murren, Abläufe haken, dann wissen das die Mitarbeiter lange vor dem Top-Management. Eine Rückmeldung von außen kommt erst, wenn außen schon ein Schaden entstanden ist.

Kritik der Beschäftigten kann Firmen retten – sofern sie zeitnah im Alltag fließt. Ohne Maske und Plastikhandschuh.

Der Durchdreh-Reim

Wer ehrlich ist und übt Kritik,
der endet mit: Karriereknick.

Das Arsenal der Motivationskünstler

»Was kann ich tun, um meine Mitarbeiter besser zu motivieren?«, fragte mich der junge Bereichsleiter im Coaching und zupfte an seiner roten Krawatte.

»Was tun Sie denn bislang?«, fragte ich zurück.

»Das volle Programm«, sagte er. »Wir setzen individuelle Leistungsprämien aus. Wir belohnen Abteilungen für einen geringen Krankenstand. Wir betreiben systematische Personalentwicklung, um Mitarbeiter durch Kurse noch besser zu machen. Und jedes Jahr ergänzen wir die individuellen Motivationsgespräche durch einen motivierendes Teamevent.«

»Ganz schön viel, was Sie da für die Motivation tun.«

Ein Lächeln ließ seine Zähne aufblitzen. »Das ist längst nicht alles! Wir zeichnen auch einen Mitarbeiter des Jahres aus. Und wir haben eine kleine Bibliothek mit motivierender Literatur eingerichtet.«

»Und dennoch sitzen Sie hier, weil Sie mit der Motivation Ihrer Mitarbeiter unzufrieden sind«, erinnerte ich ihn.

Nachdenklich sah er mich an. »Haben Sie denn eine Idee, was die Motivation bremst?«

Ich bat ihn in die Mitte des Raums. »Strecken Sie Ihre Arme und die Handflächen nach vorne.« Ich fuhr meine Arme ebenfalls aus und legte meine Handflächen gegen seine. Dann begann ich, ihn nach hinten zu drücken, wie bei einem Kampf. Überrascht ließ er sich ein paar Schritte schieben. Dann drückte er dagegen. Jetzt ging ich rückwärts.

Schließlich standen wir keuchend im Raum, und ich sagte: »Wenn Sie jemanden in die eine Richtung drücken, drückt er immer dagegen.«

»Ich kann Ihnen nicht folgen.«

»Sagen Sie zu einem Menschen: ›Sei endlich motivierter‹ – und schon ist seine Motivation futsch. Das ist die paradoxe Wirkung des Appells.«

»Aber es kann doch kein Fehler sein, einen Menschen zu motivieren.«

»Doch, Sie nehmen ihm die Chance zur Eigenmotivation. Vielleicht wäre er freiwillig in diese Richtung gegangen. Aber sobald Sie ihn schieben, leistet er Widerstand.«

»Schieben? Wir tun von Jahr zu Jahr mehr, um die Eigenmotivation zu ermöglichen.«

»Was kommt bei einem Mitarbeiter an, wenn er zum Motivationsgespräch gebeten wird? ›Du bist nicht motiviert genug!‹«

Er klemmte die Spitze seiner Krawatte zwischen Daumen und Zeigefinger. »Aber Personalentwicklung ist doch sinnvoll.«

»Personalentwicklung ist unmöglich«, sagte ich. »Jeder kann sich nur selbst entwickeln, als ganzer Mensch – und nicht nur als ›Personal‹. Und Ihre Teamprämie für geringen Krankenstand sagt indirekt: ›Ihr seid potenzielle Krankmacher.‹ Wer traut sich noch, krank zu sein, wenn er damit seinem Team die Prämie raubt?«

Der Bereichsleiter umklammerte seine Krawatte mit beiden Händen. »Dann meinen Sie also: Je mehr wir motivieren, desto demotivierter werden die Mitarbeiter?«

Endlich hatte er es begriffen.

Chefs haben zwei Möglichkeiten, einen Mitarbeiter für faul zu erklären: Sie mahnen ihn ab. Oder sie motivieren ihn. Was mehr wehtut, darüber kann man streiten.

Motivierung ist Leistungs-Doping. Und wann wird Doping nötig? Wenn die Zeiten, die einer ohne läuft, zu langsam sind. Doch was tut ein Mitarbeiter, wenn er schon jeden Tag sein Bestes gibt? Er wird bockig und verlangsamt sein Tempo. Weil er spürt, dass er angeschoben wird, hält er dagegen. Niemand will als zum Leben erweckte Motivationsleiche gelten.

Aber gibt es nicht Mitarbeiter, die sich von Prämien, Lob oder Incentive-Reisen doch motivieren lassen? Ja, aber solche Drogen nutzen sich ab. Das erste Lob des Chefs löst noch Leistungsfeuerwerke aus. Das zweite Lob lässt noch ein paar Funken sprühen. Und beim dritten ist der Ofen aus.

Ähnlich verpuffen Prämien und Incentives. Oder haben Sie je erlebt, dass ein fauler, schlampiger, demotivierter Kollege – Abrakadabra! – durch eine Prämie *dauerhaft* zu einem fleißigen, achtsamen und motivierten Kollegen geworden wäre? Wer ohne Prämie nichts gerissen hat, wird auch mit Prämie nichts reißen.

Aber die Motivation der Leistungsträger kann durch die Prämie bombardiert werden. Wie soll eine Kundenberaterin, die ihren Beruf wirklich liebt, mit Prämie besser beraten als ohne? Wer schon alles gegeben hat, kann nicht mehr nachlegen – und fühlt sich in seiner Leistung verkannt. Ich jedenfalls wäre schwer beleidigt, wenn mir mein Verlag bei diesem Buch eine Prämie böte, damit ich besser schreibe.

Bin ich also gegen Prämien für Leistungsträger? Ja. Aber ich bin dafür, dass sich eine dauerhafte Spitzen-Leistung in einem dauerhaften Spitzen-Grundgehalt spiegelt. Damit können Beschäftigte kalkulieren – statt am Tropf einer Prämie zu hängen und sich mit der Beweislast der Zielerfüllung herumzuschlagen.

Der Psychologie-Professor Martin Seligman, Pionier der Positiven Psychologie, schreibt: »Eine Berufung ist die am meisten befriedigende Art von Arbeit, eben weil sie eine Belohnungshandlung ist und deshalb um ihrer selbst willen getan wird – statt für die materiellen Vorteile, die sie bringt.«[44] Diese Voraussetzung sei »wichtiger als die materiellen Kompensationen für Arbeit«.

Arbeitsfreude ist ein Funke, der aus der Tätigkeit an sich auf Menschen überspringt und intrinsische Motivation entfacht. Keine Firma kann einen Beschäftigten dauerhaft von außen motivieren. Aber ihn dauerhaft zu demotivieren, das gelingt leicht. Einige Unternehmen tun das täglich, ohne sich dessen bewusst zu sein:

- Mitarbeiter müssen Entscheidungen umsetzen, hinter denen sie nicht stehen.
- Vor lauter Bürokratie kommt kein Mensch mehr zum Arbeiten.
- Schmale Budgets stehen vernünftigen Arbeitsplätzen und -mitteln im Weg.
- Führungskräfte haben kaum noch Zeit für ihre Mitarbeiter.
- Aktionäre werden schneller informiert als die eigene Belegschaft.
- Meetings wuchern wie Krebsgeschwüre und bringen die Arbeit zum Erliegen.
- Durch geringe Personalstärke fehlt die Zeit, noch sorgfältig zu arbeiten.

- Die Arbeitsplätze wackeln, obwohl es dem Unternehmen gutgeht.
- Gehaltsverhandlungen bringen keine vernünftigen Ergebnisse, nur Demütigungen.

Wenn Mitarbeiter demotiviert sind, dann nicht, weil das ihre Angestellten-DNA (»**D**och **n**icht **a**rbeiten!)« erfordert – sie haben Gründe. Und solange diese Gründe fortbestehen, bleiben alle Motivierungstechniken wirkungslos – als würde man jemanden mit der einen Hand unter Wasser tauchen, ihn aber mit der anderen Hand streicheln.

Der beste Weg, Mitarbeiter zu motivieren? Sie fair behandeln. Sie fair bezahlen. Ehrlich zu ihnen sein. Und sie fragen, was sie brauchen, um ihre Arbeit gut zu machen. Der Rest passiert von ganz allein. Arbeitsfreude motiviert am meisten. Wir brauchen wieder mehr davon!

Der Durchdreh-Reim

Lob und Prämie machen Beine.
Vorher hattest du wohl keine!

Mach dich zum Hampelmann!

Haben Sie Lust, sich mal so richtig zum Hampelmann zu machen? Dann sollten Sie bei einem bestimmten großen Maschinenbauer anfangen. Dort werden die Mitarbeiter dreimal pro

Woche an ihrem Arbeitsplatz von einem Fitnesstrainer besucht. Dann heißt es: aufstehen, rumhüpfen, Hampelmann machen. 15 Minuten lang.

Die Veranstaltung findet im Großraumbüro statt. Niemand muss mitmachen, sagt der Abteilungsleiter. Und damit klar wird, wie ernst er das meint, gehört er selbst zu den Vorturnern und bringt seine Leute unter Zugzwang.

Derselbe Maschinenbauer hatte schon Jahre zuvor in einem Wettbewerb das fitteste Team gesucht. Die Abteilungsleiter baten ihre Mitarbeiter, jeden Schritt des Tages mit elektronischen Zählern zu dokumentieren, vom Aufstehen bis zum Schlafengehen. Am nächsten Tag wurde addiert und ins Intranet übertragen. Dort war zu verfolgen, wer welche Zahl von Schritten zurückgelegt hatte.

Das Mitmachen war »vollkommen freiwillig«. Nur hätte jeder Verweigerer die Chancen seines Teams geschmälert – eine »Freiwilligkeit«, der man sich schwer entziehen konnte. Zumal die Chefs in Sieben-Meilen-Schritten voraneilten.

Aus Spaß wurde Wettkampf: Jeder Vorgesetzte wollte sich mit dem fittesten Team schmücken. Morgens rechnete ein Abteilungsleiter seinen Leuten vor: »Wenn jeder 1500 Schritte mehr geht, liegen wir morgen auf Platz 1.« Wer am nächsten Tag ohne Steigerung ins Büro kam, brauchte ein gutes Alibi. Keinen Hund zu haben reichte nicht.

Wo die Fürsorge endete und die Bespitzelung begann, war völlig unklar. Ein älterer Mitarbeiter, der häufig mit Rückenproblemen fehlte, bekam im Jahresgespräch zu hören: »Tun Sie was für Ihre Gesundheit! Sie gehen hier auf dem Flur ja mehr Schritte als nach Feierabend.« Und einem Marathonläufer wurde vorgehalten, dass bei seinem abendlichen Laufpensum von über 15 000 Schritten keine Kraft für »Extrameilen in der Firma« bleibe.

Viele Konzerne mischen sich ins Privatleben ihrer Mitarbeiter ein. Am liebsten würden sie vorschreiben, was zu Hause auf den Teller kommt, wie viele Schritte zu gehen sind und nach wie vielen Stunden der Schlafplatz frühestens verlassen werden darf.

Und wehe, ein Mitarbeiter verstößt gegen eine Vorschrift! Dann rückt die konzerneigene Gesundheitspolizei mit Blaulicht aus, zerrt ihn aus seinem Fernsehsessel und treibt ihn fünf Runden um den Block, bis er die vorgeschriebene Zahl an Schritten erreicht hat. Sollte er sich weigern, ist das Widerstand gegen die Konzernstaatsgewalt. Dann droht ihm ein Verfahren beim Mitarbeiter-Gespräch.

Ich übertreibe, aber leider nur ein bisschen:

> Etliche Firmen in den USA verpassen ihren Mitarbeitern schon heute elektronische Mini-Spione, »ID Badges« genannt. Jedes Gesichtszucken und jede Geste, jedes Wort und jeder Schritt werden erfasst.

Und eine Tracking-Software überträgt dem Restaurant-Chef live auf den Bildschirm, ob sein Mitarbeiter dem Gast ein zusätzliches Dessert aufschwatzt oder nicht.[45]

Noch weiter gehen Apps, die das Start-up Misfit für Unternehmen entwickelt hat: Schlaf, Schritte, Sport, Kalorienverbrauch – alles wird protokolliert. Der Tracker kann als Arm- oder Halsband getragen werden. Wer sich viel bewegt, bekommt von Firmen wie BP und eBay eine günstigere Gesundheitsvorsorge – womit die weniger Sportlichen als Faulpelze am Pranger stehen.[46]

Und wer in einem deutschen Warenlager von Amazon arbeitet, ist für seinen Arbeitgeber ein offenes Buch: Die Bewegungsprofile werden per Computer verfolgt.[47] Wer zu langsam läuft, wird doppelt angetrieben: vom Chef und von den Kollegen; denn es winkt ein Bonus, der sich auf die Leistung der ganzen Gruppe bezieht. Wenn einer langsamer ist – etwa durch eine Verstauchung –, büßen alle. Jeder treibt jeden an.

Was sich als Bonus tarnt, ist ein Instrument der Kontrolle und der Disziplinierung – in einem Unternehmen, das seine Mitarbeiter auf der Toilette noch mit Schildern behelligt, die einen sparsamen Umgang mit Klopapier anmahnen – damit von den rund 200 Milliarden US-Dollar Jahresumsatz nicht zu viel weggespült wird.[48]

Wer die Individualität zurückdrängt, zwingt dem Einzelnen ein »gleichgeordnetes Massenleben« auf, wie es Roger Willemsen in seinem letzten Buch »Wer wir waren« beschreibt.[49] Dann reiben sich die Menschen auf »im engen Horizont einer Arbeit«, die nur auf den Vorteil der Firma zielt, aber jeden Sinn und jede Individualität auslöscht. Ein solches Klima dient nicht den Menschen, sondern soll sie zu willenlosen Dienern machen.

Also: Wenn Firmen wie der beschriebene Maschinenbauer *ernsthaft* etwas für die Gesundheit ihrer Mitarbeiter tun wollen, habe ich ein paar Vorschläge, die besser als Schrittezählen funktionieren:

- Beschäftigten vertrauen, statt sie rund um die Uhr zu kontrollieren;
- ihnen ihre Individualität lassen, statt sie durch Regeln zu ersticken;
- kaputtgesparte Teams wieder aufstocken;
- Projekttermine realistisch setzen;

- Arbeitsmengen so kürzen, dass sie in die regulären Arbeitszeiten passen;
- niemandem durch Sparwahn dauerhafte Existenzängste bereiten;
- Frauen vor sexueller Belästigung schützen, denn laut der Internationalen Arbeitsorganisation ILO wurden in Europa 40 bis 50 Prozent schon angegangen[50]
- und Mobbing-Opfer gegen Mobber verteidigen, statt die Meute anzusporen.

Wer Mitarbeiter unter Dauerstress setzt, sie bis zum Umfallen schuften lässt und dann beklagt, dass sie zu oft krank sind und sich zu wenig bewegen, ist als Gesundheitspfleger unglaubwürdig.

Der Durchdreh-Reim

Für Mitarbeiter – »dei, dei, dei!« –
gibt's Schnuller und Karrierebrei.

Wahrer Irrsinn

Betr.: Wie mein Chef mir einen Euro raubte

»Jeder Mitarbeiter ist ein Mitdenker!« So stand es groß in den Führungsgrundsätzen unserer Firma. Aber wer Entscheidungen kritisierte, wurde von unserem Chef in seine Schranken gewiesen. Sein schlechter Führungsstil war hausbekannt, deshalb bekam er von ganz oben ein Führungsseminar verordnet. Dort sollten ihm innovative Führungsmethoden beigebracht werden. Wir alle waren gespannt, was sich verändern würde.

In der ersten Sitzung danach ließ er uns die Tagesordnung für ein Meeting selbst gestalten, das war schon mal ein Anfang. Wir machten die Einteilung der Schichtarbeit zum Programmpunkt, der Vorlauf war immer zu kurz. Ich sprach diese Kritik aus. Zustimmendes Gemurmel lief durch die Runde.

Nur mein Chef zog eine Grimasse. Wortlos verschwand er aus dem Raum und kam zurück mit einem großen Suppenteller, den stellte er in der Tischmitte ab: »Das ist ab sofort unsere Meckerkasse.« Er wandte den Blick zu mir: »Und du, Arash, wirfst jetzt einen Euro in diesen Teller.«

»Warum sollte ich?«

»Das habe ich bei meinem Führungsseminar gelernt: Wer destruktive Kritik übt, muss dafür einen Euro zahlen!«

»Aber mein Hinweis war doch berechtigt!«

»Nein, die positive Note hat gefehlt. Destruktive Kritik kostet ab sofort einen Euro!«

Kopfschüttelnd legte ich die Münze in den Teller. In derselben Sitzung erwischte es noch drei Kollegen. Bei den nächsten Sitzungen gingen die Einnahmen zurück; immer mehr Mitarbeiter teilten die Ansichten unseres Chefs.

Kein Wunder: Die eigene Meinung kostete ja einen Euro.

Arash Touatid, Produktionsmitarbeiter

Betr.: Warum ich mich vor meiner Chefin nackt machen musste

»Wie geht es Ihnen denn jetzt?« Meine Chefin setzte ein besorgtes Gesicht auf.

»Es ist wieder alles in Ordnung«, sagte ich.

»Und wie genau macht sich das bemerkbar, dass wieder alles in Ordnung ist?«

»Es geht mir wieder gut«, sagte ich möglichst neutral.

»Und in den letzten zwei Wochen – wie war es da?«

»Da ging es mir nicht gut, deshalb war ich ja krankgeschrieben.«

Fehlte nur noch, dass sie ein Stethoskop aus ihrem Schreibtisch kramte und mich bat, den Oberkörper frei zu machen. Sie wollte herausfinden, weshalb ich krankgeschrieben war. Aber das ging die Firma einen feuchten Kehricht an, fand ich.

Wer bei uns über eine Woche krank war, musste neuerdings mit seiner Führungskraft ein »Eingliederungsgespräch« führen. Die heimlichen Fragen lauteten: »Warst du krank, oder hast du blaugemacht?« Und: »Können wir auch sicher sein, dass du nie mehr krank wirst?« Wer den Eindruck erweckte, Dauerpatient zu werden, hätte als Dauermitarbeiter schlechte Chancen gehabt.

»Kann ich jetzt wieder voll auf Sie bauen?«, ging meine Chefin zum zweiten Akt über.

»Ich bin gesund.«

»Das heißt, es sind keine Rückfälle zu erwarten?«

»Nur ein Rückfall in die Sklaverei, so wie Sie mich hier verhören« – dachte ich im Stillen, aber wiederholte: »Ich bin gesund.«

»Ich mache mir einfach Sorgen, ob Ihre Gesundheit stabil ist«, heuchelte sie.

Klar, ich war zwischen Januar und August ja schon unverzeihliche zwölf Tage krank, da war diese Frage mehr als berechtigt.

»Ich bin gesund«, sagte ich ein drittes Mal. »Aber nicht mehr lang, denn dieses Verhör macht mich krank«, hätte ich am liebsten hinzugefügt.

Dann hatte sie endlich ein Einsehen und erhob sich zum Abschied. »Schön, dass Sie wieder gesund sind« – es klang wie eine Mahnung, an die sie mich beim nächsten »Eingliederungsgespräch« erinnern würde.

Marie Schreiber, Ökonomin

Betr.: Wie ein Erlass des Managements für Chaos sorgte
Als gehobene Führungskraft eines Konzerns wunderte ich mich, dass sich in meinem Bereich Missverständnisse und Fehler häuften. Mal wussten die Kollegen im Ausland nicht, was in der deutschen Zentrale geschah. Mal blieb das Wissen eines internationalen Experten ungenutzt. Und mal arbeiteten mehrere Mitarbeiter zur gleichen Zeit an der gleichen Sache, ohne voneinander zu wissen.

Warum funktionierte die Kommunikation nicht mehr? Ich trommelte meine Abteilungsleiter zusammen. Nur zögernd rückten sie mit der Sprache heraus: Ein halbes Jahr zuvor war vom Top-Management erlassen worden, dass Meetings zwingend in englischer Sprache abgehalten werden mussten, sobald sich ein internationaler Kollege in der Runde befand.

Doch einige der älteren Abteilungsleiter sprachen schlecht Englisch. Bis dahin hatten sie sich überwiegend mit Deutsch durchgeschlagen. Und weil sie keine Lust hatten, die Sitzungen in Englisch zu leiten, verzichteten sie immer öfter auf internationale Kollegen in den Runden. So blieben Experten außen vor, während weniger Kompetente entschieden.

Der Englischzwang war eine Schnapsidee: Die meisten internationalen Mitarbeiter sprachen besser Deutsch als die hiesigen Kollegen Englisch.

Ich wies auf die Schäden hin und bat das Top-Management, die Regelung zurückzunehmen, doch als Antwort kam: »Wer kein Englisch kann, soll es gefälligst lernen!«

Jacob Bennett, Bereichsleiter im Maschinenbau

4. Die Spar-Schweinerei:

Hilfe, mich jagt ein Kostenkiller!

In diesem Kapitel erfahren Sie …

- wie die Bahn es geschafft hat, so lange zu sparen, bis nur noch die Koffer rollten,
- wie ein Schiffsbauer seine Fachkräfte zu Putzkräften beförderte,
- warum Sparprogramme der sicherste Weg in die Pleite sind
- und welchen Trick von Franz Kafka Unter-Manager anwenden, um Sparpakete der Ober-Manager zu würdigen.

Es fährt ein Zug nach Nirgendwo

Was muss passieren, damit ein prominenter Top-Manager zum Bettler wird? Damit er, der Millionenverdiener, die Telefonnummer eines einfachen Mitarbeiters wählt und diesen auf Knien anfleht: »Bitte, bitte – brechen Sie Ihren Urlaub ab und kommen Sie zurück in den Dienst!«?

Vielleicht hat der Manager zusätzlich gesagt: »Schauen Sie ins Fernsehen oder in die Zeitungen: Die ganze Republik lacht über unseren Konzern. Die Kunden sind stinksauer. Und nur Sie können uns aus dieser Klemme befreien.«

Der Manager, der ein solches Telefonat führte, hieß Rüdiger Grube, seinerzeit Chef der Deutschen Bahn. Vom Mitarbeiter kennen wir nur die Position: Er war Fahrdienstleiter am Bahnhof in Mainz – jenem Bahnhof, der im Sommer 2013 zum Sinnbild einer missglückten Sparpolitik wurde: Das Einzige, was hier noch rollte, waren die Koffer der Fahrgäste, die fluchend vom Bahnsteig abdrehten.[51]

Die Bahn hatte es fertiggebracht, den Bahnhof einer Großstadt mit rund 200 000 Einwohnern lahmzulegen. Dieses Chaos über Wochen pflanzte sich im Fahrplan fort und wirbelte den Zugverkehr überregional durcheinander.

Wie konnte ein Konzern mit über 300 000 Mitarbeitern an Personalmangel scheitern? Auf den ersten Blick war es nur Pech: Mehrere Fahrdienstleiter waren zur selben Zeit krank geworden, etliche Kollegen im Urlaub.

Doch der Wahnsinn hatte Spar-Methode. Auch an anderen

Orten, so im hessischen Bebra, hatte über Monate toter Bahnhof geherrscht – weil es an Fahrdienstleitern fehlte. Und es kam heraus, warum volle Züge auf einigen Strecken einfach anhielten: *spar*technische Pannen. Die Fahrdienstleiter mussten ihre Pausen einhalten. Durch die dünne Personaldecke fehlte einer, der die Weichen noch stellte.

Der Personalmangel ging auf Gier zurück: 1994 war die Bahn privatrechtlich organisiert worden. Und Hartmut Mehdorn, Bahnchef in den 2000er Jahren, stellte die Weichen auf einen radikalen Sparkurs. Bis 2009 mussten 150 000 Mitarbeiter ihren Hut nehmen. In der Netzsparte, zu der die Fahrdienstleiter gehören, verschwanden 35 Prozent der Arbeitsplätze: Aus 54 000 Stellen im Jahr 2001 wurden 35 000 im Jahr 2012.[52]

Die Bahn, eine etwas in die Jahre gekommene Braut, wurde von langer Hand für den von der Politik geplanten Börsengang aufgehübscht. Die Rechnung war einfach: je weniger Fixkosten, desto höher der Ertrag an der Börse.

Hartmut Mehdorn wollte – so seine Worte – die »Luschen« unter seinen Mitarbeitern enttarnen und »rausschmeißen«. Dabei ging er wie im Krimi vor: Allein 2003 kassierte die Detektei Network Deutschland 363 901 Euro Honorar.[53] Zeitweise ließ Mehdorn den kompletten E-Mail-Verkehr der Bahn, Millionen von Mails, auf mehr als 100 Suchbegriffe filtern.[54]

Doch was als Diät für den Konzern gedacht war, führte zur Magersucht. Ob Zugbegleiter, Lokführer oder Fahrdienstleiter: Alle mussten umso mehr schuften, je dünner der Personalbestand wurde. Und pünktlicher Urlaub wurde genauso unwahrscheinlich wie pünktliche Züge – denn auch ins veraltete Schienennetz investierte die Bahn viel zu wenig.

Züge blieben liegen, Verspätungen türmten sich auf, marode Bahnhofsgebäude grüßten vom Streckenrand. Ganze Orte wurden vom Zugverkehr abgeschnitten und Schaltermitarbeiter durch Fahrkartenautomaten ersetzt.

Doch zur gleichen Zeit – die Mitarbeiter hörten und staunten! – schwang die Bahn sich auf zum »internationalen Logistikriesen«, baute Bahnhöfe in China, trieb Trassen durch die Mongolei, und sogar durch Asien und Amerika rollten ihre Güter. Aber wehe, in Fürth, Fulda oder Flensburg wurden nur zwei Mitarbeiter zur selben Zeit krank. Dann wackelten die Fahrpläne des »Logistikriesen«, der am Weltmarkt auf dicke Hose machte, aber zu Hause bis zum Abwinken geizte. Tausende von Mitarbeitern schoben Überstunden vor sich her und warteten seit Jahren auf vernünftige Gehaltserhöhungen. Alle Weichen waren in eine gefährliche Richtung gestellt: auf Überforderung und Burnout.

Mainz wurde zum – leider nur vorläufigen – Endbahnhof eines hirnlosen Sparwahns. Nach dieser Riesenblamage wies Rüdiger Grube zähneknirschend an, 600 neue Fahrdienstleiter einzustellen. Hektisch begann die Bahn, die von ihr selbst gefeuerten Mitarbeiter wieder zurück ins Unternehmen zu locken – ich stelle mir die Ansprache etwa so vor:

»Sorry, dass wir Sie damals rausgeworfen haben. Jetzt, also zehn Jahre später, ist uns aufgefallen: Wir hätten Sie noch brauchen können! Bitte entschuldigen Sie alle Unannehmlichkeiten durch Ihre Entlassung. Falls Sie Ihre Wohnung verloren haben, depressiv geworden sind oder Ihre Ehe in die Brüche ging – tut uns echt leid. Und hier ist unser Versöhnungsgeschenk: Wie wäre es, dass Sie Ihre alte Position zurückbekommen – und uns aus der Patsche helfen?«

Ich frage mich: Warum musste ein Staatskonzern wie die Bahn überhaupt für den – im Moment wieder abgeblasenen – Börsengang präpariert werden? Warum soll er möglichst hohe Gewinne erwirtschaften? Ich wünsche mir …

- eine Bahn, die angemessene Gehälter zahlt, statt Mitarbeitern wie Lokführern mit kleinem Lohn eine Riesenverantwortung aufzubürden – aktuell muss sie sagenhafte 132 Tage suchen, um zu ihren miesen Konditionen noch einen Lokführer zu finden[55];
- eine Bahn, die menschliche Arbeitsbedingungen bietet und eine Personaldecke, die dem Einzelnen noch Raum für Krankheit, Urlaub und Freizeit lässt
- und eine Bahn, die Mitarbeiter aus Fleisch und Blut an Schaltern und in Zügen vorzieht, statt ihre Kunden durch kalte Automaten abzuspeisen.

> Eine Bahn, die uns allen gehört, muss keinen Gewinn machen; es reicht, wenn sie kostendeckend arbeitet. Eine Bahn, die uns allen gehört, muss keine Geschäfte rund um den Globus betreiben; es reicht, wenn sie in Deutschland funktioniert.

Vor allem: Eine Bahn, die uns allen gehört, darf ein anständiges Unternehmen sein, statt vor lauter Gier den Verstand auf die Schienen zu werfen.

Ich finde, Staatsbetriebe dürfen nicht bei jeder Schweinerei mitmachen, nur weil der Markt sie vormacht: keine exzessiven Personalkürzungen, keine Ausbeutung von Zeitarbeitern, kein Rausmobben von Menschen (siehe ab Seite 242). Erst wenn der

Staat als Arbeitgeber Werte und Normen vorlebt, kann er sie glaubhaft von der freien Wirtschaft einfordern. Nicht die Kapitalisierung von Unternehmen, sondern die Humanisierung der Arbeitswelt muss auf die Tagesordnung.

Übrigens: Bahnchef Grube lief mit seinem Anruf ins Leere. Der Mitarbeiter verwies auf seinen wohlverdienten, viel zu lange verschobenen Urlaub. Was für eine Symbolik: Ein einzelner Mitarbeiter ließ die Räder in einem Milliardenkonzern stillstehen. Die Folge waren Neueinstellungen. Dringend zur Nachahmung empfohlen!

Der Durchdreh-Reim

Gerade war hier noch 'ne Stelle.
Dann kam die Entlassungswelle!

Die unfreiwilligen Putzteufel

Einen Nebenjob als Putzkraft – wie bekommt man den ganz ohne Bewerbung? Das geht schneller, als Sie glauben; eine Mail der Geschäftsleitung reicht:

»Liebe Mitarbeiter/innen,

ab sofort ist jeder für die Entsorgung seines Papierkorbs selbst verantwortlich – bitte nutzen Sie im Lager unser Mülltrennungssystem. Ebenso bitten wir Sie, Ihren Schreibtisch und Ihre Tastatur regelmäßig zu reinigen. Vielen Dank für Ihre Kooperationsbereitschaft.«

Diese Nachricht im Rahmen eines Sparprogramms traf die Mitarbeiter eines norddeutschen Schiffbauers wie eine Backpfeife. Der Laden war ohnehin unterbesetzt. Alle strampelten, um den Kunden noch gerecht zu werden. Und jetzt, als Belohnung für ihre Mehrarbeit, sollten sie auch noch Putzteufel spielen.

Bis dahin hatte die Putzkolonne jeden Abend für Ordnung gesorgt: Böden gewischt, Türklinken gewienert, Müll weggebracht. Nun richtete die Geschäftsführung in jeder Abteilung einen Schrank mit Putzmitteln, Tüchern und Staubpinseln ein. Nur zweimal pro Woche huschten noch externe Putzkräfte durchs Gebäude. Offenbar waren die Stunden so knapp kalkuliert, dass sie Türklinken, Wasserhähne und andere Feinheiten ausließen.

Sparwut ohne Grenzen? Nicht ganz: Die Gästetoiletten und die sanitären Anlagen der Geschäftsführung wurden noch täglich gereinigt – von einem Gehilfen des Hausmeisters, der auch die Papierkörbe des Managements leerte. Die Mitarbeiter spürten, wie wenig sie ihrer Geschäftsleitung wert waren. Nicht einmal die paar Cent fürs Putzen.

Anfangs trugen die Mitarbeiter ihren Müll brav ins Lager. Dann zog der Schlendrian ein, die Papierkörbe schwollen an. »Im Sommer war unser Großraumbüro voller Fruchtfliegen«, erzählt die Sachbearbeiterin Ronja Streibel. »Mehrere Kollegen warfen Obstreste in den Papierkorb und brachten ihn nur einmal pro Woche runter.«

Doch dabei blieb es nicht: »Immer öfter sah ich, dass Kollegen organischen Müll in die Papierkörbe stopften, zum Beispiel Reste von Wurstbroten. Einige stampften mit den Füßen in die

Körbe, um bloß nicht früher als nötig die drei Stockwerke ins Lager hinabzumüssen. In unserem Büro stank es nach Kaffeefiltern, Mettwurstresten und Käse.«

Ein klassischer Pay-off-Effekt: Die Mitarbeiter wollten der Geschäftsleitung heimzahlen, dass sie zu Reinigungskräften degradiert worden waren. Sie setzten alles daran, diese Sparmaßnahme scheitern zu lassen.

Im Lager kam es zu grotesken Zuständen: Die Türen standen ständig offen, im Hochsommer fielen Fliegenschwärme ein. Ronja Streibel berichtet: »Wir haben uns totgelacht, wenn wir im Lager waren: Dort brummte das Geschäft ganz enorm. Alle Lagermitarbeiter wurden mit Fliegenklatsche ausgerüstet. Dabei saßen die, die was an der Klatsche hatten, ein paar Stockwerke höher.«

Das Lager wurde zur Kulisse für einen Horrorfilm: Bald krabbelten widerliche Maden aus dem fleischhaltigen »Papiercontainer«, die Fliegen vermehrten sich prächtig.

Und am Jahresende erwartete die sparsamen Manager eine Überraschung: »Unser Chef beklagte das Jahr mit dem höchsten Krankenstand aller Zeiten. Mehrfach waren bei uns im Großraumbüro gleich vier oder fünf Kollegen ausgefallen, alle durch Grippe.« Aber war das ein Wunder? Die Türklinken wurden ja nicht mehr gereinigt, die Viren konnten fröhlich von Hand zu Hand springen.

Welch ein Wahnsinn: Gut bezahlte Fachkräfte verbringen ihre kostbare Arbeitszeit damit, Schreibtische zu wienern und Papiermüll ins Lager zu tragen. Aber:

- Ist denn niemand auf die Idee gekommen, dass sich der Stundenlohn fürs Putzen auf diese Weise verdreifacht, während sich die Motivation drittelt?

- Hat sich niemand überlegt, dass die Zeit fürs Putzen im Kerngeschäft fehlen und damit Geld kosten wird?
- War niemandem klar, wie entwürdigend es für die Beschäftigten war, einen völlig tätigkeitsfremden Nebenjob antreten zu müssen?
- Hatte niemand auf dem Zettel, dass weniger Hygiene einen höheren Krankenstand heraufbeschwor?
- Und welche Botschaft wurde dadurch vermittelt, dass die Gästetoilette nach wie vor täglich gereinigt und der Müll des Managements entsorgt wurde?

Unterm Strich war diese Sparmaßnahme eine schlimme Verschwendung: Sie kostete Motivation und Arbeitsqualität, erhöhte den Krankenstand und trieb Mitarbeiter in die Arme der Konkurrenz.

> Das ärgert mich besonders: dass durchgedrehte Firmen nur die kurzfristige Einsparung, nicht aber die langfristigen Folgekosten beachten. Und das ärgert mich noch mehr: Viele Firmen kürzen, obwohl es ihnen blendend geht.

Zum Beispiel kenne ich einen Baukonzern, der in Geld nur so schwimmt, aber seine Personalabteilung an einen externen Dienstleister ausgelagert hat. Jetzt muss der langjährige Mitarbeiter seine Karriereplanung eben mit einem Fremden besprechen, der ihn genauso wenig wie den Konzern kennt. Und das Zeugnis, die letzte Würdigung, wird in solchen Firmen von einer Schreibkraft verfasst, die den Beschäftigten nie zuvor gesehen hat.[56]

Einmal zum Mitschreiben: Die deutschen Unternehmen eilen von Rekordhoch zu Rekordhoch. Die Exporte ziehen an, der

Binnenmarkt brummt, sogar lokale Handwerksbetriebe schwimmen in Aufträgen. Und die ganze Welt schwärmt von unseren »Hidden Champions«, den kleinen Nischenspezialisten, die großes Geld rund um den Globus machen.

Von 1991 bis 2016 haben sich die Unternehmensgewinne der deutschen Kapitalgesellschaften (ohne Banken und Versicherungen) verdreifacht: von 173 auf 543 Milliarden.[57] In den ersten neun Monaten des Jahres 2017 sprangen die Gewinne der hundert umsatzstärksten Aktiengesellschaften um sagenhafte 21 Prozent, ein Plus von 19 Milliarden Euro.[58] Allein von dieser Summe aus einem Dreiviertel-Jahr könnte man 76 000 Mitarbeitern jeweils eine Prämie von 25 000 Euro (!) bezahlen, ohne einen Cent weniger als im Vorjahr zu verdienen.

Aber was tun die Konzerne? Über 17 Jahre hinweg, von 1995 bis 2012, sind die Reallöhne aller Einkommensgruppen in Westdeutschland abgestürzt, am extremsten bei den Geringverdienern: Ihre realen Stundenlöhne, also der Lohnwert unter Berücksichtigung der Inflation, sanken um 20 Prozent.[59] Damit war der Niedriglohn-Sektor in Deutschland so groß wie nirgendwo sonst in Europa.[60] Und auch der Gehaltsaufschwung der letzten Jahre hinkt den Unternehmensgewinnen weit hinterher und geht an den Geringverdienern fast spurlos vorüber.

Viele Firmen sparen nicht, weil sie wenig haben, sondern weil sie noch mehr haben wollen. Die Gier hat die Gerechtigkeit ersetzt. Ich fürchte, steinreiche Unternehmen können bettelarm sein – an Moral.

Der Durchdreh-Reim

Die Firma kürzt nach eigner Art:
Zuerst wird an Verstand gespart!

Wahrer Irrsinn

Betr.: Warum meine Firma Besucher mit Füßen tritt

Wer unsere Firma besucht, steht vor einer verschlossenen Tür, denn unsere Empfangsdame wurde weggespart. An der Firmentür hängt eine große Telefonliste, darüber steht: »Bitte rufen Sie Ihren Ansprechpartner selbständig an. Er wird Sie dann abholen.«

Neulich wollte mich ein Lieferant besuchen, der zufällig in der Gegend war. Meine Begrüßung bestand in einem Besetztzeichen, ich telefonierte gerade. Zu allem Unglück hat es auch noch geregnet, und wir haben kein Vordach. Als er mich nach 20 Minuten erreichte, sah er aus wie ein begossener Pudel.

Oder: Neulich wartete meine Chefin vergeblich auf einen Bewerber – bis meine Kollegin mit Fensterplatz ihr zurief: »Da unten tippelt jemand total nervös vorm Eingang.« Der Bewerber hatte den falschen Telefonanbieter – einige Sim-Cards funktionieren hier auf dem Lande nur sporadisch. Und wer kein Handy (bei sich) hat, ist ohnehin erledigt.

Mittlerweile kenne ich es schon, dass mich beim Verlassen

der Firma ein hilfloser Mensch anspricht, der seinen Kontakt nicht erreichen kann. Dann springe ich als Empfangsdame ein und führe ihn in die richtige Abteilung.

Für den ersten Eindruck gibt es keine zweite Chance, heißt es so schön: Wenn ich als Bewerber vor unserer verschlossenen Firmentür stünde, ich würde schreiend davonlaufen!

Inge Kaiser, Disponentin

Betr.: Warum ich mit Anstandsdame auf Dienstreise ging
Mein Konzern stellte eine richtige Frage: Warum sinkt unser Gewinn seit Jahren? Aber er gab eine unsinnige Antwort: weil die Mitarbeiter zu viel Geld verjubeln. Nein, es lag am Chaos zwischen den Landeszentralen in Deutschland, Frankreich und England.

Früher hatte es eine enge Abstimmung gegeben, Treffen im Zwei-Wochen-Rhythmus, persönliche Beziehungen. Alle zogen an einem Strang. Mittlerweile starben die persönlichen Treffen aus. Stattdessen schnarchten die Leute bei Videokonferenzen vor sich hin.

Völlig egal, wenn ein Kunde zu spät beliefert wurde. Hauptsache, man konnte die Schuld weiterreichen. Die Deutschen riefen: »Schlamperei der Franzosen!« Die Franzosen riefen: »Kaputt geplant von den Deutschen!« Und in England rief man: »Lasst uns das machen – ihr bringt's einfach nicht!«

Warum gab es kaum noch persönliche Treffen? Weil unser Übernachtungs-Etat auf 120 Euro beschränkt worden war. Zu diesem Preis war an den Firmensitzen kein Hotelzimmer zu bekommen. Mein Chef, von der Vorschrift ebenso genervt wie ich, kam auf eine Idee: »Nehmen Sie doch einfach eine Kollegin mit. Wenn Sie zu zweit im Doppelzimmer übernachten, kommen wir mit 120 Euro pro Person und Hoteltag locker hin.«

Genial! Ich nahm Tanja mit, meine Lieblingskollegin. Das kostete zwar ein weiteres Flugticket und sie einen Arbeitstag, aber sei's drum. Die Kollegen in Frankreich freuten sich, denn wir hatten uns lange nicht mehr gesehen; auch sie bekamen für 120 Euro kein Zimmer an unserem Firmensitz.

Tanja hatte mit dem besprochenen Projekt nichts am Hut und stellte sich als »Anstandsdame« vor. Wir legten offen, wie wir die 120-Euro-Regel ausgetrickst hatten. Seit diesem Tag reisten auch die Kollegen aus Frankreich wieder öfter zu uns. Immer im Doppelpack.

Der Konzern wollte keine 135 Euro für ein Einzelzimmer bezahlen – also zahlte er nun 220 Euro für ein Doppelzimmer und 400 Euro für ein zusätzliches Flugticket. Bei dem Versuch, 15 Euro zu sparen, werden pro Reise 485 Euro verbrannt.

Immerhin herrscht wieder Reisefreiheit. Und manchmal kann man im Hotel sogar schlafen – sofern die Begleitung nicht schnarcht.

Silke Winkler, Elektroingenieurin

Betr.: Wie unsere Weihnachtsfeier endlich »familiär« wurde

»Wetten, dass unsere Weihnachtsfeier gestrichen wird!« Das hatte ich zu einem Kollegen gesagt, nachdem zuvor unser Betriebsausflug weggespart worden war. Sogar das Kaffeepulver mussten wir aus eigener Tasche bezahlen.

Umso verblüffter war ich, als eine Mitteilung des Personalchefs kam: »Die Weihnachtsfeier enthält dieses Jahr eine besondere Überraschung.« Wollte uns die Firma mit einem Geschenk über die vielen Kürzungen hinwegtrösten? Irrtum, denn in der Mail hieß es weiter: »Wir wollen uns im familiären Rahmen treffen. Deshalb laden wir alle Mitarbeiter/innen ein, Selbstgekochtes und -gebackenes mitzubringen. Bitte stimmen Sie sich ab, damit ein abwechslungsreiches Buffet entsteht.«

Daher wehte der Wind! Die Firma wollte die Kosten fürs Essen auf uns abwälzen. Und das klappte prima. Eine Kollegin balancierte gleich drei Schüsseln Salat, ein Kollege schleppte Brote aus der Bäckerei seine Bruders herbei, und von allen Seiten regnete es leckeres Weihnachtsgebäck. Nur die gehobenen Manager tauchten mit leeren Händen, aber mit ungeheurem Hunger auf. Sicher schmeckte ihnen das Essen gleich doppelt so gut, weil sie an all das gesparte Geld dachten.

Ironie der Geschichte: Ein Heringssalat war verdorben, am nächsten Tag lag die halbe Firma flach. Ein Zufall? Ich glaube: ein Racheakt.

Florian Brandt, Drucker

Und raus bist du!

Stellen Sie sich vor, ein professionelles Fußballteam verliert Spiel auf Spiel. Zuschauer bleiben aus, Werbeverträge wackeln, Fanartikel verstauben. Das Management sieht sich gezwungen, auf die sinkenden Einnahmen zu reagieren: mit Einsparungen.

Muss das Trainerteam denn aus vier Mann bestehen? Drei reichen. Müssen zwei Trainingsplätze sein? Einer reicht. Und muss das Team vor Auswärtsspielen in teuren Hotels übernachten? Nein, ab sofort fährt der Mannschaftsbus erst am Morgen des Spiels los.

Die Kürzungen gleichen die Einnahmeverluste aus.

Doch die Mannschaft? Wirkt demotiviert, schlecht trainiert und müde (vor allem bei Auswärtsspielen) – sie verliert höher als zuvor. Noch weniger Zuschauer kommen, der Werbevertrag platzt, der Fanshop lahmt mehr denn je.

Entsetzt starrt das Management auf das Loch in den Einnahmen und beschließt: weitere Kürzungen. Nur elf Spieler dürfen bleiben – wozu braucht man mehr? –, der Rest wird entlassen. Die Bilanz ist vorerst gerettet.

Nun müssen alle elf Spieler rund um die Uhr ran. Die übermäßigen Spielzeiten provozieren Verletzungen. Beim nächsten Spiel muss man mit neun Mann gegen elf antreten. Das Team: fast spielunfähig. Die Niederlagen: immer peinlicher. Der Umsatzverlust: immer höher. Wenn ein Spieler kündigt, fehlt es an Ersatz: Bei diesem Verein will keiner mehr anfangen.

Und das Management? Weiß sich nur mit Kürzungen zu helfen: Es schrumpft das Team auf sieben Spieler. Auf sechs. Auf fünf …

Eine erfundene Geschichte? Leider nicht. Ersetzen Sie den Begriff »Mannschaft« durch »Belegschaft« und »Spiel« durch »Markterfolg«. Und Sie werden in vielen Firmen, deren Einnahmen tatsächlich kranken, exakt auf das beschriebene Muster stoßen:

Phase 1: Krankes Kerngeschäft

Ein Unternehmen hat Probleme im Kerngeschäft – weil Management-Entscheidungen falsch, Produkte nicht zeitgemäß und Arbeitsergebnisse schlecht sind. Die Folge: unzufriedene Kunden. Die Einnahmen gehen zurück.

Phase 2: Rotstift als Skalpell

Das Management zückt die Allzweckwaffe, um seine Gewinnprognose zu retten: den Rotstift. Möglichst viele Kostenstellen, vor allem Arbeitsplätze, werden erdolcht. Chaos breitet sich aus, Angst entert die Köpfe, Mitarbeiter fühlen sich als Kaninchen vor der Schlange.

Phase 3: Kürzungsfieber

Die Kürzungen verschärfen das Problem. Weniger Mitarbeiter bedeuten weniger Arbeitsqualität, weniger Service, weniger Präsenz am Markt. All das bedeutet: noch weniger Umsatz. Auf einen Mitarbeiter entfallen mehrere Jobs; diese Überforderung macht krank. Und sobald einer krank ist, müssen die anderen noch mehr schuften. Die Arbeitsfreude erlischt, die Arbeitsqualität geht in den Sinkflug.

Phase 4: Eisloch-Baden gegen Grippe

Weil die Einnahmen weiter sinken, kürzt das Management noch massiver: Eisloch-Baden gegen Grippe, obwohl die Lunge schon entzündet ist. Unterbesetzte Teams werden bis zur Schwindsucht ausgedünnt, Arbeitsbedingungen verschlechtert, Stammkräfte durch Billigarbeiter ersetzt. Die Personalabteilung ertrinkt in Krankmeldungen. Die umliegenden Burnout-Kliniken sind ausgebucht. Die Kunden fühlen sich nicht mehr beliefert, sondern ausgeliefert.

Phase 5: Willkürliche Amputation

Panisch nimmt das Management den radikalen Umsatz- und Kundenverlust wahr – und kürzt noch brutaler: Ganze Unternehmensbereiche werden ausgelagert, Abteilungen aufgelöst, Investitionsprojekte beerdigt. Man zerschlägt bewährte Teams, löst Strukturen auf und reicht Kompetenzträger frei Haus an die Agentur für Arbeit weiter oder verliert sie an die Konkurrenz.

Phase 6: Emotionaler Gefrierpunkt

Bei der Belegschaft sinkt die Motivation auf den Gefrierpunkt: Jeder Mitarbeiter ist damit beschäftigt, seinen eigenen Kopf zu retten, fürs eigentliche Geschäft bleibt keine Zeit. Fehler werden auf Nachbar-Schreibtische verschoben. Die nächste Entlassungswelle kommt bestimmt – soll sie doch andere wegspülen!

Kunden klagen über miserable Arbeitsqualität, gebrochene Termine und Abstimmungschaos. Nicht nur ihre vertrauten Ansprechpartner, ihr komplettes Vertrauen in die Firma kommt ihnen abhanden.

Phase 7: Beerdigung

Jetzt haben auch die treusten Kunden genug und springen ab. Oft werden sie von entlassenen oder geflüchteten Ex-Mitarbeitern zur arbeitsfähigen Konkurrenz gelockt. Das sparsame Unternehmen hat ganze Arbeit geleistet: Es steht vor dem Ruin.

Es ist ein Paradoxon: Was den Gewinn zurückbringen soll, verhindert ihn endgültig. Zwar gibt es Kürzungen, die nötig sind, um Luft aus aufgeblasener Bürokratie zu lassen. Aber es gibt noch viel mehr Kürzungen, die nur vorgenommen werden, um auf Teufel komm raus zu sparen. Solche Einschnitte ohne inhaltliche Berechtigung zerschlagen die Motivation, machen krank und kosten Arbeitsqualität. Am Ende stopfen die Mitarbeiter nur noch Löcher. Sie flicken, helfen aus und starten Rettungsaktionen. Sie betreiben eine Reparaturwerkstatt für Kürzungsschäden, statt ihrer eigentlichen Arbeit nachzugehen.

> Sparprogramme sind ein gefährliches Gift, das schon viele Firmen gekillt hat. Aber haben Sie je von einem Manager gehört, der entlassen worden ist, weil er *zu viel* gekürzt hat?

Im Gegenteil: Wer Mitarbeiter rauswirft, Investitionen abbläst oder Bereiche abstößt, wird von der Börse als Gewinn-Maschinist gefeiert. Dabei bleibt der Kern des Problems bestehen: dass der Draht zum Kunden nicht mehr funktioniert. Mitarbeiter haben das hundertfach nach oben gemeldet, weil sie täglich mit den Kunden zu tun haben. Aber viele Manager sehen ihren Job darin, erstens mehr als ihre Mitarbeiter zu wissen und zweitens keinesfalls auf sie zu hören.

Wer Probleme im Kerngeschäft mit Kostenkürzungen bekämpft, agiert töricht. Der Unfall ist auf der einen Seite der Autobahn passiert, doch die Rettungskräfte steuern die andere an. Am Ende steht oft ein irreparabler Totalschaden, aus Geiz verursacht.

Der Durchdreh-Reim

Wenn Manager vorm Abgrund stehn,
hilft Sparen gut beim Weitergehn.

Wenn das Sparschwein regiert

Welches Tier symbolisiert die deutschen Unternehmen am besten? Das Sparschwein! Überall wird geknausert und gedeckelt, gekürzt und gestrichen. Ein Unternehmen der Konsumgüter-Branche hat dieses Motto auf einem Poster verewigt, es hängt mitten in der Kantine: »Hast du heute schon gespart?« Die Portion auf meinem Teller war so klein, dass ich sicher war: Der Koch kannte die Devise.

Viele Mitarbeiter fühlen sich durch den Sparwahn ihrer Firmen drangsaliert. Hier ein paar Beispiele, wie ich sie zuletzt gehört habe:

- »Meine Dienstreise wurde schon dreimal aus Kostengründen verschoben – dabei muss ich den Kunden dringend im persönlichen Gespräch überzeugen, sonst bleiben die neuen Aufträge aus.«

- »Wir können nicht mehr in Farbe ausdrucken. Die Geschäftsleitung hat die Farbpatronen für den Drucker gestrichen. Unsere Handouts sind etwa so modern wie Schwarz-Weiß-Fernsehen.«
- »Bei uns herrscht Einstellungsstopp – obwohl wir expandieren, immer mehr Aufträge bekommen und mir die Arbeit über den Kopf wächst.«
- »Das Controlling mahnt uns, den Motor unserer uralten Dienstwagen an jeder Ampel abzustellen, um Benzin zu sparen. Zwei Kollegen sind schon mitten im Hauptverkehr liegengeblieben, weil die Karren nicht mehr angesprungen sind.«
- »Unsere Klimaanlage funktioniert nur noch bei Außentemperaturen von über 25 Grad. Der Hausmeister muss sie aus Spargründen den Rest des Jahres ausschalten.«
- »Alle Fachzeitschriften sind abbestellt worden. ›Zu teuer‹, hieß es. Angeblich können wir dieselben Infos kostenlos im Internet bekommen – was natürlich Unfug ist und uns fachliche Kompetenz kostet.«

Wie sieht es aus in Ihrer Firma? Sind die Budgets noch groß genug, um vernünftig zu arbeiten? Oder fehlt es Ihnen schon an Grundlagen, an Material und Personal? Können Sie mit besonderer Leistung noch ein besonderes Gehalt ergattern? Oder lautet das Wort des Jahres in Ihrer Firma wieder mal: »Gehaltssperre«? Und können Sie Dienstreisen noch zeitnah antreten, wenn sie nötig sind? Oder nur, wenn der Reiseetat mal wieder zufällig ein paar Cent hergibt?

Mitarbeiter kommen zur Arbeit, um einen guten Job zu machen. Der Arzt will, dass sein Patient wieder gesund wird. Der Verkäufer will, dass er seinen Kunden gut beraten kann. Und die

Ingenieurin des Zulieferers will, dass ihre Teile das Endprodukt perfektionieren.

Aber was passiert, wenn man diesen Menschen den Knüppel der Sparmaßnahmen zwischen die Beine wirft? Wenn der Arzt nach Personalkürzungen keine Zeit mehr hat, sich lang genug um die Patienten zu kümmern? Wenn dem Verkäufer die Fachzeitschriften gestrichen werden, die er bräuchte, um gut zu beraten? Oder wenn die Ingenieurin des Zulieferers nicht mehr zum Auftraggeber reisen und dessen Wünsche im Detail erforschen kann?

Dann treibt die Firma einen Keil zwischen den Menschen und seinen Beruf: Aus Erfüllung wird Entfremdung. Vor allem fehlen die Erfolgserlebnisse: Die Mitarbeiter wollen ihr Bestes geben, aber dürfen es nicht. Nie fahren sie mit dem guten Gefühl nach Hause, alles für den Kunden getan zu haben. Täglich leiden sie unter der Kluft zwischen dem, was sie bewirken wollen, und dem, was die gekürzten Mittel noch erlauben.

Diese Frustration ist ein vorzüglicher Nährboden für Burnout und Depression. Die Mitarbeiter lassen Kraft ohne Ende, aber erreichen die Ladestation nicht mehr: das persönliche Erfolgserlebnis. Ihre Energiebilanz gleitet ab ins Negative.

Unternehmen übersehen, wo sich Kürzungen auswirken: nicht nur in der Bilanz, sondern auch im Befinden der Mitarbeiter.

Unsinnige Sparmaßnahmen können das Klima und die Arbeitsfähigkeit einer ganzen Firma beeinträchtigen. Zum Beispiel habe ich verfolgt, wie eine Halbleiter-Firma ihren Fortbildungsetat massakrierte. Alle hausinternen Trainer wurden aus »betriebsbedingten Gründen« entlassen – mit der Option, als freie Trainer durch die Hintertür zurückzukehren. Ein Teil der Trainer ließ sich zähneknirschend auf diese Regelung ein.

Die Zahl der Seminare wurde mal eben um die Hälfte reduziert. Sofort gruben die Abteilungen das Kriegsbeil aus. Gierige Hände griffen nach einem Fortbildungskuchen, dessen Stückzahl nicht mehr alle satt machen konnte. Bei Sitzungen kam es zu offenen Schlachten, Verteilungskämpfe durch Knappheit.

Die Firmenleitung steuerte gegen: Der erste Montag im Juli wurde zum Stichtag erklärt. An diesem Datum tauchten alle Fortbildungsangebote im Intranet auf. Wer seinen Namen zuerst unter einen Kurs setzte, bekam den Zuschlag. Wer langsamer war, ging leer aus.

Dieses Verfahren wurde als »transparent und chancenoffen« gepriesen. Doch es war die Bankrotterklärung einer vernünftigen Fortbildungspolitik. Nicht einmal mehr im Mitarbeiter-Gespräch konnten die Vorgesetzten einen Kurs versprechen, nur die Fortbildungslotterie empfehlen: »Versuchen Sie's am ersten Montag im Juli.«

Unter Hauen und Stechen entstand ein Schwarzmarkt für Fortbildungen. Wer eine der begehrten Zusagen ergattert hatte, verhandelte mit Kollegen, zu welchen Bedingungen er den Platz abträte. Mitarbeiter verschacherten Brückentage, Abteilungsleiter machten ihre Unterstützungen bei hausinternen Projekten von einer kleinen Fortbildungs-Zuwendung abhängig.

Ganz viel Energie floss von der eigentlichen Arbeit in den Versuch, den Schaden durch die unsinnige Sparentscheidung zu begrenzen. Das misslang gründlich:

- Der Verkauf lahmte nach 1 ½ Jahren, weil wichtige Produktschulungen nicht mehr flächendeckend stattfanden.

- Die internationale Kommunikation knirschte, weil der bis dahin obligatorische Englischunterricht nicht mehr bei denen ankam, die ihn wirklich nötig hatten.
- Teure Fachkräfte waren immer öfter damit beschäftigt, ihre Computer vor Abstürzen zu retten, seit neue Software nicht mehr automatisch mit neuen Schulungen einherging.

Das Sparschwein war durch alle Abteilungen gelaufen, nur die Chefetage hatte es mal wieder ausgelassen. Dort wurden Seminare und Coachings weiterhin nach Lust und Laune gebucht. Diese Schizophrenie beobachte ich oft: Wenn ein Manager »die Gehälter verschlankt«, bleibt sein eigenes fett. Wenn er »den Reiseetat kürzt«, reist er weiter erster Klasse. Und wenn er die Firma »verjüngen« und alle über 55-Jährigen loswerden will, fällt ihm sein eigener Name nicht ein, auch wenn er schon Mitte 60 ist.

Es entsteht ein fataler Eindruck: dass Manager das, was sie anderen zumuten, für sich selbst als unzumutbar empfinden. Wer Sparmaßnahmen auf seine Mitarbeiter beschränkt, zerstört seine Glaubwürdigkeit. Und er raubt sich eine wichtige Chance: die Folgen der Sparmaßnahmen am eigenen Leib zu erfahren.

Hätten die Manager der Halbleiter-Firma selbst an einer Lotterie um ihre Coachings teilnehmen müssen – die Entscheidung wäre schnell korrigiert worden.

Der Durchdreh-Reim

Ein Chef streicht stets mit Augenmaß,
denn er verschont die Chef-Etats.

Kafka und die Puppe

Eines Tages spazierte Franz Kafka mit seiner Freundin Dora Diamant durch den Steglitzer Park in Berlin, da fiel den beiden ein weinendes Mädchen auf. Kafka kniete sich zu dem Kind: »Was fehlt dir denn?«

»Ich habe meine Puppe verloren«, presste das Mädchen hervor.

Kafka überlegte kurz und erwiderte dann: »Aber nein, deiner Puppe geht es gut.«

Das Mädchen sah Kafka mit großen Augen an: »Woher weißt du das?«

»Sie hat mir einen Brief geschrieben«, antwortete Kafka.

Skeptisch kniff das Kind die Augen zusammen. War dieser fremde Mann denn ehrlich? Kafka sagte: »Sei morgen um dieselbe Zeit an dieser Stelle, und ich bringe dir den Brief mit.«

Kaum war Franz Kafka zu Hause, schrieb er einen Brief. Er ließ die Puppe berichten, es sei ihr langweilig geworden, immer in derselben Familie zu leben – sie wolle mehr von der Welt sehen. Die Puppe versicherte dem kleinen Mädchen, es sehr gern zu haben und ihm jeden Tag zu schreiben.

Am nächsten Tag las Kafka seinen Brief dem Mädchen vor. Gerührt und fasziniert hörte die Kleine zu. Dieses Spiel wiederholte Kafka mehrere Wochen lang, das Mädchen erlebte die Abenteuer der Puppe mit. Schließlich, als Abschied, ließ Kafka die Puppe heiraten. Das Mädchen trauerte nicht mehr, es freute sich mit der Puppe.

Kafka wollte dem Mädchen eine Freude machen, seine Schwindelei war von Moral gedeckt. Diese wahre Geschichte[61] erinnert mich dennoch im schlechten Sinne an die deutschen

Unternehmen: Wenn ein Top-Manager ankündigt, reihenweise Mitarbeiter zu entlassen, rufen die Unter-Manager dann: »Unmöglich, dann sind wir nicht mehr arbeitsfähig!«? Rufen sie: »Dann rauscht unser Service in den Keller, und sämtliche Termine platzen!«? Gehen sie mit lautem Protestgeschrei auf die Barrikaden?

Ach was, die Unter-Manager spielen ein Illusionstheater wie Kafka. Im Kürzungs-Meeting geben Claqueure den Takt vor: »Was für eine gute Idee, Luft aus dem aufgeblähten Kostenapparat zu lassen!«, ruft der Erste. Der Zweite fügt streberhaft hinzu: »Wir müssen schlanker werden, sonst frisst uns die Globalisierung auf.« Und ein Dritter preist die »Kosteneffizienz« und das »Lean Management«.

Die Puppe erlebt Abenteuer (aber liegt in Wirklichkeit im Müll), die Firma ist auf dem Weg zur Marktspitze (aber in Wirklichkeit im Eimer). Kafkas Theater war sozial. Die Unter-Manager aber wollen nur eines: den Oberbossen nach dem Mund reden und den eigenen Kopf retten. Ihr Theater ist egoistisch.

Mehrfach habe ich verfolgt, dass gefährlich lebt, wer sich als Manager gegen ein Kürzungsprogramm stellt. »Wie können Sie als Führungskraft gegen Einsparungen sein!« Der Aufmüpfige gehört nicht mehr zur Glaubensgemeinschaft und gilt als Freiwild. Und da die Kostenkiller gerade Jagdsaison haben, steht er schon bald im Kugelhagel. Wer als Führungskraft gegen das Sparen ist, wird selber weggespart – weshalb (scheinbar) alle für das Sparen sind.

Doch es reicht nicht, dem Sparprogramm einmal zuzustimmen; das Top-Management fragt im Tagesrhythmus nach: »Greifen die Sparmaßnahmen schon?« Dann legen die Unterbosse nach: Einer präsentiert stolz die Einsparungen in seinem Etat.

Der Nächste bejubelt seine gelungene Umorganisation. Und wieder ein anderer lobt die höhere Effizienz seines nun kleineren Teams. Der Puppe geht es gut, sie erlebt Abenteuer!

Die meisten Sparmaßnahmen, gerade in Konzernen, sind doppeltes Theater: Es geht nur um die Außenwirkung.

> Die Börse will Kürzungen sehen – also wird gekürzt. Die Aktionäre fordern ein schlankeres Unternehmen – also wird verschlankt. Die Wirtschaftspresse erwartet eine Effizienzsteigerung – also wird gesteigert.

Doch während alle äußeren Interessen befriedigt werden, bleiben die eigenen Mitarbeiter auf der Strecke. Wie steht es mit ihren Bedürfnissen? Die Frage beim Blick auf die Kosten lautet heute nicht mehr: Wie gut ist das Geld investiert? Auch nicht: Stimmt die Kosten-Nutzen-Relation? Auch nicht: Liegen wir mit dieser Ausgabe schon am unteren Ende des Limits? Die Frage lautet: Wie können wir einen Etat, der schon knapp ist, noch weiter kürzen? Das Sparen wird zum Selbstzweck.

Einmal wurde ich Zeuge, wie ein Konzern seine Ingenieure von über 55 erst in die Frührente gedrängt hatte – und sie schon im nächsten Jahr als »freie Berater« zurückholen musste, weil ohne ihre Kunden- und Marktkenntnis alles schiefgegangen war. Die ehemaligen Mitarbeiter kassieren ein fürstliches Schmerzensgeld; sie kannten die Tagessätze der Unternehmensberater, die ihre eigenen Arbeitsplätze gestrichen hatten.

Wann braucht es fürs Kerngeschäft Experten von außen, Koryphäen, Unternehmensberater, Marktanalytiker? Wenn einem Unternehmen abhandengekommen ist, wovon es eigentlich lebt: seine Kreativität und sein Fachverstand.

Aber davon bekommt das Top-Management nichts mit, weil ihm die Unter-Manager von Puppenabenteuern berichten. Bis die harte Realität sich in der Bilanz zu Wort meldet und ein hektischer Reparaturbetrieb anläuft.

Warum stecken Manager *immer* bis zum Hals in Arbeit? Der renommierte Unternehmenskenner Reinhard K. Sprenger analysiert trocken: »Management beschäftigt sich zu 90 Prozent mit Problemen, die es selbst erzeugt hat.«[62]

Der Durchdreh-Reim

Ein Manager, der's Sparen hasst,
war Manager – und wurd geschasst!

Wahrer Irrsinn

Betr.: Wie unser IT-Service nach Indien auswanderte
In meiner Abteilung arbeiten zwölf hochbezahlte Ingenieure, aber ein bis zwei davon sind meist außer Gefecht – durch Computerprobleme. Fast jeden Tag stürzen Programme ab, spinnen Netzwerke, gehen Datensicherungs-Prozesse schief. Unser Computersystem ist jetzt zwölf Jahre alt, aber wird aus Kostengründen nicht modernisiert.

Ein Sparprogramm hat unsere Informatiker weggefegt. Heute muss ich mich an eine IT-Callcenter-Hotline in Indien wenden. Die Inder sind freundlich, teils sogar kompetent, aber ihr Englisch ist miserabel. Selten gelingt es, ein Problem richtig zu vermitteln – obwohl sich die Inder auf unsere Computer einloggen können.

Einmal hatte ich versehentlich eine wichtige Datei gelöscht und wollte, dass sie wiederhergestellt wird. Der Callcenter-Inder schlug mir vor, ein paar Stunden ohne Computer zu arbeiten – die Sache erfordere Zeit. Als ich wieder zurück an den Arbeitsplatz kam, war die komplette Festplatte leergefegt. Der Inder hatte verstanden, ich wollte sämtliche Daten gelöscht haben. Alle Kollegen haben schon ähnliche Reinfälle erlebt.

Unsere alltäglichen IT-Probleme werden oft nicht kleiner, sondern größer, wenn wir den IT-Service anrufen. Das kostet Arbeitszeit und Nerven – Geld spart es ganz sicher nicht.

Christoph Franke, Ingenieur

Betr.: Wie ich meinen Namen auf einer Todesliste fand

»Hast du schon in die ›Todesliste‹ geschaut?«, fragte mich mein Kollege Jens bedrückt. So nannten wir die Liste mit den zum neuen Jahr Entlassenen, die jeden September per Rundmail verschickt wurde.

»Steht jemand drauf, den wir kennen?«, fragte ich.

»Allerdings«, sagte er.

Zehn Sekunden später hatte ich meinen eigenen Namen entdeckt. Unmöglich, das musste eine Verwechslung sein! Acht Wochen zuvor hatte mein Chef im Mitarbeiter-Gespräch noch von meiner guten Arbeit geschwärmt und Ziele fürs neue Jahr vereinbart.

Ich lief los, um meinen Chef zur Rede zu stellen. Auf dem Weg zu seinem Büro kondolierten mir Kollegen. Mein Chef hing zurückgelehnt in seinem Bürostuhl und plauderte am Telefon. Er zeigte auf seinen Besucherstuhl und setzte das Gespräch, offenbar mit einem Lieferanten, einfach fort. Immer wieder Gelächter. Ich hätte ihn würgen können.

Als er endlich fertig war, sagte er: »Sorry. Ich wollte Sie vor der Rundmail angesprochen haben. Aber dieser Anruf kam mir leider dazwischen!«

Offenbar war ihm ein belangloses Telefonat wichtiger, als mich persönlich über meine Liquidation zu informieren – das geht ja auch öffentlich! Ich erinnerte ihn an unser Jahresgespräch.

»Es liegt nicht an Ihrer Leistung«, sagte er gönnerhaft, »sonst hätte ich Ihnen vorher eine Abmahnung geschrieben. Ihre Planstelle ist aus Kostengründen entfallen.«

»Danke, dass Sie mich nicht abgemahnt, sondern ohne Grund rausgeworfen haben«, sagte ich zynisch.

»Die Entscheidung ist mir schwergefallen«, meinte er. »Aber mein Etat ist leider gekürzt worden, als mittlerer Manager sitze ich zwischen allen Stühlen.«

Sollte ich jetzt noch Mitleid mit ihm haben? Ich verließ sein Büro mit einem einzigen großen Wunsch: dass er nächstes Jahr seinen eigenen Namen auf der Todesliste fände – ohne vorher Bescheid zu bekommen!

Lars Krämer, Kundenberater

Betr.: Warum unser Flur dunkel wie eine Höhle ist

Mein Chef, ein Familienunternehmer, wird »Mr Knauser« genannt. Seine erste Handbewegung, wenn er ein Büro betritt: Er knipst das Licht aus. »Es ist doch noch nicht Nacht«, pflegt er zu sagen. Gern dreht er auch Heizungen runter. Und Warmwasser ist Fehlanzeige in unserem Firmengebäude.

Lange Jahre war ihm unser Flur ohne Tageslicht ein Dorn im Auge, weil dort die Deckenbeleuchtung rund um die Uhr brannte. Doch dann kam Mr Knauser auf eine pfiffige Idee: Er ließ einen Bewegungsmelder installieren. Das Licht sollte nur noch brennen, wenn jemand den Flur betrat.

Doch der Bewegungsmelder, wohl ein Billigprodukt, versagte öfter mal seinen Dienst. Abends im Winter musste man sich dann über den stockdunklen Flur wie durch eine Höhle tasten. Einige Kollegen brachten Taschenlampen mit, ich nutzte mein Handy-Licht. Besonders peinlich waren solche Expeditionen, wenn man sie mit Geschäftspartnern oder Bewerbern antreten musste.

Für den Fall, dass der Bewegungsmelder funktionierte, musste man sich sputen; sonst ging das Licht aus, ehe man den Flur über eine kleine Treppe verlassen hatte. Eine Kollegin war zu langsam, stürzte auf der Treppe und zog sich einen Bänderriss zu.

Mr Knauser reagierte sofort: Er ließ den Bewegungsmelder durch ein angeblich besseres Modell ersetzen und die Leuchtzeit verlängern. Ein Licht ging ihm nicht auf.

Maren Arnold, Mediengestalterin

5. Die Lügen-AG:

Warum die Wahrheit bei uns VW fährt (abgasfrei!)

In diesem Kapitel erfahren Sie …

- warum »vielversprechende« Firmen nicht nur Kunden, sondern auch Mitarbeiter reinlegen,
- warum Compliance ein Witz ist und 56 Prozent der Beschäftigten ihrer Firma misstrauen,
- warum der größte Serienmörder Deutschlands von seinen Chefs gedeckt und im Zeugnis als »gewissenhaft« bezeichnet wurde
- und wie ein Insider die Diesel-Affäre und das Blinde-Kuh-Spiel seiner Bosse erlebt hat.

Der Markt heiligt die Mittel

»Die sind perfekt organisiert, die machen alles richtig«, berichtete Tamara Jones (28) ihrem Chef, dem Partner einer Unternehmensberatung. Eine Woche lang hatte sie mit einem Kollegen den kleinen Zulieferer unter die Lupe genommen und mit Staunen realisiert, wie gut die Firma organisiert und für die Zukunft aufgestellt war.

Doch ihr Chef schüttelte unwirsch seinen Kopf. »Niemand macht alles richtig. Die haben ganz sicher Beratungsbedarf.«

»Aber wir haben bei der Situationsanalyse alles abgeklopft: die interne Struktur, die Positionierung, die Kürzungspotenziale. Alles tipptopp.«

»Wir würden wie die Idioten dastehen, wenn wir jetzt sagen: ›Alles in Ordnung bei Ihnen, kein Verbesserungsbedarf.‹«

»Aber ein Arzt darf doch auch nach einer Untersuchung sagen: ›Sie sind kerngesund!‹«

Ihr Chef beugte seinen Oberkörper gefährlich nach vorne. »Das Sprechzimmer des Arztes wird von alleine voll. Wir aber müssen uns um jeden Kunden bemühen. Davon bezahlen wir Ihr Gehalt!«

Der Partner ließ sich die Kurzanalyse des Teams geben. Mit wenigen Federstrichen machte er aus dem Bericht über strotzende Gesundheit der Firma eine besorgniserregende Krankenakte. Unter anderem notierte er: »Mangelnde Zukunftsfähigkeit«, »Zu hoher Fixkostenapparat« und »Mangelndes globales Denken«.

Die Berater mussten losziehen, um ein kerngesundes Unternehmen krankzuheilen: Mitarbeiter wurden gestrichen, bewährte Abläufe auf den Kopf gestellt und das funktionierende Kerngeschäft um unnötige Nebenbaustellen ergänzt.

Dieses Muster kennzeichnet viele Branchen: Statt den Bedarf ihrer Kunden zu befriedigen, erzeugen Firmen ihn künstlich. Mal schwatzt die Werbung einem auf, was kein Mensch braucht. Mal werden Produkte so hergestellt, dass sie bald kaputtgehen und ersetzt werden müssen. Und mal wird eine falsche Diagnose erstellt, nur um die Operation oder die Beratungsdienstleistung abzurechnen.

Ganze Außendienstflotten können ihre unrealistischen Zielzahlen nur noch erreichen, indem sie die Interessen ihrer Kunden verraten. Sie kämpfen mit dem Gefühl, nicht nur überflüssige, sondern sogar schädliche Arbeit zu leisten:

- Eine langjährige Pharmavertreterin aus Dresden sagt: »Ich drehe den Ärzten Medikamente an, die haben sie schon längst. Nur werden alte Wirkstoffe einen Tick anders kombiniert und mit einem neuen Namen verpackt. Die meisten neuen Medikamente können nichts Neues. Aber sie sind riskanter als ihre Vorgänger, weil weniger erforscht.« Ihr Pharmakonzern presst alte Medikamente in neue Verpackungen und lässt sich das immer teurer bezahlen.
- Ein Ingenieur aus Bayern, der Haushaltsgeräte für seine Firma entwickelt, versichert: »Etliche Geräte gehen bald kaputt – durch Schwachstellen in der Elektronik. Wir nennen das: ›geplante Obsoleszenz‹. Zum Beispiel halten Wäschetrockner höchsten noch fünf Jahre, statt 20 wie früher – nur damit Nachschub gekauft wird.«
- Und ein langgedienter Versicherungsvertreter aus Bremen er-

zählt: »Wir sollen bei den Kunden alte, günstige Versicherungen rauskicken – und neue, weniger günstige verkaufen. Nur so kann der Umsatz in einem übersättigten Markt noch wachsen.«

Aber: Dieselbe Firma, die den Vertrag mit dem Kunden abschließt, unterschreibt auch den Arbeitsvertrag. Und die Wahrscheinlichkeit, dass dem Kunden eine »Betrüger AG« begegnet, dem Mitarbeiter aber eine »Heiligenschein AG«, ist etwa so groß wie der Alkoholgehalt von Mineralwasser. Und schon fragen sich die Mitarbeiter:

- Ist das Lob meines Chefs wirklich ernst gemeint? Oder will er mich durch diese positive Verstärkung nur davon abhalten, dass ich pünktlich nach Hause gehe?
- Ist mein Job wirklich sicher, wenn die Firma sagt: »Niemand hat vor, Ihren Arbeitsplatz abzubauen«? Oder handelt es sich um eine Beruhigungspille der Marke »Walter Ulbricht«, die dafür sorgen soll, dass ich bis zum letzten Tag fröhlich weiterarbeite?
- Kann ich es ernst nehmen, wenn der Chef meine »langjährige Erfahrung« lobt? Oder heißt der Subtext schon: »Wir suchen einen Jüngeren, der deinen Job zum halben Preis macht!«?
- Und wenn ich in der Gehaltsverhandlung höre, »die Firma hat im Moment kein Geld«, sagt das etwas über den Etat aus? Oder nur darüber, dass man mich für blöd genug hält, ein weiteres Jahr Mehrarbeit fürs gleiche Gehalt zu leisten?

Der Markt heiligt die Mittel. Wo einmal Werte waren, ist nur Wert geblieben. Die Moral gerät unter die Räder eines Gewinnstrebens, das völlig außer Kontrolle geraten ist. Eine Studie des Rheingold-Instituts fand heraus: Einerseits suchen immer mehr Menschen nach moralischem Halt in einer Welt, die sich täglich verändert und komplexer wird. Andererseits fehlen ihnen komplett die Vorbilder.

Wenn man 100 Menschen fragt, ob Moral von Wirtschaft oder Politik überzeugend vorgelebt wird, schütteln 94 den Kopf. Nur sechs Prozent glauben noch an eine moralisch vorbildliche Wirtschaft, so eine Studie.[63] Wer seinen Arbeitgeber Tag für Tag von innen erlebt, traut seinem eigenen Eindruck mehr als den rosaroten PR-Wölkchen, die Presseabteilungen aus beruflichen Gründen ausstoßen.

> Der ehrbare Kaufmann hat ausgedient und wurde durch einen Schlawiner ersetzt, für den jedes Geschäft anständig ist, wenn es nur anständig Gewinn bringt.

Ines Imdahl, die Leiterin der Studie, zieht einen dramatischen Schluss: Geld sei offenbar die letzte Autorität, obwohl es gierig und rücksichtlos mache – und obwohl sich die Menschen fürchteten vor entfesselten Märkten, die keinen Platz für Moral lassen.[64]

Kein Platz für Moral? Doch, doch: in Firmenbroschüren und Weihnachtsansprachen. Eine ganze Armee der »Compliance Officer« marschiert in einen Krieg fürs Gute und kämpft mit allen Mitteln: Compliance-Richtlinien, Compliance-Prozessen, Compliance-Reportings, Compliance-Controlling. Und immer mehr Geschäftsführer könnten ihre Ansprachen über »Werte und Nachhaltigkeit« als »Wort zum Sonntag« zweitverwerten.

Dass nach außen die Regeltreue gepredigt, aber nach innen

der Regelbruch gelebt wird, empfinden Mitarbeiter als Gipfel der Heuchelei. Fast alle Top-Manager handeln nach dem Motto: »Besser eine Lüge, die der Firma nützt, als eine Wahrheit, die ihr schadet.« Dieser Leitsatz sickert wie Gift durch die Hierarchie.

Der Ehrliche hat der Stumme zu sein, sonst gibt's Ärger. Probieren Sie es aus: Weisen Sie Ihre Firma auf einen Missstand hin, etwa dass Kunden abgezockt oder Gesetze gebrochen werden. Die Chance ist groß, dass Sie blitzschnell als Nestbeschmutzer am Pranger stehen. Kritiker von heute sind Mobbing-Opfer von morgen.

Im Krieg wird viel vom Frieden geredet – weil er fehlt. Und in den heutigen Unternehmen wird viel von Compliance geredet – weil sie fehlt. Der Mangel im Handeln soll kompensiert werden durch Hochglanzbroschüren, Compliance-Beauftragte und sonstige Augenwischerei.

Doch tatsächlich verwenden die meisten Firmen ihre Kraft nicht darauf, Unregelmäßigkeiten ans Licht zu bringen, sondern sie mit aller Gewalt unter der Decke zu halten. VW ist ein Kürzel für viele Firmen geworden, es bedeutet: **V**erlorene **W**ahrheit (siehe ab Seite 153).

Der Durchdreh-Reim

Im Business trägt die Ehrlichkeit
ein himmelblaues Lügenkleid.

Wir sind keine Gauner – nur ausgeschlafen!

Wer das Wort seines Chefs hat, sollte es gut festhalten, damit es nicht wegfliegt. Das versäumten die Mitarbeiter des Mischkonzerns Linde, als sie ihrem Chef Wolfgang Reitzle bei einer Konferenz zuhörten. Heftig wehrte er sich gegen die Unterstellung, ein Spartenverkauf stehe bevor. Er beschimpfte die Zeitung, die das verbreitet hatte – mit solchen Behauptungen schädige man sein Unternehmen.[65]

Einen Wimpernschlag später wurde die Sparte verkauft. Und die Mitarbeiter rieben sich die Augen – sofern sie ihre Hände nicht dafür brauchten, sich an ihrem gerade verkauften Arbeitsplatz festzuklammern.

Oder: Der Energieriese RWE prahlte in großen Werbespots mit seinem klimafreundlichen Strom, bis herauskam: Nur zwei Prozent des Stroms stammten aus erneuerbaren Energien. Und die in dem Spot gezeigten Gezeitenkraftwerke waren noch nicht einmal in Betrieb.[66]

Oder: Aldi griff in einen Fördertopf des Bundesamtes für Güterverkehr und schnappte sich mehrere Millionen, die für notleidende Güterverkehrsunternehmen gedacht waren. Die meisten Aldi-Regionalgesellschaften besaßen eigene Lkw, also gab sich der milliardenschwere Discounter als hungernder Spediteur aus. Aufwändige Fortbildungen für alle Berufsgruppen wurden nun zu 60 Prozent vom Steuerzahler subventioniert – die Lkw-Fahrer machen aber nur fünf Prozent der Belegschaft aus.[67]

Jedes Unternehmen ist wie eine Familie: Die Normen werden nicht durch Aufschreiben, sondern durch Vorleben geprägt. Die Mitarbeiter einer Firma orientieren sich an dem, was ihnen die

Führungskräfte vorleben. Daraus entsteht ein Verhaltenskodex. Mit der Zeit begreift jeder, welches Verhalten erwünscht und welches verpönt ist.

In vielen Konzernen regiert die Doppelmoral. Mitarbeiter werden zur Ehrlichkeit aufgefordert. Aber ihre Chefs sind alles andere als »schwindelfrei«.

> Wenn die Aufforderung, Korruption zu melden, von denen kommt, die selbst ein System der Korruption installiert haben – wie ernst wird sie dann genommen?

Dieser Widerspruch spiegelt sich in einer Studie der Unternehmensberatung Ernst & Young: 56 Prozent der Arbeitnehmer misstrauen ihrer Firma, 53 Prozent ihrem direkten Chef.[68]

Der Neurowissenschaftler und Neuroökonom Prof. Bernd Weber hält es für wichtig, was in Firmen als »Normverhalten« wahrgenommen wird: »Wenn man sich im Unternehmen an einen bestimmten Kodex halten muss, tue ich das vor allem dann, wenn es die anderen auch tun – besonders die Vorgesetzten.«[69] Wo bekannt sei, dass Chefs diese Normen brechen, hielten sich die Mitarbeiter auch nicht daran.

Schlimmer noch: Aus kleinen Lügen werden fast zwangsläufig große. Denn sind die Regeln erst mal gebrochen, setzt laut Professor Weber ein schleichender Verfall der Normen ein. Wenn eine Geschäftsführung Compliance nur auf andere bezieht, aber nicht auf sich selbst, haben die Regeltreuen »keine Chance«. Dann sieht Weber den Gesetzgeber in der Pflicht, »diese Einstellung zu strafen«.

Ach ja, der Gesetzgeber. Wie ernst es dem deutschen Staat mit der Ehrlichkeit der Firmen ist, hat er unter anderem dadurch gezeigt, dass Bestechungsgelder noch bis in die 2000er Jahre steuerlich absetzbar waren.[70] Schmieren im Ausland wurde vom Steuerzahler subventioniert. Ein Konzern wie Daimler gab gegenüber den US-Behörden unverfroren zu, in mindestens 22 Ländern Regierungsbeamte für lukrative Aufträge bestochen zu haben.[71]

Das passiert immer noch, aber besser getarnt. Mein Klient Harry Röbel übernahm vor einigen Jahren die Russland-Niederlassung eines deutschen Unternehmens. Sein Vorgänger war gestolpert über mehrere Korruptionsgeschäfte. Röbel bekam den Auftrag, das Business wieder »im legalen Rahmen« abzuwickeln.

Doch als die Auftragsbücher sich nicht schnell genug füllten, zitierte die Geschäftsleitung ihn zu sich. Wie es zu diesem »Knick« gekommen sei? Röbel erzählte von mehreren Aufträgen, die er habe ablehnen müssen, da mit ihnen Schmiergeldzahlungen verbunden gewesen wären.

Die Geschäftsleitung arrangierte eine Nachhilfestunde beim Leiter des Rechnungswesens, und der dozierte: »Angenommen ein Russe vermittelt uns einen Auftrag. Und weiter angenommen seine Frau eröffnet ein Beratungsunternehmen. Und jetzt fließt über mehrere Jahre ein stattliches Honorar an diese Firma, weil die Frau Sie vor Ort mit ihrem Strategiewissen unterstützt. Das wäre legal, ohne Risiko und steuerlich absetzbar.«

Wie raffiniert: Die Chefs machten sich die Finger nicht schmutzig – und ließen einen Betrug vorschlagen, der ins Kleid der Legalität schlüpfte. Doch Harry Röbel lehnte es ab, getarnte Schmiergelder zu verteilen. Kurz darauf wurde er abberufen. Die Weigerung hatte ihn zur Unperson gemacht. Sein Nachfolger passte wieder zur Firma: Kaum im Amt, vermeldete er schon große Aufträge. Und einige frisch gegründete Ein-Frau-Beratungsunternehmen starteten sicher durch …

Die Mitarbeiter wissen genau, was hier gespielt wird – und viele fragen sich:

- Wie kann es sein, dass unser »Compliance Officer« in seinem früheren Leben eine Funktion im operativen Management bekleidet hat? Ist das nicht so, als würde man Al Capone zum Polizeipräsidenten ernennen?
- Wie kann es sein, dass die Compliance-Abteilung, wenn sie denn doch mal einschreitet, Kursstürze an der Börse auslöst – während verschwiegene Sauereien, die jeder ahnt, kein Kursfeuerwerk stoppen können?
- Und wie kann es sein, dass ich als Mitarbeiter fast die Hälfte meines Gehaltes ans Finanzamt weitergebe – während meine Firma es schafft, wie eine Maus in jedes Steuerschlupfloch zu flitzen und Gewinne kleinzurechnen?

Die Organisation für wirtschaftliche Zusammenarbeit und Entwicklung (OECD) hat nachgewiesen[72]: Viele Konzerne unterhalten Tochtergesellschaften in Niedrigsteuerländern. Von dort bekommen sie überteuerte Lizenzen oder Zinsen in Rechnung gestellt. Und so fließt das Geld am heimischen Finanzamt vorbei in Steuerparadiese. Einige Konzerne schaffen es sogar, die Doppelbesteuerungs-Abkommen zwischen den Ländern eigenwillig auszulegen: Sie lassen sich im einen Land von den Steuern freistellen, obwohl sie im anderen Land keine bezahlt haben.

Etliche große Unternehmen verhalten sich wie Trickbetrüger – während sie täglich von unserer Gesellschaft profitieren:

- Sie nutzen Straßen, Flughäfen und Bahnhöfe, die auf Kosten der Allgemeinheit gebaut wurden.

- Sie stellen Menschen ein, die auf Kosten der Allgemeinheit an Schulen und Hochschulen ausgebildet wurden.
- Sie blasen ihre Abgase in einen Himmel, der sich über uns alle spannt und den sie mit ihren Flugzeugen durchschneiden.
- Sie leiten ihre Abwässer in Flüsse, die sich durch unser Land schlängeln und in Meere münden.
- Und sie bauen ihre Firmengebäude in Dörfer oder Städte, deren Bewohner dadurch mit mehr Verkehr und Lärm zu kämpfen haben.

In Artikel 14 des Grundgesetzes steht: »Eigentum verpflichtet. Sein Gebrauch soll zugleich dem Wohle der Allgemeinheit dienen.« Aber während die Konzerne mit der einen Hand die Sahne des Gemeinwesens abschöpfen und die Toleranz der Gemeinschaft einfordern, führen viele mit der anderen Hand ihre Einnahmen am Fiskus vorbei, locken Kunden aufs Glatteis und drücken sich um soziale Verantwortung gegenüber Angestellten.

Aber wehe, ein Beschäftigter nimmt einen Bleistift mit nach Hause (und sei es zum Arbeiten), lädt sein privates Handy (auf dem auch der Chef anruft) in einer Steckdose der Firma oder lässt sich dabei erwischen, seinen Burnout trotz Krankschreibung an der frischen Luft auszukurieren – dann kann auf ihn das Fallbeil einer Kündigung niedersausen. Denn dies ist ja ein ehrenwertes Firmenhaus!

Eine Sparte – das hätte man sogar Linde-Manager Reitzle glauben können – wird sicher nicht so schnell verkauft: »Tricksen, Schwindeln, Lügen«.

Der Durchdreh-Reim

Dort, wo sich die Balken biegen,
muss der Sitz 'ner Firma liegen!

Wahrer Irrsinn

Betr.: Warum Berlin vielleicht Hongkong ist
Seit einigen Monaten verbreitete sich das Gerücht, unsere Firma plane einen Umzug: von der Provinz nach Berlin. Aber alle Führungskräfte schüttelten auf Nachfrage energisch den Kopf. Der Geschäftsführer wies bei der Weihnachtsfeier auf Investitionen hin, die in den letzten Jahren am hiesigen Firmensitz getätigt worden seien.

Doch die Gerüchte hielten sich. Jemand hatte gehört, die Firma suche in Berlin schon nach einer Immobilie. Panik lief durch die Büros. Etliche von uns hatten hier Häuser gebaut und langfristige Finanzierungen laufen. Doch erneute Nachfragen brachten dasselbe Ergebnis: Nein, niemand plane einen Umzug.

Ein paar Tage später rief mich früh morgens ein Lieferant an: »Na, sind deine Koffer für Berlin schon gepackt?«

Ich zuckte zusammen, stellte mich aber ahnungslos. »Für Berlin. Was soll dort sein?«

»Jetzt mach keine Witze«, sagte er. »Heute Morgen hat der Branchendienst im Internet euren Umzug gemeldet.«

Es stimmte: Das große Geheimnis der eigenen Belegschaft gegenüber, der Umzug nach Berlin, hallte durch das Sprachrohr des Branchendienstes durchs ganze Land. Eine Kollegin hat vor Wut geweint: Sie hatte wenige Wochen zuvor noch eine Eigentumswohnung vor Ort gekauft.

Unser direkter Chef entschuldigte sich. Die Geschäftsleitung habe ihn angewiesen, den Umzug energisch zu bestreiten, um »Unruhe zu vermeiden«. Die Branchenmeldung beruhe auf einer Indiskretion.

Viele Mitarbeiter weigerten sich, den Schritt nach Berlin mitzugehen. Das Vertrauen war zerstört. Vielleicht zog die Firma ja in Wirklichkeit nach Hongkong. Alles Nähere: siehe Branchendienst.

Hartmut Jung, Ausbilder

Betr.: Warum ich als Lkw-Fahrer eine rollende Zeitbombe war

Als Fernfahrer bewarb ich mich bei einem kleinen Logistik-Unternehmen. Das Gehaltsangebot war mager, doch der Chef versprach: »Wenn Sie eine bestimmte Zahl von Kilometern schaffen, gibt's ordentlich Zusatzprämie.«

Ich ließ mich darauf ein, denn ich war leistungswillig. Und ich wusste ja, dass es Fahrtenschreiber gab. Deshalb fühlte ich mich geschützt vor zu langen Fahrzeiten und Überforderung.

Vor meinem ersten Arbeitstag fragte mich ein älterer Kollege: »Hast du dein wichtigstes Arbeitsinstrument schon bekommen?«

»Klar, hier steht es!«, sagte ich und deutete auf meinen Sattelschlepper.

Er schüttelte den Kopf: »Ich dachte eher an was Magnetisches.«

»Keine Ahnung, wovon du sprichst.«

»Aber du willst doch sicher deine Kilometerprämie bekommen?«

Ich nickte. Und er drückte mir einen schweren Metallblock in die Hand. »Wenn dieser Magnet in deinem Getriebe klebt, macht dein Fahrtenschreiber eine Pause«, erklärte er mir. »Das Magnetfeld stört den Sensor. Der Tacho geht dann in den Ruhemodus und zählt keine Kilometer mehr. So kannst du fahren, ohne dass es registriert wird.«

Die Sache gefiel mir gar nicht. Aber ich fühlte mich nicht in der Position, um zu protestieren. Also machte ich mit. Wenn meine gesetzlich erlaubten Fahrstunden ausgeschöpft waren, kam der Magnet zum Einsatz.

Aber das war lebensgefährlich! Denn dadurch schalteten sich alle Sicherheitssysteme ab. Nichts funktionierte mehr, kein Antiblockier-System, kein Bremskraftverstärker, kein Fahrassistent – nicht einmal die Sperre, die sonst verhinderte, dass man versehentlich in einen zu niedrigen Gang zurückschaltete.

Außerdem wurde ich immer unkonzentrierter, je länger ich meine offiziellen Fahrzeiten überzog. Mehrfach übermannte mich auf der Straße der Sekundenschlaf. Mein Arbeitgeber riskierte Menschenleben, nur für ein paar zusätzliche Kilometer. Auch bei ihm setzt offenbar ein »Sicherheitssystem« aus: sein Gehirn.

Meines setzte rechtzeitig wieder ein: Bei nächster Gelegenheit wechselte ich als Fahrer zu einem lokalen Entsorgungsunternehmen. Ich wollte nicht länger als Zeitbombe über die Autobahn rollen.

Attila Bayrak, Fernfahrer

Betr.: Wie der Öko-Hof, für den ich jobbte, die Leute beschiss

Der Bauernhof, für den ich als Studentin arbeitete, lag in einem großen Obstanbau-Gebiet. Busse mit Touristen kamen jeden Tag gefahren, um die angeblich ökologisch erzeugten Produkte zu kaufen. Aber was war hier eigentlich »ökologisch«? Eine komplette Scheune sah aus wie das Giftwaffen-Lager eines Schurkenstaates, alles voll mit Pflanzenschutzmitteln.

Angeblich waren diese Giftstoffe nötig, um die Obsternte vor diversen »Schädlingen« zu retten. Mein sanfter Einwand, dass diese »Schädlinge« ja auch zum Ökosystem gehörten, wollte niemand hören. Es wurde gespritzt ohne Ende.

Außerdem unterhielt der Bauer mehrere Feuerstellen auf seinem Gelände, dort verbrannte er angeblich Pflanzenreste.

Aber nie bei Tageslicht, immer bei Nacht – morgens fand man heiße Asche vor. Und die sah aus, als wäre hier Plastik verbrannt worden.

Die Touristen wussten all das nicht. Der Verkaufsschlager des Hofes war sein naturtrüber, selbstgepresster Apfelsaft, in Flaschen und Kanistern wurde er zu horrenden Preisen verkauft. Die Leute rissen sich um diesen Saft. An unseren Verkaufsständen war er immer mit appetitlichen Äpfeln dekoriert. Aber wo wurde der Saft eigentlich gepresst? Mein Vorarbeiter sagte nur: »Das willst du gar nicht wissen.«

Eines Morgens sollte ich Apfelbäume beschneiden und lief durch eine Plantage. Dabei kam ich an einer der Feuerstellen vorbei. Diesmal war das Feuer in der Nacht nicht vollständig abgebrannt. Ich entdeckte einige Dutzend Tetrapackungen, die aus dem Angebot eines großen Discounters stammten: naturtrüber Apfelsaft.

Nicht nur, dass der umgefüllte Billigsaft völlig überteuert war – die Packungen wurden auch noch bei Nacht und Nebel unter freiem Himmel verbrannt. Was für eine Schweinerei! Aber der Verkäufer von »Öko-Saft« wusste genau, warum er keine 25 gelben Säcke mit Saftpackungen aus dem Supermarkt an die Straße stellen konnte …

Charlotte Busch, Architektur-Studentin

Der Mörder unterm Firmendach

Ein furchtbarer Verdacht: Ist der Mitarbeiter ein Mörder? Sobald er Dienst hat, setzt um ihn herum das große Sterben ein. Seine Firma findet das unheimlich – und schiebt ihn in eine andere Abteilung ab. Doch auch dort wieder: gehäufte Todesfälle. Jeder Spatz pfeift vom Firmendach: Das kann kein Zufall sein!

Mehrere Jahre hält das große Sterben an. Dann – hurra! – greift das Management ein. Der Verdächtige wird zu einem Krisengespräch zitiert. Preisfrage: Was unternimmt sein Chef jetzt? Drei Möglichkeiten:

1. Er stellt den Mitarbeiter sofort von der Arbeit frei und übergibt den Fall der Polizei.
2. Er bietet seinem Mitarbeiter an, ihn erneut zu versetzen – diesmal in eine Abteilung, wo weniger Schaden entstehen kann.
3. Er lässt die Polizei aus dem Spiel und bietet eine Freistellung an, drei Monate volles Gehalt und ein gutes Zeugnis.

Auf welche Möglichkeit tippen Sie? Lösung 2 und 3 wurden dem Mitarbeiter angeboten – Lösung 3 hat er gewählt. Aus seiner Sicht eine gute Wahl; das Zeugnis quillt über vor Lob, seine Arbeit wird gepriesen als »umsichtig, gewissenhaft und selbständig«. Er habe »in kritischen Situationen überlegt und sachlich richtig gehandelt«. Und »kooperatives Verhalten« sowie eine Arbeit »zur vollsten Zufriedenheit« attestiert man ihm noch dazu.[73]

Dieser Lobgesang öffnet dem Mitarbeiter die Tür zu einer anderen Firma derselben Branche. Dort dauert es nur eine Woche, bis sein nächster Kunde auf rätselhafte Weise stirbt. Und so geht es weiter: ein überraschender Toter nach dem anderen, immer zu seinen Dienstzeiten.

Was glauben Sie, handeln die Führungskräfte dieser zweiten Firma konsequenter? Sie haben »Kenntnis von konkreten Vorfällen«.[74] Sie treffen sich zu einem Krisengespräch. Und doch unternehmen sie nichts, da ihnen der Verdacht nicht konkret genug erscheint.

Dann eilt ihnen Kommissar Zufall zur Hilfe: Der Mitarbeiter wird von einer Kollegin auf frischer Tat ertappt, die tödliche Waffe noch in der Hand. Spätestens jetzt fügt sich das Puzzle zusammen, was es mit all den Todesfällen der letzten Jahre auf sich hat.

Und wieder die Preisfrage: Was unternimmt die Firma jetzt? Drei Möglichkeiten:

1. Sie zieht sofort die Polizei hinzu.
2. Sie versetzt den Mitarbeiter sofort in einen Bereich, wo er unter ständiger Kontrolle ist.
3. Sie gewährt dem bereits Ertappten noch zwei weitere Tage an seinem brisanten Arbeitsplatz – wodurch er am letzten Tag ein weiteres Menschenleben auslöschen kann.[75]

Auf welche Möglichkeit tippen Sie? Richtig ist Lösung 3.

Die Arbeitgeber gibt es wirklich, die Kliniken in Oldenburg und Delmenhorst. Den Mitarbeiter gibt es wirklich, den Krankenpfleger Niels Högel. Seine Mordwaffe: falsch dosierte Medikamente. Seine Opfer: mindestens 103 Menschen, die er eiskalt umgebracht hat.[76]

Das muss man sich mal vorstellen: Der größte Serienmörder der deutschen Geschichte beging seine Verbrechen am Arbeitsplatz, mit Dienstplan und geregelten Arbeitszeiten. Jedes Opfer floss säuberlich in eine Statistik ein. Unter den Augen seiner Vorgesetzten, fachkundiger Chefärzte, konnte er nach Belieben killen. Alle haben bemerkt, dass die Sache zum Himmel stank. Aber keiner hat aufgeschrien.

Für mich ist dieser Fall ein Lehrstück über Compliance. Viele Firmen verhalten sich wie Mafia-Familien: Was im Haus des Clans passt, muss im Haus bleiben. Das Lieblingsspiel heißt »blinde Kuh«. Nicht der Schaden an sich ist das Problem (weiß ja keiner!) – als fatal gilt nur, was durchsickert und den Ruf der Firma schädigt.

Das Klinikum Oldenburg, der erste Arbeitgeber Niels Högels, schöpfte früh Verdacht. Warum starben ausgerechnet in seinen Schichten so viele Menschen? War es nicht merkwürdig, dass er sich vorzugsweise in Gegenwart von Lernschwestern heldenhaft an die Wiederbelebung machte? Und weshalb flüsterte schon das halbe Klinikum, dass er der Todesengel sei?

Doch statt die Polizei einzuschalten, ermittelten die Bosse des Clans selbst. Ein paar flüchtige Blicke in die Akten, ein paar beschwichtigende Gespräche. Beruhigendes Ergebnis: nur Indizien, keine Beweise; Verfahren eingestellt, Ruf der Klinik gerettet.

Aber haben die Clan-Bosse überhaupt Beweise für die Schuld Högels gesucht? Oder war man darauf fixiert, seine Unschuld nachzuweisen? Der spätere Geschäftsführer der Klinik Dirk Tenzer räumt ein, man habe »nicht unnötig Aufruhr« erzeugen wollen – obwohl es in der Klinik Leute gegeben habe, »die der festen Überzeugung waren, dass Niels Högel Patienten geschädigt hat«.[77]

Wenn sogar Krankenhäuser Morde billigend in Kauf nehmen, um den eigenen Ruf zu schonen, wie gehen dann erst börsennotierte Konzerne mit »kleineren« Regelbrüchen um?

Und zwar solchen Verstößen, die der Firma scheinbar dienen, statt ihr, wie bei Högel offensichtlich, zu schaden? Wie groß ist der Wille zur Aufklärung …

- wenn ein Schmiergeld neue Aufträge bringt,
- wenn ein gefälschter Wert zu einer neuen Zulassung führt,
- wenn Waffen, am Embargo vorbei geliefert, die Kasse füllen,
- wenn ein Steuerbetrug der Bilanz und dem Aktienkurs dient,
- wenn ein Betriebsrat illegal verhindert wird, damit Arbeitnehmer nicht dazwischenreden
- oder wenn ein chefgewolltes Mobbing ein Personalproblem außergerichtlich »klärt«?

Kennen Sie auch nur ein *großes* Unternehmen in Deutschland, dem Ehrlichkeit mehr als ein Wettbewerbsvorteil bedeutet? »Moral« ist ein Wort, das sich im Business auf »egal« reimt. Unser ganzes Wirtschaftssystem folgt nicht dem Gedanken der Fairness, sondern ist auf Brutalität ausgelegt, auf fressen und gefressen werden.

Nach einer Fusionsschlacht fragt die Wirtschaftspresse nicht: »War's fair?« Aber sie fragt: »Wer hat gewonnen?« An der Börse fragt der Aktionär nicht: »Wurde der Gewinn sauber erzielt?« Aber er fragt: »Wie hoch ist er?« Und der Minister verkündet stolz, dass die Zahl der Beschäftigten einen Rekordwert erreicht hat, ohne dabei über Billiglöhne, unfreiwillige Teilzeit und unwürdige Arbeitsbedingungen zu sprechen.

Wenn ein Manager seiner Konkurrenz einen Auftrag wegschnappt, egal wie, wenn er ein Steuerloch nutzt, egal auf wessen Kosten, und wenn er ein neues Geschäftsfeld erschließt, egal in welcher blutigen Diktatur, dann gilt er in Business-Kreisen nicht als Schwein, sondern als raffinierter Hund. Und der Staat drückt beide Augen zu, weil die Firmen ja Arbeitsplätze schaffen und Steuern in die Kassen spülen. Wirtschaftsverbände und Unternehmen lassen ein Heer von 5000 bis 6000 Lobbyisten in Berlin aufmarschieren und diktieren dem Parlament ihre Gesetzeswünsche in den Block – natürlich heimlich: Vier von fünf Bundestagsabgeordneten waren nicht bereit, ihre Termine mit Lobbyisten offenzulegen, als der Bayrische Rundfunk danach fragte.[78]

Dass der VW-Skandal von deutschen Behörden übersehen, aber von amerikanischen aufgedeckt wurde, ist sicher kein Zufall (siehe nächstes Kapitel).

Der Durchdreh-Reim

Die Firma sieht den Mord empört,
falls Mord den Ruf der Firma stört.

Die VW-Affäre: Mein Name ist Hase, ich weiß von nichts!

»Was hast du heute Nachmittag gemacht«, fragte mein Vater.

»Hausaufgaben«, sagte ich – dabei hatte ich nur Comics gelesen.

»Wie läuft es in der Schule?«

»Ganz gut«, behauptete ich – dabei war meine Versetzung gefährdet.

»Und was hast du heute Abend vor?«

»Ich treffe einen Klassenkameraden zum Lernen« – dabei fieberte ich unserer Verabredung auf dem Bolzplatz entgegen.

An diese Szene musste ich denken, als Volkswagen mit seiner Abgas-Affäre aufflog. Jahrelang hatte der Konzern behauptet, er mache seine Hausaufgaben. Jahrelang gab er sich als technischer Musterschüler, den keine Abgas-Prüfung schrecken könne. Und jahrelang wusste er genau: alles nur Theater.

Der kleine Unterschied: Ich war zwölf Jahre alt und Schüler, als ich mich so billig rausredete; VW war über 75 Jahre und ein börsennotierter Weltkonzern.

Wie konnte ein Unternehmen mit Tausenden von Ingenieuren an einem läppischen Richtwert scheitern? Einfache Antwort: VW ist nicht an den Richtwerten, sondern an sich selbst gescheitert – an den unrealistischen Anforderungen seiner Top-Manager.

Eigentlich ist das Diesel-Auto eine geniale Erfindung: Es schluckt weniger Kraftstoff als Benziner, stößt weniger Schadstoff aus und verursacht weniger Klima-Gas CO_2. Sein Nachteil: Bei der Verbrennung entstehen Stickoxide. Und sobald die mit Feuchtigkeit zusammenkommen, sei es durch Luft, sei es durch Schleimhäute, wirken sie wie Gift. Eine hohe Dosis kann tränende Augen, Hustenreiz und Atemnot verursachen. Hunderttausende Menschen in Deutschland leiden durch Stickoxid in der Atemluft an Asthma und Diabetes. Und 6000 vorzeitige Todesfälle gehen pro Jahr auf diese Verschmutzung zurück.[79]

Viele Stadtbewohner sind Tag für Tag erhöhten Stickoxid-Werten ausgesetzt. Deshalb diskutiert die Politik über Diesel-Fahrverbote in Großstädten. Und deshalb dürfen neue Diesel-Autos maximal 80 Milligramm Stickoxid pro Kilometer ausstoßen.[80]

Stickoxid muss neutralisiert werden, das ist die technische Herausforderung. Dazu wird eine Mischung aus künstlichem Harnstoff und Wasser, Adblue genannt, in den Auspuff eingespritzt. Ein Katalysatorsystem erledigt den Rest.

Für Adblue brauchen die Fahrzeuge einen Tank. Doch schon seit Jahren predigte das Management bei VW und in den Schwesterkonzernen den Entwicklern: Haltet die Technik klein – macht die Innenausstattung größer! Im Vorfeld der Diesel-Affäre schrumpften die Tanks zugunsten protziger Stereoanlagen. Die Argumente des Vertriebs wogen schwerer als die des Umweltschutzes.

Hinzu kam der Sparwahn: »Die kleinen Tanks kosteten 80 Euro weniger, das war ein wichtiges Argument«, erzählte mir mein Klient Jürgen Barks, Motorenentwickler bei einer VW-Schwester. Damit sparte man an der falschen Stelle, denn mit den kleinen Tanks sei Adblue früh aufgebraucht gewesen, schon nach etwa 9000 Meilen. Bei der Entwicklung der Autos, die später auch in Deutschland fuhren, hatte man vor allem den US-Markt im Blick, weil dort strengere Umweltstandards gelten. »Eigentlich kein Problem«, sagte Barks. »Die Kunden hätten die Flüssigkeit nur rechtzeitig nachfüllen müssen.«

Doch das Management wusste es besser: Man könne den Kunden nicht zumuten, alle 9000 Meilen mit diesem klebrigen Gemisch zu hantieren oder in die Werkstatt zu fahren. Und so bekamen Barks und seine Kollegen den Befehl: »Die Warnlampe darf frühestens nach 11 500 Meilen blinken!«

»Wie soll das gehen?«, fragten die Ingenieure ratlos.

»Lasst euch was einfallen«, antwortete das Management.

Es war wie im Krimi, der Chef sagt zur Bande: »Der Kronzeuge darf morgen nicht aussagen – lasst euch was einfallen.« Hat hier jemand *direkt* zu einer Straftat aufgerufen? Nein. Und hat bei VW & Co. jemand *direkt* zum Betrug aufgerufen? Nein. Aber das gewünschte Ergebnis war auf dem gesetzlichen Weg nicht zu erzielen.

> Implizite Befehle sind besonders perfide, weil die Verantwortung den Berg der Hierarchie hinabrollt und den Handlangern krachend vor die Füße fällt.

Der Management-Vordenker Reinhard K. Sprenger schreibt in seinem Buch *Das anständige Unternehmen:* »Was aber, wenn die Organisation unmoralisches Handeln nicht nur zulässt, sondern sogar nahelegt? (…) Was, wenn die Unternehmensziele derart aggressiv formuliert werden, dass sie mit angemessenem Risiko und legalen Mitteln kaum erreichbar sind?« Dann nütze es wenig, »unter der Fahne der ›Corporate Governance‹ den Einzelnen zu verantwortungsvollem und gesetzestreuem Verhalten aufzufordern«.[81]

Aber war dem Management des Autokonzerns wirklich klar, dass es einen Betrug brauchte? Jürgen Barks nickt. »Jeder wusste: Wenn wir den Verbrauch von Adblue pro Kilometer reduzieren, steigt der Stickoxid-Ausstoß. Es gab nur zwei Möglichkeiten: Wir fallen auf dem Prüfstand durch. Oder wir bescheißen.«

Die Lösung lag auf der Hand: »Alle Entscheider kannten die Betrugs-Software eines deutschen Herstellers. Sie erkennt, ob ein Fahrzeug im Straßenverkehr fährt oder nur auf dem Prüfstand ist.«

Und wie ich als Junge immer sofort Hausaufgaben machte, wenn ich die Schritte meines Vaters nahen hörte, so stießen die Diesel-Motoren die legalen Mengen von Schadstoff aus, wenn die Software einen Prüfstand registrierte. Dagegen spie der Auspuff im Straßenverkehr bis zu 40-Mal mehr Stickoxid aus – wie ich wieder Comics las, sobald mein Vater verschwunden war.

Jürgen Barks war diese Lösung nicht geheuer: »Ich fand es eine Schweinerei, dass unsere modernen Autos zu Dreckschleudern wurden. Außerdem kannten die Wettbewerber diese Software. Und alle haben die zu kleinen Tanks verbaut. So viele Mitwisser und Täter in einer geschwätzigen Branche, das konnte nicht gutgehen.«

Mehrfach wiesen er und seine Kollegen auf die Risiken hin. Mehrfach gab es Meetings über die Probleme in den USA. »Doch alle hohen Manager«, so Barks, »wollten von den Details nichts wissen und sagten Sätze wie: ›Sie kriegen das schon hin!‹«

Mein Name ist Hase, ich weiß von nichts. Bei diesem Leitsatz blieb es, als die Affäre aufgeflogen war. Keiner der Top-Entscheider wollte etwas entschieden haben, keiner der Verantwortungsträger die Verantwortung tragen.

Wie VW mit der Diesel-Affäre umgeht, wie die Wahrheit nur scheibchenweise ans Licht kommt, wie der Betrug zum Missverständnis kleingeredet wird, Dokumente geklaut werden, Handys verschwinden und Aufklärung zur Verdunkelung gerät: Das ist für mich ein theaterreifes Stück über die Moral in Großkonzernen. Lesen Sie 13 bemerkenswerte Akte:[82]

Akt 1: Man hat uns erwischt – doch wir machen weiter

Im Mai 2014 deckt eine Studie der Universität West Virginia erhöhte Emissionswerte bei VW-Fahrzeugen auf. Im selben Sommer wird der Konzern von US-Behörden auf zu hohe Abgaswerte im Straßenbetrieb hingewiesen. Doch VW scheint das nicht zu bekümmern: Noch bis ins Jahr 2015 manipuliert man die

Software der Dieselfahrzeuge munter weiter und pfeift als Lieblingshit: »Wir lassen uns das Fälschen nicht verbieten!«

Akt 2: Wir geben nur zu, was ohnehin aufgeflogen ist

VW schweigt und mauert. Erst am 3. September 2015, bereits überführt, gibt der Konzern gegenüber der US-Umweltbehörde EPA zu: Ja, wir haben manipuliert. Kunden und Aktionäre fallen aus allen Wolken. VW-Vorstandschef Martin Winterkorn verspricht umfassende Aufklärung, doch kommt nicht mehr dazu; sein Stuhl geht an den bisherigen Porsche-Chef Matthias Müller. Das Ausmaß des Betrugs ist gigantisch: Elf Millionen Fahrzeuge sind betroffen, allein in Europa werden 8,5 Millionen zurückgerufen.

Akt 3: Wir schreiben mal eben eine Regierungserklärung um

Stephan Weil, Niedersachsens Ministerpräsident, will VW in einer Regierungserklärung kritisieren. Doch er ist gut erzogen: Vorher schickt er seinen Text zu VW, Korrekturvorschläge erwünscht. »Das war kein Faktencheck, wir haben die Rede umgeschrieben und weichgespült«, erzählt ein Mitarbeiter von VW.[83] Der Text kommt mit etlichen Korrekturen zurück. Ursprünglich wollte Weil sagen, VW habe gegen Gesetze verstoßen und Vertrauen missbraucht. »Muss ja keiner wissen, dass *wir* das waren«, denkt sich VW – und streicht den eigenen Namen. Der Ministerpräsident erklärt dann tatsächlich anonymisiert: *Es* sei gegen Gesetze verstoßen und Vertrauen missbraucht worden.«[84] Ratet mal, wer's war …

Akt 4: Wir lassen Superwoman zur Aufklärung einfliegen

Aufklärung mit Paukenschlag: Um Licht in die Affäre zu bringen, präsentiert Volkswagen im Oktober 2015 eine Hochkaräterin. Die Daimler-Vorstandsfrau und Ex-Bundesverfassungsrichterin Christine Hohmann-Dennhardt fliegt wie Superwoman als erste Frau in den Vorstand ein. Dort soll die Powerfrau das neue Ressort für Compliance (Integrität und Recht) leiten. Sie gilt als unbestechlich und konsequent, soll die ganze Wahrheit aufdecken. Dicke Medienschlagzeilen loben VW. Doch eine Aufklärerin im Vertuschungsstaat – kann das gutgehen?

Akt 5: Wir staunen, was Kriminelle so alles treiben

Ein Fall für »Aktenzeichen XY«: Eine VW-Akte mit brisantem Material verschwindet in einer finsteren Herbstnacht aus der niedersächsischen Staatskanzlei in Hannover – also aus jenem Zulieferbetrieb, von dem sich VW die Politiker-Reden nach Wunsch zuschneiden lässt. Ein Freundschaftsdienst? Ein Auftragsdiebstahl? Einfach nur Zufall? Die Strafanzeige der Staatskanzlei richtet sich gegen »unbekannt«. VW im nahen Wolfsburg heißt Hase und weiß von nichts.

Akt 6: Wir bezeichnen den zweiten Betrug als Tippfehler

Im November 2015, unter öffentlichem Druck, gibt Volkswagen ein neues Scheibchen der Wahrheit preis: Nicht nur um Stickoxide gehe es in der Abgasaffäre, sondern auch um CO_2-Werte. Zunächst hatte der Konzern abgewiegelt und behauptet, die Angaben seien nur auf dem Papier falsch, ein kleiner Tippfehler. Doch nun muss VW, Beiname Hase, einräumen: Auch für bessere CO_2-Werte wurde manipuliert.

Akt 7: Wir geloben Besserung – aber weshalb eigentlich?

Im Dezember 2015 kündigt VW-Vorstandschef Matthias Müller an, man werden diese Krise nutzen »als Katalysator für den Wandel, den Volkswagen braucht«. Das klingt, als wolle er VW aus dem Sumpf der kriminellen Machenschaften führen. Doch einen Monat später versumpft er wieder: Müller stellt den bewussten Betrug als technisches Versehen dar. Eine Gesetzeslage sei falsch interpretiert worden. Kann ja mal passieren, wenn man Hase heißt. Der weltweite Aufschrei ist groß.

Akt 8: Wir wälzen den Schaden auf andere ab

Bislang hieß es, die Belegschaft müsse den Skandal nicht durch Personalkürzungen bezahlen. Doch im März 2016 kündigt Volkswagen an, jede zehnte Stelle in der Verwaltung zu streichen – rund 3000 Arbeitsplätze. Auch die Allgemeinheit blutet für den VW-Betrug: So zahlt der Konzern durch seine roten Zahlen in Emden 2015 keine Gewerbesteuer.

Akt 9: Wir staunen, was so alles an Daten verschwindet

Die Ermittlungen in den USA gestalten sich schwierig: Leider sind diverse Beweismittel, etwa Handys und E-Mails von Führungskräften, spurlos verschwunden. Der Konzern, Beiname Hase, weiß mal wieder von nichts.

Im April 2016 einigt sich VW mit der strengen US-Umweltbehörde darauf, dass Halter der manipulierten Fahrzeuge ihre Autos zurückkaufen oder umrüsten lassen können. Zudem soll Schadensersatz fließen. Aber nur in den USA. Deutsche Kunden, ohne Recht auf Sammelklage, können von solchen Zugeständnissen nur träumen. VW wehrt sich vehement gegen Verbraucherklagen.

Akt 10: Wir drücken uns schwammig aus – und um die Verantwortung

Vorm Untersuchungsausschuss des Bundestages verwendet Martin Winterkorn, der ehemalige Vorstandschef, im Januar 2017 eine interessante Formulierung: Er sei »nicht frühzeitig und eindeutig über die Messprobleme aufgeklärt« worden. Plötzlich hat er doch Bescheid gewusst, nur »nicht frühzeitig und eindeutig« genug? Wie sieht es aus, wenn jemand »zweideutig« Bescheid weiß?

Materiell muss Winterkorn jetzt kleinere Brötchen backen: Er bekommt 3000 Euro Rente. Klingt für ihn fast bescheiden. Jedoch: Er bekommt sie *täglich!*[85]

Akt 11: Wir lassen Superwoman (raus)fliegen – mit 12 Millionen

Die Aufklärung steht noch am Anfang, aber immerhin die Aufklärerin ist am Ende: Christine Hohmann-Dennhardt tritt im Januar 2017 ab. Vielleicht ist ihr ein schwerer Fehler unterlaufen – dass sie ihren Job ernst genommen hat, statt sich als Feigenblatt zu begreifen. Superwoman macht den Abflug, mit über zwölf Millionen Euro im Koffer – kein Schweigegeld, sondern Abfindung.[86] VW, Beiname Hase, hat den Hütern der Moral mal wieder einen Haken geschlagen.

Akt 12: Ach ja: Wir haben doch alles gewusst, aber nichts unternommen

Im Februar 2017 kommt heraus, dass die Konzernspitze über die Betrügereien doch früh im Bild war: Der Ex-Aufsichtsratschef Ferdinand Piëch gibt zu, er selbst habe bereits im Februar 2015 von den Problemen in den USA gehört und Martin Winterkorn informiert – er will Winterkorn, seinen Intimfeind, mit dieser Aussage belasten. Eine Kleinigkeit vergisst der VW-Pate dabei: zu erklären, warum er selbst, damals Aufsichtsratsvorsitzender, nichts unternommen hat. So läuft der Hase hier eben …

Akt 13: Wir machen nicht uns, sondern die Affen zum Affen

Im Januar 2018 decken Medien auf: Zehn Affenweibchen waren in einen Kasten gesteckt und vier Stunden lang Diesel-Abgasen ausgesetzt worden. Ein VW-Manager hatte das Testfahrzeug persönlich vorbeigebracht.[87] Vielleicht sollte nachgewiesen werden, »dass ein moderner Diesel in vielen Situationen sozusagen die Luft reinigt«, wie es ein Vertreter des Verbandes der Automobilindustrie ungestraft behaupten durfte.[88] Durchgeführt wurde die Studie nicht von einer Uni, sondern von einem ominösen Verein der deutschen Autoindustrie.

Doch ein Konzern, der Hase heißt, will sich keine Tierfeindlichkeit nachsagen lassen: Kurz darauf wurden auch Menschenexperimente mit Diesel-Abgasen bekannt.

Ist VW eine Insel der Verkommenen? Nein, nur die Bucht eines Meeres. Dasselbe Gemisch aus Gier, Korruption und Vertuschung strömt durch nahezu alle Großunternehmen. Nicht umsonst ist ein ganzes Kartell aus Autoherstellern in Diesel-Gate verstrickt.[89] Der Skandal liefert ein Sittengemälde der Konzernlandschaft und wirft ein schlechtes Licht auf das kapitalistische System (siehe ab Seite 297).

Und was tut die Politik? Sie kuscht vor solchen Konzernen. Was tun die Verbraucher? Sie kaufen so viele Volkswagen, dass VW noch nach der Affäre zum größten Autobauer der Welt aufsteigt und später Rekordgewinne schreibt.[90] Und was tun die Mitarbeiter? Sie ärgern sich über schmutzige Befehle, aber führen sie dennoch aus.

Ich wünsche mir eine Politik, die Großunternehmen bremst. Warum gab es bei uns bis ins Jahr 2018 kein Recht auf eine Sammelklage? Warum können Verbraucher, die ein Produkt aufgrund falscher Versprechungen gekauft haben, es nicht zurückgeben? Und warum verhängt der Staat keine Bußgelder, die *weit* höher ausfallen als die Gewinne, die aus betrügerischen Geschäften resultieren?

Ich wünsche mir Verbraucher, die ihren Geldbeutel zur Steuerung nutzen. Wenn wir nicht mehr bei Firmen kaufen, die mauscheln, tricksen und Mitarbeiter ausbeuten, dann werden faire Unternehmen entstehen. Und ich wünsche mir Mitarbeiter, die öfter Nein sagen, am besten im Chor (siehe ab Seite 310).

Warum sind Unternehmen unanständig? Weil sich Unanständigkeit (noch) lohnt. Das muss sich ändern!

Der Durchdreh-Reim

Spuckt dein Auto trübe Gase,
frag nicht uns. Wir heißen Hase.

Wahrer Irrsinn

Betr.: Wie ein Witz meine Gehaltserhöhung verhinderte
Seit drei Jahren trommelte ich gegen die Tür meines Chefs, um eine Gehaltserhöhung zu bekommen. Jedes Mal ließ er mich mit Hinweis auf den erschöpften Etat abblitzen, ver-

sprach aber: »Sobald sich die Lage verbessert, sind Sie als Erster dran.«

Die Geschäfte der Firma liefen vorzüglich. Und mir war bekannt, dass meine Kollegen in anderen Firmen etwa 20 Prozent mehr als ich verdienten. So gab ich die Hoffnung nicht auf. Doch auch im vierten Jahr in Folge blitzte ich ab: »Jetzt ist der Etat besonders knapp, wir müssen Rücklagen für eine große Investition bilden«, behauptete mein Chef.

Auf mein Argument, dass ich in den letzten Jahren für zwei Personen gearbeitet habe, erwiderte er strahlend: »Kommende Woche trifft Verstärkung ein! Wie haben eine neue Kollegin angeheuert.«

Dann kam Liane. Angeblich hatte sie schon rund um den Globus gearbeitet. Dabei war sie erst 26 Jahre alt. Kein Meeting verging, ohne dass sie uns mit unrealistischen Ideen behelligte. Doch bei der Chefetage kam sie prima an. Mit einer Kollegin tauschte sie sich rasch über ihr Gehalt aus, so erfuhr ich: Sie verdiente das 1 ½-Fache von meinem Lohn – obwohl sie deutlich jünger und unerfahrener war.

Als ich meinen Chef zur Rede stellte, meinte er entschuldigend: »Doch, ich war ehrlich zu Ihnen! Es stand tatsächlich eine große Investition an.«

»Welche denn?«, wollte ich wissen.

»Eine Rückstellung für Lianes Gehalt.«

Dieses Argument war ein Witz! Die Antwort, warum *ich* eine solche Investition nicht wert war, blieb er mir schuldig.

René Peters, PR-Berater

Betr.: Warum ich meinem Oberboss einen Tisch verweigerte

Mit drei Mann wuchtete ich den riesigen Konferenztisch aus dem Lastwagen: ein überdimensionales Schmuckstück aus Mahagoni, oval geformt, mit einer glatt polierten Oberfläche. Dieser Tisch wurde sehnsüchtig erwartet – von unserem Vorstandsvorsitzenden. Er hatte das Teil persönlich geordert, um seine Aufsichtsräte würdiger zu platzieren. Unser Problem: Die Aufsichtsrats-Sitzung begann in 1 ½ Stunden. Und das Teil musste mal eben in den zwölften Stock.

Mit verkrampften Gesichtern und in Tippelschritten schleppten wir den Riesentisch zu unserem großen Materialaufzug. Doch ein Schild an der Lifttür bremste uns aus: »Aufzug defekt!« Ich rief sofort die Hausmeisterei an, dort hieß es: »Der Schaden wird erst morgen repariert – heute bewegt sich der Lift keinen Zentimeter mehr.«

Die Assistentin des Vorstandsvorsitzenden war über diese Nachricht wenig erfreut:

»Der Chef will den Tisch aber haben!«, sagte sie.

»Dann brauchen wir einen Hubschrauber«, antwortete ich.

Am nächsten Tag funktionierte der Aufzug wieder. Wir schleppten den Tisch durch die Vorstandsetage. Die Assistentin empfing uns mit eisiger Miene: »Der Chef hatte gestern eine Riesenwut auf Sie!«

»Auf uns?«

»Ja – der große Fahrstuhl hat doch funktioniert! Die Aufsichtsräte haben ihn selbst benutzt.«

Ein Rückruf bei der Sicherheitsabteilung ergab: Der Materialaufzug war – neue Vorschrift! – aus Sicherheitsgründen für die Aufsichtsräte gesperrt worden. Das Schild »Aufzug defekt!« sollte Terroristen und vor allem stinknormale Mitarbeiter wie uns davon abhalten, die Vorstände mit ihrer Anwesenheit im Fahrstuhl zu behelligen.

Eine aufgetischte Lüge hatte die pünktliche Auslieferung des Tischs verhindert.

Björn Stein, Lagerist

Betr.: Wie unser Chefredakteur auf empathisch machte

Unser Chefredakteur war eine Katastrophe! Seine Entscheidungen fällte er immer im Alleingang. Nach Belieben stieß er Themen von der Titelseite, ließ Mitarbeiter-Gespräche ausfallen, und wenn er mal an einer Konferenz teilnahm, wurde es ein Monolog.

Sein dilettantischer Führungsstil führte zu Protesten bis zur Geschäftsleitung. Und die drückte ihm nun eine Strafarbeit aufs Auge: Jedes halbe Jahr sollte er ein mindestens einstündiges Mitarbeiter-Gespräch mit jedem seiner Redakteure führen.

Widerwillig ließ er sich darauf ein. Mein Mitarbeiter-Gespräch lief exakt so ab, wie es später auch Kollegen erlebten: Unser Boss hielt einen langen Monolog über seine schwierige Rolle als Chefredakteur, über das wegbrechende Anzeigengeschäft, über die politische Ausrichtung des Blattes und über seine größten Coups der letzten Jahre.

Dann – etwa 57 Minuten waren vergangen – blickte er erschreckt auf seine Uhr: »Mensch, jetzt habe ich die ganze Zeit selbst geredet. Dabei wollte ich doch hören, wie bei Ihnen die Lage ist. Also …«

Er kratzte sich am Kinn und suchte händeringend nach einer Frage – bis ihm schließlich die Idee kam: »Also, zu Ihnen: Wie fanden Sie eigentlich meinen letzten Leitartikel?«

Ich wusste nicht, ob ich lachen oder weinen sollte. Das kommt heraus, wenn die Falschen befördert und zu geheuchelter Empathie verdonnert werden.

Daniela Lang, Redakteurin

6. Elefant im Bewerbungszirkus:

Mein Interview mit Irren

In diesem Kapitel erfahren Sie …

- warum so viele Vorstellungsgespräche als Polizeiverhör ablaufen,
- warum Stellenausschreibungen grundsätzlich gelogen sind,
- warum Sie als bester Bewerber beste Chancen auf eine Absage haben
- und wie eine Führungskraft ihr Vorstellungsgespräch mit einer Sekretärin führen sollte.

Als Bettler im Vorstellungsgespräch

Stellen Sie sich vor, Ihr Vorstellungsgespräch beginnt in drei Minuten. Aber Sie? Stecken noch in einem Termin fest und verspäten sich um 20 Minuten. Dann huschen Sie ins Gespräch und murmeln: »Sorry, ich hatte noch eine wichtige Besprechung.« Mindert das Ihre Chancen?

Stellen Sie sich weiter vor, man hat Ihnen Unterlagen zur Vorbereitung des Vorstellungsgespräches geschickt, mehrere Dokumente. Aber Sie? Kennen keine Daten, keine Fakten, einfach nichts. Also starren Sie im Gespräch ungeniert auf die Tischplatte, dort liegen die Unterlagen als Spickzettel, und verzichten auf stetigen Augenkontakt. Mindert das Ihre Chancen?

Und nun werden Sie mitten im Vorstellungsgespräch von einem Anruf unterbrochen. Sie schielen aufs Display, murmeln »Ist wichtig« und verlassen den Raum. Nach fünf Minuten tauchen Sie wieder auf, als wäre nichts geschehen. Mindert das Ihre Chancen?

Gute Nachricht: All das schadet Ihnen kein bisschen – falls Sie das Gespräch *nicht* als Bewerber, sondern als Personalverantwortlicher führen. Dann sind Sie mit diesem Verhalten in guter Gesellschaft.

Manchmal frage ich mein Publikum bei Vorträgen: »Wer von Ihnen hat als pünktlicher Bewerber schon mal warten müssen auf sein Vorstellungsgespräch?« Etwa 90 Prozent der Hände schießen nach oben. »Wer hat länger als zehn Minuten warten müssen?« Etwa 60 Prozent. »Und wer länger als eine halbe Stunde?« Etwa ein Viertel.

Dass die Handys der Firmenvertreter im Vorstellungsgespräch eingeschaltet bleiben und Telefonate angenommen werden; dass Chefs zwischendurch den Raum verlassen, gähnen oder mit den Augen rollen; und dass niemand die Bewerbungsunterlagen studiert hat, weshalb sie jetzt alle Blicke anziehen: Das erleben Bewerber Tag für Tag.

Aber welche Maßstäbe legen Firmen an Bewerber? Viel strengere:

- Kommt ein Bewerber zu spät zum Vorstellungsgespräch, heißt es: »Wenn er nicht mal jetzt pünktlich ist, wie soll das erst im Alltag werden?« Durchgefallen!
- Weiß ein Bewerber nichts über die Firma, heißt es: »Der ist ja völlig unvorbereitet – den interessiert unsere Firma gar nicht.« Durchgefallen!
- Und würde ein Bewerber ein Handytelefonat annehmen und mal eben den Raum verlassen – das Gespräch wäre beendet.

Zwar reden die Firmen vom »Krieg um die Talente« und »Employer Branding«, doch statt um Bewerber zu werben, praktizieren sie das alte Bettler-kommt-zum-König-Spiel: Noch immer müssen Sie als Bewerber froh sein, wenn Sie auf Ihre Unterlagen überhaupt Antwort bekommen, vor allem zeitnah, also vor Ablauf des Jahrzehnts.

Viele Konzerne begrüßen Bewerber digital. Das Erste, was Sie von der Firma sehen, ist ein Standardformular – fürs Kennenlernen nicht gerade romantisch. Und wehe, Sie drücken beim Abschicken den falschen Button, dann kommt Ihre Sendung niemals an – was keinen großen Unterschied macht, denn auch sonst kann sie als Spam enden. Etliche Firmen sichten nur noch jenen kleinen Teil ihrer Online-Bewerbungen, der definierte Schlüsselwort-Kombinationen enthält.

Da Gnade vor Recht ergeht, lädt die Firma am Ende doch einige Bewerber zur Audienz ein. Das Vorsortieren kann schon mal vier Wochen dauern. Aber dann – hopp, hopp! – muss alles ganz rasch gehen. Oft erfährt der Bewerber am Montag, dass er am Freitag im Vorstellungsgespräch erwartet wird. Wie soll er so kurzfristig Urlaub bekommen, ohne dass der aktuelle Chef Verdacht schöpft?

Ein mittlerer Manager aus der Emissions-Branche musste seinen alten Arbeitgeber in 14 Tagen dreimal um je einen Urlaubstag bitten; sein Vorstellungsgespräch war mehrfach verschoben worden, aus »organisatorischen Gründen«. Übersetzt hieß das: »Alles andere ist uns wichtiger als das Vorstellungsgespräch mit dir!«

Wer dann beim Vorstellungsgespräch auftaucht, fühlt sich im Polizeiverhör. Es fehlt nur noch der grelle Scheinwerfer, der ins Gesicht leuchtet. Aber dieser Effekt lässt sich auch mit Fragen erzielen.

> Zwei Sorten von Fragen dominieren Vorstellungsgespräche: die dummen und die saudummen.

Der Klassiker einer dummen Frage ist (nicht) zufällig die häufigste Frage überhaupt: »Was sind Ihre Schwächen?« Dumm ist diese Frage aus drei Gründen:

1. Sie zielt auf die Schwächen eines Menschen. Aber Menschen werden eingestellt für das, was sie können – nie für das, was sie nicht können.

2. Diese Frage zwingt zum Lügen. Wer ehrlich antwortet – »Ich leide unter autoritärem Gehabe!« –, würde sich nackt machen.
3. Jeder Bewerber mit einem Hauch von Hirn hat die empfohlenen Antworten gelernt – vorgestanzte Fragen erzeugen vorgestanzte Antworten.

Saudumme Fragen, auch Stressfragen genannt, gehen noch einen Schritt weiter: Sie erzeugen Druck. Der Bewerber, Gast der Firma, wird mit dem Rücken an die Wand gepresst. Eine Bankkauffrau wurde gefragt: »Welches Tier wären Sie am liebsten?« Gern hätte sie dem Personalleiter geantwortet: »Dasselbe wie Sie – ein dummer Esel.« Aber sie sagte: »Ein Bär, der an der Börse die Kurse nach oben stemmt.« Die Antwort schien ihr platt und peinlich – doch der Personalleiter machte ein zufriedenes Gesicht.

Ein PR-Experte musste sich fragen lassen: »Wer auf dieser Welt hasst Sie am meisten?« Gern hätte er geantwortet: »Das wäre leicht zu beantworten, wenn ich anderen Menschen solche blöden Fragen stellen würde wie Sie – dann jede Menge Bewerber.«

Und ein Buchhalter sollte beantworten: »Welcher Fehler, der nicht wiedergutzumachen ist, ist Ihnen im Laufe Ihres Berufslebens passiert?« Am liebsten hätte er geantwortet: »Einen kann ich gerade noch vermeiden: bei Ihnen anzufangen!«

Beim Bewerben werden Sie nicht mit Respekt behandelt – Sie müssen sich von Hobbypsychologen und Möchtegern-Detektiven in die Mangel nehmen lassen, oft zwei Gespräche lang. Dann beginnt das Warten auf Godot. Mal dauert es zwei Wochen, bis die Firma sich meldet, mal sechs, mal zwölf. Und mal – auch das kommt vor – warten Sie bis zum Sankt-Nimmerleins-Tag.

Doch immer öfter fällt die Entscheidung schon am Tag des

Vorstellungsgespräches. Weil Bewerber, die schlecht behandelt wurden, von sich aus absagen. Nicht nur Firmen müssen sich für Bewerber entscheiden – sondern auch Bewerber für Firmen.

Und tschüs!

Der Durchdreh-Reim

Das Bewerben kann sich rächen:
Wir verhören – statt zu sprechen!

Ein Grabstein namens Stellenausschreibung

Der Bewerber war sprachlos, im wahrsten Sinne: Im Vorstellungsgespräch wechselten seine Gesprächspartner auf einmal ins Französische – dabei konnte er kein Wort Französisch und hatte das auch nie behauptet. In der Stellenausschreibung war nur von guten Englischkenntnissen die Rede gewesen.

Kein Spielchen, sondern ein Missverständnis: Die Gesprächsführer räumten ein, ihre Stellenausschreibung sei »leider nicht aktualisiert« worden. Fünf Jahre zuvor, als die Stelle zuletzt ausgeschrieben worden war, hatte der französischsprachige Markt noch keine Rolle gespielt. Und die Personalabteilung hatte getan, was Personalabteilungen immer tun: dieselbe Anzeige wiederholt.

Sogar Weltunternehmen sind sich nicht zu schade, ihre Stellenausschreibungen öffentlich zu recyceln. Der Wortlaut bleibt (fast) gleich, Ware aus dem Alte-Texte-Container. Die ganze Welt verändert sich rasend, nur die Jobanzeigen nicht. Stellenausschreibungen sollen ein klares Bild der Position vermitteln, die richtigen Bewerber anziehen und eine glückliche Arbeitsbeziehung anbahnen. Aber sie leiden an drei großen Mängeln:

1. Der Verfasser der Anzeige kennt die Stelle nicht aus eigener Erfahrung – wie soll er sie dann realistisch und aktuell ausschreiben? Fast nie beziehen die Firmen den aktuellen Inhaber der Position ein – warum nicht?
2. Der Phrasengehalt dieser Anzeigen ist so hoch wie der Wolkengehalt eines Regenhimmels. Statt ein lebendiges und realitätsnahes Bild von der Position zu zeichnen, türmen die Firmen blutleere Satzbausteine aufeinander.
3. Die Unternehmen stellen sich und die Position so positiv dar, dass nur noch ein Heiligenschein als Firmenlogo fehlt. Diese Verklärung zieht die falschen Bewerber an – der Realitätsschock ist nur eine Zeitfrage.

Was sich »Employer Branding« nennt, wird bis ins Absurde getrieben: Als »Marktführer« bezeichnen sich Firmen, deren Markt nicht größer als ein Bierdeckel ist; als »global agierend«, wer seine Werbekugelschreiber aus China bezieht, auch wenn das Kerngeschäft an der Stadtgrenze endet. Und einige Firmen, die sich »Rekordwachstum« nachsagen, können damit nur die Schulden oder die hauseigene Fluktuation meinen.

Image-Kosmetik erstreckt sich auch auf die Stellenbeschreibung: Das »aufgeschlossene und sympathische Team«, das sich angeblich auf Sie »freut«, kann zu einem Drittel aus Soziopathen bestehen.

Und natürlich wird Ihnen »ein hohes Maß an Gestaltungsspielraum« versprochen, auch wenn Sie später nicht mal einen Bleistift spitzen dürfen, ohne vorher Ihren Chef zu fragen. Doch bei den Anforderungen an Sie als Bewerber schlägt der säuselnde Ton plötzlich um und klingt nach Kreiswehr-Ersatzamt:

- »Wir erwarten von Ihnen …«
- »Wir setzen voraus …«
- »Unabdingbar ist …«

Wer so formuliert, betreibt Abschreckungspolitik: *Sei bloß nicht so frech, dich bei uns zu bewerben, wenn du nicht alle Voraussetzungen perfekt erfüllst!* Statt nach vorne zu schauen und sich zu fragen, welche Potenziale ein Mensch mitbringt, blicken die Firmen in den Rückspiegel: »Welche formalen Qualifikationen hat er in der Vergangenheit erworben?« Wer eine einzige »Voraussetzung« nicht erfüllt – etwa weil ihm das letzte Semester des Studiums fehlt –, soll erst gar nicht ins Bewerbungsrennen einsteigen.

Aber klagen die Firmen nicht dauernd über »Fachkräftemangel«? Und ist ihnen nicht klar, dass ihnen durch diese schablonenhaften Anforderungen interessante Kandidaten durch die Maschen gehen? Drei Beispiele:

- Der junge Bill Gates, mit abgebrochenem Jura-Studium, hätte heute keine Chance, bei einem IT-Konzern als Programmierer anzuheuern.
- Der junge Marcel Reich-Ranicki, gänzlich ohne Studium, bekäme heute nicht mal mehr ein Volontariat, geschweige denn eine Stelle als Literaturkritiker.

- Und der junge Martin Schulz, trockener Alkoholiker ohne Abitur, dürfte beim Europaparlament wohl nicht mal als stellvertretender Praktikant anfangen.

Sehr beliebt sind Anforderungen, die sich gegenseitig ausschließen:

- Der Bewerber soll »jung und dynamisch« wie Mark Zuckerberg am Gründungstag von »Facebook« sein, aber zugleich erfahren und lebensklug wie Gandhi auf dem Sterbebett.
- Er soll über die »hohe soziale Kompetenz« von Mutter Teresa verfügen, aber zugleich die »überdurchschnittliche Durchsetzungsfähigkeit« eines Panzerwagens mitbringen.
- Er soll »exzellente Abschlüsse« vorweisen, also einen Hang zum Theoretischen haben, aber zugleich »kundenaffin« und »praxisnah« wie ein Haustür-Vertreter sein.
- Und natürlich soll er (fast) alles können – aber (fast) nichts kosten.

Firmen täten gut daran, das Arsenal ihrer Anforderungen abzurüsten. Persönlichkeit und Potenzial sind bei der Personalauswahl entscheidend, nicht Formalismen. Und – kleiner Tipp! – Anzeigen können sogar freundlich und einladend formuliert sein:

- »Mit einem abgeschlossenen Studium sind Sie uns umso willkommener.«
- »Mit langjähriger Praxiserfahrung begeistern Sie uns.«
- »Mit einer fachnahen Expertise steigern Sie unser Interesse noch.«

Plötzlich ist Augenhöhe hergestellt: Hier wirbt jemand um qualifizierte Bewerber, statt ihnen Anforderungen um die Ohren zu hauen.

Warum braucht es mehr Realismus in Stellenausschreibungen? Weil die Anzeige die Tonlage des Bewerbungsverfahrens vorgibt. Wenn Firmen sich übertrieben positiv darstellen, tun Bewerber dasselbe. Wenn Firmen unrealistische Anforderungen stellen, täuschen Bewerber vor, genau diese Anforderungen zu erfüllen. Dann gerät das Bewerbungsverfahren zum rosaroten Verfärbungsverfahren.

Wenn das erste Date mit einer großen Lüge beginnt, muss die Beziehung schiefgehen: Über ein Drittel aller Stellen in Deutschland werden falsch besetzt – Pech für die Firmen. Und mehr als die Hälfte der Befragten fühlt sich laut einer Monster-Studie beruflich am falschen Platz – Pech für die Beschäftigten.[91] Es findet sich, was sich nicht sucht.

Der Durchdreh-Reim

Ganz wie Dichter die Novellen
dichten Firmen ihre Stellen.

Der kleine Übersetzer: Stellenausschreibung – Deutsch

Die zwei größten Rätsel der Menschheitsgeschichte: Wie kam es zum Urknall? Und was meinen Firmen in Stellenausschreibungen wirklich? Diese Fragen passen sogar zusammen, denn die Stellenausschreibung darf als Urknall eines Arbeitsverhältnisses gelten.

Aber was hat es zu heißen, wenn eine Firma die Position »zum nächstmöglichen Zeitpunkt« besetzen will? Oder wenn »eine Persönlichkeit mit Durchsetzungsvermögen« gefragt ist?

Solche rätselhaften Formulierungen lassen sich entschlüsseln. Meine kleine Übersetzungshilfe macht Sie schlauer (ich übertreibe etwas, aber die Tendenz stimmt):

1. Zum nächstmöglichen Zeitpunkt suchen wir …

Will heißen: Glauben Sie bloß nicht, dass wir Sie einarbeiten. Wir stecken bis zum Hals in Arbeit, es pressiert! Vielleicht ist der letzte Stelleninhaber von seiner Arbeit so tief verschüttet worden, dass ihn kein Lawinenhund mehr findet. Oder er ist, um genau das zu verhindern, gegangen (worden). Oder wir haben übersehen, dass dort, wo seit Jahren eine Arbeitslawine aufläuft, offenbar ein Arbeitsplatz nötig ist. Also: Legen Sie los – schaufeln Sie weg, was über Jahre liegengeblieben ist.

Und eine Bitte noch: Nehmen Sie sich an den ersten Wochenenden nach Ihrem Eintritt bei uns nichts Privates vor – vielen Dank!

2. Sie verstärken unser junges, dynamisches Team.

Will heißen: Aufgepasst, ihr alten Knacker von über 35! Wir haben nicht vor, hier einen Rentnerverein zu gründen. Auch auf die Gefahr hin, dass ihr mit eurem Zahnersatz knirscht: Seht bitte von Bewerbungen ab! Was gegen ältere Arbeitnehmer spricht? Die zu hohe Zahl – auf dem Gehaltszettel. Wir lieben's jung, denn wir brauchen das Geld.

Und eine Bitte noch: Sehen Sie davon ab, das Alter von uns Managern nachzurechnen. Bei uns sind hohe Ziffern erlaubt. Auch beim Gehalt.

3. Sie beweisen ein hohes Maß an Flexibilität.

Will heißen: Machen Sie Ihr eigenes Schlafzimmer dicht. Entweder wir scheuchen Sie rund um den Globus, von Standort zu Standort. Oder wir überraschen Sie am Firmensitz so oft mit Sonderaufgaben, Riesenprojekten und Überstunden, dass der Feierabend für Sie keine ernsthafte Option mehr ist. Jedenfalls nicht vor 22 Uhr.

Und eine Bitte noch: Falls Sie über Homeoffice, Teilzeit oder Jobsharing nachdenken, erwarten Sie von uns alles Mögliche – nur keine Flexibilität.

4. Wir erwarten eine Persönlichkeit mit Durchsetzungsvermögen.

Will heißen: Wenn Sie glauben, bei uns kracht es in jeder zweiten Sitzung, ist das definitiv falsch. Es kracht in *jeder* Sitzung. Wir suchen jemanden, der die Menschen von Dingen überzeugt, die wenig überzeugend sind. Etwa unseren Positionen als Geschäftsleitung. Dazu braucht es keine Peitsche – das geht auch mit Ellenbogen. Oder mit einer Stimme, die beim Brüllen 500 Dezibel erreicht.

Und eine Bitte noch: Kommen Sie nie auf die Idee, sich auch gegenüber uns durchsetzen zu wollen, etwa in Gehaltsverhandlungen. Dann bitte kuschen!

5. Wir zahlen ein leistungsabhängiges Gehalt.

Will heißen: Erwarten Sie nicht, dass Ihr Grundgehalt allzu weit über die Grundsicherung hinausgeht. Die Möhren, die wir Ihnen vor die Nase halten, heißen Prämie, Bonus und Provision. Damit verlagern wir das unternehmerische Risiko auf Sie und belassen die Chancen bei uns; das nennt man »faire Chancenteilung«.

Und eine Bitte noch: Versuchen Sie nie, Ihr Prämienziel so zu definieren, dass es auch erreichbar ist – wir legen noch eine Schippe drauf.

6. Bei gleicher Eignung erhalten Schwerbehinderte den Vorzug.

Will heißen: Glaubt ihr sozialromantischen Träumer denn wirklich, uns fiele nichts ein, um eine gleiche Eignung zu bestreiten? Wir haben hier schon mit der größtmöglichen Behinderung zu kämpfen, also Mitarbeitern, da wollen wir uns keine zusätzlichen Handycaps einfangen. Unser Gebäude wäre zwar rollstuhlgerecht. Aber sonst ist bei uns nichts gerecht. Wir werden für Gewinn bezahlt, nicht für Sozialarbeit.

Und eine Bitte noch: Sparen Sie sich eine Klage nach dem Allgemeinen Gleichbehandlungsgesetz. Wir tragen bei der Personalauswahl grundsätzlich Handschuhe, arbeiten also spurlos.

7. Sie zeichnen sich durch unternehmerisches Denken aus.

Will heißen: Wir erwarten von Ihnen, dass Sie ranklotzen wie ein Unternehmer, mitdenken wie ein Unternehmer, entscheiden wie ein Unternehmer, auftreten wie ein Unternehmer, vorausschauen wie ein Unternehmer – aber natürlich verdienen wie ein ganz einfacher Angestellter. Verändern dürfen Sie alles Mögliche, nur nicht das, was wir »immer schon so machen«. Und wir machen fast alles »immer schon so«.

Und eine Bitte noch: Nutzen Sie Ihre unternehmerische Entscheidungsfreiheit dort, wo sie tatsächlich gefragt ist. Die Mittagskarte in unserer Kantine bietet eine breite Auswahl.

Der Durchdreh-Reim

Gerede um den heißen Brei:
Wer ausschreibt, ist nicht schwindelfrei.

Wahrer Irrsinn

Betr.: Warum mein Vorstellungsgespräch ausfiel
Für ein Vorstellungsgespräch war ich von Hannover nach München gereist, es ging um eine leitende Funktion. Pünktlich um 14.30 Uhr stand ich auf der Matte. Die Sekretärin, eine junge Blondine, platzierte mich auf einem Besucherstuhl im Vorzimmer. Mein Gesprächspartner, der Geschäftsführer, sei noch am Telefonieren.

Kurz darauf öffnete sich die Tür, der Geschäftsführer schüttelte meine Hand und sagte: »Tut mir leid, ich muss schnell eine Sache klären. Ich bin gleich wieder hier.« Nervös blieb ich im Vorzimmer zurück. Es wurde 14.40 Uhr, 14.50 Uhr, 15.00 Uhr. Vorsichtig sprach ich die Sekretärin an: »Mein Rückflug geht um 18 Uhr. Ich muss spätestens um 16.30 Uhr aufbrechen.«

Sie rief den Geschäftsführer an und sprach ihm auf die Mailbox. Erst um 15.30 Uhr, als noch eine Stunde blieb, rief er zurück. »Ja, die ist noch da«, sagte die Sekretärin und fragte mich: »Können Sie eine Stunde später fliegen?« Ich verneinte, sie gab es weiter, lauschte und verzog ihr Gesicht: »Aber ich hab das noch nie gemacht – ist das Ihr Ernst?«

Sichtbar verlegen teilte sie mir mit, sie selbst sollte das Gespräch anstelle ihres Chefs führen. Aber als leitende Angestellte hatte ich keine Lust, mich von einer unvorbereiteten Jungsekretärin interviewen zu lassen. Höflich verabschiedete ich mich.

Später reichte ich meine Flugtickets als Spesenbelege ein. Als Antwort kam: »Leider können wir die Erstattung nicht übernehmen – Sie haben ein angebotenes Gespräch verweigert.«

Doris Berger, Führungskraft im Großhandel

Betr.: Wie ich nach 1 ½ Jahren zum Vorstellungsgespräch eingeladen wurde

Vor 1 ½ Jahren war ich mehrere Monate arbeitslos und habe mich bei 75 Firmen beworben. Ich bekam 60 Absagen, vier

Einladungen zum Vorstellungsgespräch, und elf Firmen reagierten nicht auf meine Bewerbung. Am Ende fand ich einen Job.

Darum staunte ich, als mich kürzlich eine Mail mit der Betreffzeile »Einladung zum Vorstellungsgespräch« erreichte. Eine der Firmen, die sich nicht gerührt hatten, wollte mich jetzt persönlich kennenlernen. Warum die Antwort 18 Monate gedauert hatte, wurde mir nicht erklärt.

Da ich ein gewissenhafter Mensch bin, rief ich an, um abzusagen. Die Personalerin war spürbar genervt. Noch ehe ich den Sachverhalt erläutert hatte, kläffte sie: »Ich vermute mal, Sie haben sich vor einer Ewigkeit bei uns beworben und eine Einladung zum Vorstellungsgespräch bekommen. So ging es ein paar hundert Bewerbern; wir hatten hier eine Systempanne.«

Das hätte ich mir denken können: Nur eine Panne hatte mir doch noch zu einer Antwort verholfen.

»Ich wollte das Gespräch absagen«, sagte ich.

»Nicht nötig«, meinte sie, »im Lauf des morgigen Tages nehmen wir die Einladung zurück.«

Es wurde wieder eine Absage nach Art des Hauses: Ich wartete vergeblich darauf. Aber bestimmt kommt sie noch – fragen Sie mich in 18 Monaten!

Karl Schäfer, Maschineneinrichter

Betr.: Wie ich einen Bleistift verkaufen sollte

»Verkaufen Sie mir diesen Bleistift!« So eröffnete die Vertriebsleiterin eines Autoverleihers mein Vorstellungsgespräch. Ich war völlig überrascht, fing mich aber schnell: »Wozu könnten Sie einen Bleistift gebrauchen?«

»Ich brauche ihn gar nicht.« Ihre blauen Augen durchbohrten mich mit vereisten Blicken. Vielleicht hätte ich vor dem Gespräch noch eine Flasche Frostschutz trinken sollen.

»Wozu haben Sie in der Vergangenheit schon Bleistifte gebraucht?«

»Gar nicht«, zischte sie, »ich benutze Kugelschreiber.«

Im normalen Verkaufsgespräch wäre ich jetzt auf Kugelschreiber umgeschwenkt. Aber dies war ja eine Theaterbühne, also versuchte ich es um die Ecke: »Haben Sie sich mit einem Kugelschreiber schon mal verschrieben und dann geärgert, dass Sie von vorne anfangen mussten?«

»Noch nie«, knurrte sie genervt. »Meine erste Fassung sitzt immer.«

»Mal angenommen Sie hätten keinen Kugelschreiber zur Hand – inwiefern könnte ein Bleistift dann eine Alternative sein?«

»Ich habe immer Kugelschreiber zur Hand.« Ihr Blick war noch ein paar Grad kühler geworden. Ich sehnte mich nach Frostschutz.

Verdammt, wie sollte ich ihr einen Bleistift verkaufen, wenn sie jeden Bedarf abstritt?

Da kam mir eine Idee: »Welcher Ihrer Kollegen verwendet Bleistifte?« Wenn sie erst über die Vorteile nachdachte, die andere mit Bleistiften hatten, würden ihr auch eigene einfallen.

»Keiner«, antwortete sie und ließ mich frösteln.

»Was müsste ich Ihnen anbieten, damit ein Bleistift doch interessant für Sie wäre?«

Unwirsch rief sie: »Das kann *ich* doch nicht wissen – Sie sind der Verkäufer!«

Damit war das Rollenspiel beendet. »Sie hätten den Bleistift viel mehr anpreisen müssen!«, warf sie mir vor.

»Ich habe auf Ihre Bedürfnisse als Kundin gehört: Sie wollten keinen Bleistift.«

»Denken Sie immer so negativ?«, fragte sie.

Das restliche Gespräch war nur noch Formsache. Eine idiotische erste Frage, gefolgt von einem völlig unrealistischen Rollenspiel, hatte mir in zwei Minuten meine Chancen verhagelt. Die Absage kam noch in derselben Woche.

Vielleicht gut so, denn bei einer solchen Chefin hätte ich ein neues Lieblingsgetränk gebraucht: Frostschutz.

Rüdiger Fuchs, Key-Account-Betreuer

Das Ende der Märchenstunde

»Sagen Sie den Bewerbern im Vorstellungsgespräch radikal die Wahrheit«, rief ich von der Bühne in den Saal, wo 250 Führungskräfte lauschten. »Reden Sie Ihre Firma nicht schön. Diese Lügen brechen schon am ersten Arbeitstag zusammen. Dann erfährt der neue Mitarbeiter die ganze Wahrheit, und Sie stehen als Lügner da.«

Eine Frau in der ersten Reihe, etwa 40 Jahre alt, mit Blazer und Perlenkette, schüttelte schon seit einiger Zeit den Kopf. Jetzt rief sie dazwischen: »Ich finde Ihren Vortrag weltfremd! Soll ich denn jedem Bewerber auf die Nase binden, dass in einer Abteilung gerade Chaos herrscht? Oder dass der Vorgänger unter Flüchen vor drei Wochen gekündigt hat?«

»Genau das sollen Sie«, erwiderte ich ruhig. »Stellen Sie die Probleme etwas größer dar, als sie es tatsächlich sind!« Ein Raunen lief durch den Raum. Einige der Führungskräfte schnappten hörbar nach Luft.

Die Frau setzte ein ironisches Grinsen auf. »Ich soll die besten Kandidaten vor den Kopf stoßen und in die Arme meiner Wettbewerber treiben?«

»Was ist die Alternative?«, fragte ich. »Nach wenigen Tagen in der Firma werden Neue ohnehin die ganze Wahrheit erfahren.«

»Aber dann ist der Vertrag schon unterschrieben«, rief die Frau mit der Perlenkette triumphierend.

»Das heißt, Sie haben den Bewerber in die Falle gelockt. Aber was tut jemand, der sich in einer Falle fühlt? Er strampelt sich frei – und ist bald weg.«

Ihre Finger spielten verlegen mit der Perlenkette. »Ich werde nie verhindern können, dass Mitarbeiter meine Firma wieder verlassen – egal, wie ehrlich ich bin.«

»Aber Sie können verhindern, dass neue Mitarbeiter sich reingelegt fühlen – und dass sie von Problemen überrascht werden, statt sich darauf einzustellen.«

Ich baute einen Vergleich in meine Rede ein: Was wäre von einem Reisebüro zu halten, das einen »Strandurlaub in einem

Sonnenland« verkauft, die Leute aber in eine bergige Region mit Dauerregen schickt? Es gäbe drei Probleme:

- Es würden die falschen Urlauber angelockt: nicht Bergwanderer, sondern meeresliebende Sonnenanbeter. Wie würde sich das wohl auf die Abbruch- und Stornierungsquote auswirken?
- Die Erwartungen würden völlig enttäuscht. Wer sich auf Sonne und Strand einstellt, dem wird die schönste Berglandschaft nicht mehr gefallen. Er fühlt sich übers Ohr gehauen.
- Die Urlauber wären schlecht vorbereitet. Sie hätten Badezeug im Gepäck – keine Wanderschuhe, kein Regenzeug.

Ein solches Reisebüro wäre ganz schnell pleite. Warum glauben Firmen dann, sie könnten so agieren? Wer zum Beispiel eine Aufgabe mit viel Verantwortung und Entscheidungsspielraum verspricht, lockt unternehmerische Typen an. Und die sind völlig enttäuscht, wenn sie im Alltag nur Vorgaben umsetzen müssen. Eben Strandurlauber in den Bergen.

Angenommen ein Unternehmen schriebe: »In dieser Position müssen Sie wenig entscheiden und haben enge Vorgaben, die präzise umzusetzen sind.« Wer würde sich dann bewerben? Menschen, die gern enge Vorgaben umsetzen. Dann kämen Bergurlauber in die Berge. Wo läge der Schaden?

> Wer im Vorstellungsgespräch vermittelt, eine Position sei ein einziges Zuckerschlecken, lockt die Zuckerschlecker an!

Sobald die später auf Probleme stoßen, ist Schluss mit lustig. Aber stellen Sie sich vor, ein Fachchef würde im Vorstellungsgespräch offen zu Ihnen sagen:

»Es ist mir wichtig, dass Sie genau wissen, worauf Sie sich bei uns einlassen. Darum will ich zunächst die Schwierigkeiten ansprechen. Unsere Firma hat eine Fusion hinter sich, das ist erst vier Monate her, noch sind etliche Dinge unklar. Zum Beispiel hatte Ihr Vorgänger öfter Reibungen mit der Nachbarabteilung, weil (...) Zum anderen ist die Position seit drei Monaten unbesetzt – da ist viel Arbeit aufgelaufen, und Sie werden die Ärmel hochkrempeln müssen. Und: Wir sitzen noch mit 15 Personen in einem zu engen Großraumbüro – das wird sich ändern, aber erst zum Jahresende. Überlegen Sie einmal, ob Sie damit umgehen könnten? Wenn ja, werde ich Ihnen gleich erzählen, was spannend an der Position ist.«

Wäre ein solcher Gesprächsführer »naiv und weltfremd«? Würde er Sie in die Flucht scheuchen? Ich vermute eher: So viel Ehrlichkeit würde Sie beeindrucken. Und ich wette, in einem solchen Klima fiele es Ihnen leichter, echt und natürlich zu sein – und auch zu den kleinen Schwächen Ihrer Vita zu stehen.

In diesem Punkt bin ich ganz sicher: Eine Firma, die gegenüber Bewerbern radikal ehrlich ist,

- fördert ihr Image – denn Ehrlichkeit ist auf dem Feld der Bewerbung eine verdammt seltene Pflanze;
- gewinnt Bewerber, die länger bleiben und sich von Schwierigkeiten nicht ins Boxhorn jagen lassen – eben weil sie schon damit rechnen;
- erfährt deutlich mehr über die Bewerber, weil ein Klima der Offenheit die Menschen öffnet
- und kann kleine Schwächen in einer Bewerber-Vita toleranter und klüger nehmen – da sie sich selbst an die eigenen Schwächen erinnert.

Messen Sie Firmen nie daran, was sie Ihnen beim Bewerben versprechen – sondern immer daran, was sie später im Alltag halten.

Der Durchdreh-Reim

Bewerbern winkt ein Wohlfühl-Staat,
den keiner je gesehen hat.

Absage mit Holzhammer

Was passiert, wenn sich 120 Menschen um eine Position bewerben – und Sie gehen als Zweitbester aus dem Verfahren hervor? Bekommen Sie feierlich die Silbermedaille verliehen? Wird das Unternehmen alles tun, Sie für eine andere Position zu gewinnen? Nein, Ihnen flattert eine Standard-Absage ins Haus. Keine positive Rückmeldung, keine Ermutigung, nichts. Man wird Ihnen sogar verschweigen, dass Sie fast gesiegt hätten.

Und falls der Sieger seine Probezeit vermasselt? Dann stoßen einige Firmen lieber das komplette Bewerbungsverfahren neu an, als sich mit der vermeintlichen zweiten oder gar dritten Wahl zu begnügen – obwohl ihre »erste Wahl« gerade enthüllt hat, wie treffsicher ihre Einschätzung ist.

Niemand sagt Ihnen, woran Sie gescheitert sind. Niemand sagt Ihnen, ob Sie sich in Zukunft noch einmal bewerben sollten. Mit einer Standard-Absage, die Bedauern heuchelt, aber »verschone uns!« meint, werden Sie abgespeist.

Firmen schalten teure Imageanzeigen, um alle Welt von ihrer

Pracht und Herrlichkeit zu überzeugen. Aber in Bewerbungsverfahren werden sie zu Kamikaze-Fliegern und zertrümmern ihr eigenes Image. Was für eine miese Quote:

> Aus 120 Bewerbern, die als potenzielle Fans der Firma antreten, werden 119 potenzielle Feinde gemacht.

Eine Absage nach einem Vorstellungsgespräch ist keine Kleinigkeit. Nicht ausgeschlossen, dass sie das künftige Leben beeinträchtigt. Eine Studie an 750 Oscar-nominierten Schauspielern fand heraus: Wer eine Absage bekam, starb vier Jahre früher als die Gewinner.[92] Wir alle ziehen Kraft aus Erfolgen und wollen mit Würde behandelt werden. Aber im Bewerbungsverfahren endet der zweite Sieger als erster Verlierer.

Bewerber hassen es, einen Korb zu bekommen. Oft zermartern sie sich noch jahrelang das Gehirn, woran es gelegen hat. Es fühlt sich wie ein Trauma an: Da hat jemand auf eine Zielscheibe geschossen – aber erfährt nie, ob er das Schwarze (fast) getroffen oder die Scheibe komplett verfehlt hat.

Ich fordere die Unternehmen auf, ihre Absagen nicht länger wie kalte Lappen ins Gesicht der Bewerber zu klatschen, sondern den Kandidaten der engeren Auswahl per Telefon eine ehrliche Rückmeldung zu geben: Womit haben sie gepunktet? Was kam gut an? Und was brauchen sie noch, damit es beim nächsten Mal klappt? Damit tun sie nicht nur den Bewerbern einen Gefallen, sondern machen sich als Arbeitgeber attraktiver.

Ich höre schon den Aufschrei der Verantwortlichen: »Geht nicht – sonst setzen wir uns in die Nesseln, es gibt ja das Allgemeine Gleichbehandlungsgesetz.« Ich bin sicher: Wer Bewerber gleich behandelt, also etwa keine junge Frau aussortiert, weil junge Frauen zufällig schwanger werden können, der braucht dieses Gesetz nicht zu fürchten. Falls jedoch beim Auswahlverfahren gemauschelt wird, ist nicht das Gesetz das Problem – sondern die Mauschelei.

Keine Zeit für Rückmeldungen? Aber wie kann Firmen die Zeit für ein kurzes Telefonat fehlen, während sich die Bewerber womöglich Urlaub genommen haben und zum Vorstellungsgespräch (weit) angereist sind?

Die Zeit wäre gut investiert. Da hat eine Firma mit einem langen Verfahren die besten Kandidaten identifiziert. Gut möglich, dass man Mitarbeiter dieser Qualität künftig noch gebrauchen kann. Ein wertschätzendes Rückmeldungsgespräch wäre der beste Anknüpfungspunkt.

Firmen geben viel Geld aus für Werbung, Imagekampagnen, Messeauftritte und Programme zur Personalentwicklung. Aber die beste Werbung, die ein Arbeitgeber für sich machen kann, ist diese: ein guter Arbeitgeber *zu sein,* auch gegenüber Bewerbern. Das, liebe Firmen, spricht sich in Zeiten des Internets zuverlässig unter Arbeitnehmern herum – von allein, ohne Werbemillionen.

Ein guter Arbeitgeber wertschätzt Menschen. Jeder Bewerber hat Gastfreundschaft verdient. Eine Absage kann beides sein: schallende Ohrfeige oder verbindlicher Handschlag. Was fühlt sich besser an?

Der Durchdreh-Reim

Anderes Wort für »zuschlagen«?
Ohne Gründe absagen!

Fiese Fehlgriffe: Darum werden die Besten nie eingestellt

»Ich habe ideal zur Stelle gepasst – und dennoch eine Absage bekommen!« Ist es Ihnen beim Bewerben schon mal so ergangen? Und fragen Sie sich nach den Gründen? Warum liegt die Erfolgsquote der konventionellen Personalauswahl laut Studien kaum über der Zufallsgrenze?[93] Hier ein Überblick der zehn häufigsten Fehler, die Bewerber durchdrehen lassen:

1. Die Stöpsel-Falle

Was steht bei der Personalauswahl im Mittelpunkt? Ein Loch, das gestopft werden soll: die offene Stelle. Das reduziert Sie zum Stöpsel! Ihre Qualifikation soll zentimetergenau zum Loch passen. Aber was, wenn es sich mit der Zeit verändert?

Positionen wandeln sich, doch Mitarbeiter bleiben. Moderne Personalauswahl sucht Stellen für Menschen statt umgekehrt. Die richtige Frage ist nicht: »Passt der Bewerber zur aktuellen Position?«, sondern: »Ist er eine Persönlichkeit, die zu uns passt und sich auf ein verändertes Stellenprofil einstellen kann?«. Der Stanford-Professor Robert Sutton rät sogar: »Stellen Sie Leute ein, die Sie eigentlich nicht brauchen.«[94]

Die Lernfähigkeit, die soziale Kompetenz und die Werte eines Bewerbers sind auf längere Sicht viel wichtiger als seine aktuelle Qualifikation.

2. Der Schablonen-Irrtum

Käme jemand auf die Idee, einen blonden Bewerber vorzuziehen, nur weil der letzte Inhaber der Stelle blond war? Sicher nicht. Doch zuletzt habe ich verfolgt, wie ein Geschäftsleiter unbedingt einen jungen, extrovertierten Volkswirt als Assistenten haben wollte – nur weil der Vorgänger ein junger, extrovertierter Volkswirt war. Frauen kamen erst gar nicht in Frage, Introvertierte auch nicht – obwohl stille Menschen über große Qualitäten verfügen können.[95]

Firmen kleben oft an willkürlichen Vorgänger-Profilen fest. Und dann bleibt von hundert Bewerbern nur einer übrig: jung, extrovertiert, männlich – und womöglich inkompetent.

3. Das falsche Zeugnis

Mal angenommen Sie sollten neue Formel-1-Nachwuchspiloten einstellen. Würden Sie nur die Bewerber mit den besten Zeugnissen einladen? Wohl kaum, denn Schulnoten sagen nichts übers Autofahren aus. Aber was sagen (Hoch-)Schulnoten darüber aus, ob jemand gut ist als Verkäufer oder Tischlerin? Nichts!

Ich kenne Dutzende Menschen, die im Beruf erstklassig, aber in der Schule gescheitert sind – und umgekehrt. Wer beurteilen will, ob jemand als Verkäufer taugt, muss ihn verkaufen sehen. Noten werden völlig überschätzt. Die besten Bewerber sind oft Praktiker mit mäßigen Zeugnissen – und werden aussortiert. Note 6 für diese Personalauswahl!

4. Müller sucht Müllerchen

Stellen Sie sich vor, ein Fußballtrainer war früher Torwart. Und jetzt stellt er grundsätzlich nur Torhüter ein. Keine Abwehrspieler, keine Stürmer: nur Torhüter. Viele Chefs heuern nach Ähnlichkeit an: Der akribische Vorgesetzte zieht detailverliebte Mitarbeiter vor, der eloquente Chef wortgewandte, das Arbeitstier Workaholics.

Das Gegenteil wäre richtig: Der detailverliebte Chef braucht als Ergänzung Mitarbeiter mit Überblick, der eloquente gute Zuhörer, der Workaholic ausgeglichene. Die Idee des Teams ist ja, dass *unterschiedliche* Typen sich ergänzen. Eine Mannschaft aus elf Torhütern *muss* verlieren.

5. Fragwürdige Interpretationen

Der Inhaber eines kleinen Unternehmens lässt Bewerber zehn Minuten warten – während er sich zum Firmenparkplatz schleicht und ihr Auto unter die Lupe nimmt. Wirkt es ungepflegt, ist der Bewerber durchgefallen, denn er meint: »Das Innere des Autos offenbart das Innere des Menschen.«[96]

Aber was, wenn der ordentliche Bewerber im Auto seines chaotischen Vaters angereist ist?

Ebenso unseriös sind Firmen, die Ihren Lebenslauf als Kristallkugel nutzen: Wenn Sie zuletzt öfter mal die Firma gewechselt haben, gelten Sie als wechselhafter Typ, der bald wieder abhauen würde. Aber genauso gut könnte man sagen: Wer sich öfter mal geirrt hat, ist bei der Wahl des neuen Arbeitsplatzes umso sorgfältiger.

Interpretationen sind Spekulationen. Und man weiß ja, wie Spekulationsgeschäfte enden können – mit herben Verlusten.

6. Primacy-Effekt

Die meisten Vorstellungsgespräche sind nach wenigen Minuten entschieden. Der erste Eindruck, der Primacy-Effekt, stellt die Weichen im Kopf der Personalentscheider – danach nehmen sie nur noch wahr, was dieser Tendenz entspricht; alles andere wird übersehen.[97]

So war ich Zeuge, wie ein sehr attraktiver und sportlicher Kandidat im Maßanzug den Raum wie eine Bühne betrat, strahlend die Hände schüttelte und beim Smalltalk preisverdächtig plauderte. Die Personalentscheider waren von ihm so begeistert, dass sie kaum kritische Fragen stellten. Der Mann wurde eingestellt. Später stellte sich heraus: Außer Händeschütteln, Strahlen und preisverdächtig Smalltalken konnte er nichts.

Wer dagegen nicht wie ein Model aussieht, reserviert ist beim Smalltalk und bei der Begrüßung gar Nervosität zeigt, kann blitzschnell in der Versager-Schublade landen – zu Unrecht.

7. Die Pseudo-Wissenschaft

Ein gelernter Autolackierer zeigt Firmen, wie man Personal richtig auswählt: Dirk Schneemann.[98] Als Kunden nennt er renommierte Unternehmen wie Daimler, Kraft Food und Thyssen Krupp. Die Psycho-Physiognomik, sprich Schädeldeuterei, ist seine Methode.

Angeblich lässt sich ein Bewerber auf den ersten Blick durchschauen – je nach Kopfform. Zum Beispiel sei der Ehrgeiz »bei Menschen mit gerade sitzenden Ohren nur wenig ausgeprägt«.[99] Dafür gelten Menschen mit buschigen Augenbrauen als »begeisterungsfähig bis verwegen, bisweilen aber auch ängstlich und unversöhnlich«.

Der Inhalt des Kopfes, sprich das Gehirn, spielt bei einer solchen Personalauswahl offenbar keine Rolle – vor allem auf Seiten der Entscheider.

8. Der Halo-Effekt

Mein Klient schien schwer vermittelbar. Sein Lebenslauf verlief im Zickzack, seine Arbeitszeugnisse fielen kühl aus. Aber als Student hatte er vor vielen Jahren ein begehrtes Stipendium ergattert. Und schon bald lagen ihm zwei neue Jobangebote vor.

Ein klassischer Halo-Effekt: Eine Tatsache oder Eigenschaft strahlt so hell, dass alles daneben überblendet oder verzerrt wird. Die Firmen gingen davon aus, der »Mann mit Stipendium« müsse seinen Aufgaben im Beruf gewachsen sein. Dabei übersah man, dass sich eine Spur des Scheiterns durch seine Vita zog.

Leider funktioniert dieser Effekt auch umgekehrt: Ein türkischer Name mindert die Chancen einer Bewerbung um bis zu 43 Prozent – auch wenn der Bewerber deutscher Staatsbürger ist, Deutsch als Muttersprache angibt und gute Noten vorweist.[100] Je kleiner die Firma, desto größer die Diskriminierung.

9. Jugendwahn lässt grüßen

Viele Bewerber leiden unter einem Makel, den Firmen kaum verzeihen: Sie sind über 50 Jahre alt. Aus rätselhaften Gründen werden ältere Mitarbeiter nicht für Erfahrung und Reife geschätzt – sondern als überbezahlte Senioren betrachtet. Die Absage erfolgt aus Reflex: Wer sich als 55- bis 59-Jähriger aus einer Arbeitslosigkeit bewirbt, hat nur halb so hohe Chancen wie der Schnitt aller Arbeitslosen – zwischen 60 und 64 sinken die Chancen gar auf ein Drittel.[101]

10. Auf Nummer sicher!

Viele Personalentscheider wollen nur eines: Fehler vermeiden. Also suchen sie nicht nach der besten, sondern nach der (vermeintlich) sichersten Lösung. Wer als Bewerber nur einen

Zentimeter von der Norm abweicht, gilt als Zeitbombe. Dieses Sicherheitsdenken lässt Firmen zurückschrecken vor bunten Lebensläufen, vor Quereinsteigern und Arbeitslosen, vor Ausländern und Führungsfrauen. Dabei geht Innovation oft von Menschen aus, die anders sind: eigenwilliger, kreativer, unkonventioneller.

Eine Personalauswahl, die Sicherheit vor Exzellenz stellt, grenzt die besten Köpfe aus.

Der Durchdreh-Reim

Wer einstellt ohne Risiko,
nimmt Mittelmaß – statt Top-Niveau.

Wahrer Irrsinn

Betr.: Wie mich ein Schokoladenherz den Job kostete
Die beste Freundin meiner Schwester hatte mir ein Vorstellungsgespräch bei ihrem Arbeitgeber vermittelt, einem Betrieb im Gesundheitswesen. Dort wurde ich überraschend herzlich an meinem Platz begrüßt: Ein Block und ein Bleistift warteten schon. Daneben stand ein Glas Wasser und lag ein Schokoladenherz, eingehüllt in ein Papier mit Firmenlogo und mit einem Foto des Teams.

Diese Begrüßung übertraf alles, was ich bislang erlebt

hatte. Sofort sprach ich die Firmenvertreter darauf an. Ich lobte den wertschätzenden Umgang mit mir als Bewerberin und sagte, wie gut mir das Layout der Schokoladentafel gefalle. Doch das Kompliment schien an ihnen abzuprallen.

Das Vorstellungsgespräch lief kühl ab. Sie priesen ihre eigene Arbeit in langen Monologen, beschrieben ihre Anforderungen, und zwischendurch, beim Luftholen sozusagen, warfen sie mir die typischen Fragen zu. Wenn ich mal etwas ausführlicher antwortete, tippten die Finger ungeduldig auf den Tisch. Hier wollte niemand in die Tiefe gehen.

Die Absage kam schnell. Die Freundin meiner Schwester fand den Grund heraus: Man hatte mich abgelehnt, weil ich eine »manipulative Persönlichkeit« sei. Mir wurde angekreidet, dass ich die Firma für ihre Begrüßung mit dem Schokoladenherz gelobt hatte. Das sahen die Gesprächsführer als plumpen Versuch, sie zu meinen Gunsten zu beeinflussen.

Dass ich einfach nur wertschätzend und höflich war, auf diese Idee kam keiner.

Nadine Weiß, Stationsschwester

Betr.: Wie sich mein Ansprechpartner in Luft auflöste

Der Pförtner des Konzerns legte seine Stirn in Falten: »Ich habe hier leider keinen Klaus Hugennagel im System.« Nur ein Tippfehler, dachte ich. Vor zwei Wochen hatte ich auf meine Initiativbewerbung eine Einladung von Herrn

Hugennagel erhalten. Und in fünf Minuten sollte das Vorstellungsgespräch beginnen.

Ich buchstabierte den Namen, er tippte ihn erneut ein. »Tut mir leid, kein Treffer.« Ich streckte ihm die Einladung über den Tresen. Er wählte die dort angegebene Durchwahl, niemand ging ran. Also rief er eine andere Nummer derselben Abteilung an: »Aha, verstehe. Darum ist er nicht mehr im System.«

Danach wandte er sich mir zu: »Herr Hugennagel hat das Unternehmen kurzfristig verlassen. Und in seiner Abteilung ist niemand über Ihre Bewerbung informiert.«

»Heißt das, ich soll jetzt einfach wieder nach Hause fahren?«

Der Portier kratzte sich am Kopf. »Falls Sie nicht noch eine tolle Idee haben.«

»Wie wäre es, wenn Sie einfach mal Ihre Personalabteilung anrufen, vielleicht ist die im Bilde.«

»Geht leider nicht – die wurde vor zwei Jahren ausgelagert und ist jetzt extern.«

Tatsächlich: Ich musste nach Hause fahren. Der Konzern hat sich nie wieder gemeldet. Heute vermute ich, dass Herr Hugennagel kurzfristig entlassen worden ist. Der Grund liegt auf der Hand: Er wollte jemanden einstellen – statt nur zu kürzen und auszulagern.

Tim Martin, Entwickler

Betr.: Wie mein Interviewer nach dem Kuchen einschlief
Offenbar hatte mir die Empfangsdame der großen Behörde die falsche Raumnummer genannt. Denn als ich die Tür öffnete, sah ich drei Männer in Kuchentellern stochern. »Sorry«, murmelte ich und wollte gehen. »Als Bewerberin sind Sie hier schon richtig«, sagte der Älteste, ein Mann mit Silberlocke.

Er bat mich, Platz zu nehmen. »Es stört Sie doch nicht, dass wir unseren Kuchen noch zu Ende essen?« Ich schüttelte den Kopf, um es mir nicht gleich mit ihnen zu verderben. »Dann erzählen Sie doch mal was über sich.« Ich begann meine Selbstpräsentation. Das Klirren der Kuchengabeln irritierte mich, zweimal blieb ich hängen. Kein Problem, mir hörte ja keiner zu. Alle Blicke galten den sahnigen Kuchenstücken, die auf Gabeln von Tellern und in Münder schwebten.

Nach dem letzten Bissen schaute Silberlocke in meinen Lebenslauf und tippte auf das Passbild: »Sie sind ja gar nicht Frau Oppermann!« – »Nein, ich bin Frau Senkert.« Zehn Minuten waren vergangen – hätte schon früher auffallen können. Alle hatten den falschen Lebenslauf vor sich liegen. Der richtige war kurzfristig nicht aufzutreiben.

Das Bewerbungsgespräch wurde folglich ein Blindflug. Silberlocke stellt mir die allgemeinsten Fragen der Welt: ob ich meinen Beruf noch mal ergreifen würde, was meine größten Erfolge seien und wo ich in fünf Jahren stehen wolle. Er wusste ja nichts von mir, so ganz ohne Lebenslauf.

Der zweite Mann, ein junger Bursche, drückte gelangweilt auf einem Pickel herum. Und der Dritte, ein Koloss, sackte immer tiefer in seinen Stuhl – bis seine Augen zufielen und sein Kopf leicht zur Seite kippte. Die Schwarzwälder Kirsch hatte ihn eingeschläfert. Keiner seiner Kollegen hielt es für nötig, ihn anzurempeln.

Nach einer knappen Stunde war's vorbei. Der Lärm der Verabschiedung schreckte den Koloss hoch, er gab mir seine Pranke. Draußen fiel mir ein: Sie hatten mir nicht mal einen Kaffee angeboten. Von Schwarzwälder Kirsch ganz zu schweigen.

Astrid Senkert, Verwaltungsangestellte

7. Die Prozess-Lawine:

Diese Bürokratie bringt mich noch um!

In diesem Kapitel erfahren Sie …

- warum Quartalszahlen wie Mofas sind – und auf Teufel komm raus frisiert werden,
- warum in Konzernen das 40-Augen-Prinzip gilt, auch wenn Sie nur einen Bleistift bestellen,
- weshalb »Dienstweg« nur ein anderes Wort für »Sackgasse« ist
- und wie eine Statistik dafür sorgte, dass Mitarbeiter ihr Krankenbett gegen das Homeoffice tauschten.

Quartals-Irrsinn: Kapitalismus trifft Planwirtschaft

Die Menschheit unterscheidet zwei Zeitzonen: vor Christi Geburt (v. Chr. Geb.) und danach. Der Manager unterscheidet ebenfalls zwei Zeitzonen: vor Quartals-Ende (v. Qua. End.) und danach – wobei blöderweise, wenn das eine Quartal vorbei ist, das nächste schon wieder vor der Tür steht.

Die Vorstände der Großunternehmen sind Kurzstrecken-Läufer geworden, sie tun alles, um den Markt mit einer guten Zwischenzeit zu beeindrucken. Dafür bleibt die Vernunft auf der Strecke. Große Firmen werden nicht mehr von Generation zu Generation, sondern von Quartal zu Quartal geführt.

An den Börsen gelten die Quartals-Zwischenzeiten als Indiz dafür, ob ein Unternehmen auf lange Sicht erfolgreich sein wird. Das ist so idiotisch, als würde man die Fallgeschwindigkeit nach einem verzweifelten Sprung aus dem zehnten Stock gleichsetzen mit einer dauerhaften Vorwärtsbewegung.

Meine Klientin Susan Kleindienst (33) hat mir von einer quartalsirren Entscheidung erzählt. Für ihren Arbeitgeber, der sein Geld mit Spielzeug verdient, schlägt sie die Trommel des Marketings und macht neue Produkte am Markt bekannt. Dazu steht ihr ein jährliches Werbebudget zur Verfügung. Meist spart sie viel Geld fürs Weihnachtsgeschäft auf; dann brummt der Verkauf von Spielzeugen.

Vorletzten Dezember hatte Kleindienst eine große Werbekampagne für ein innovatives Spielzeug geplant. Ein TV-Spot war schon gedreht, die Layouts für Anzeigen standen, und eine Social-Media-Kampagne sollte Anfang Dezember anlaufen. All diese Maßnahmen waren vom Top-Management ausdrücklich befürwortet worden.

Doch drei Tage vor Start der Aktion wurde Susan Kleindienst zu ihrem direkten Chef zitiert. Der machte ein Gesicht, als wäre sein Dackel gestorben. »Leider müssen wir die Kampagne verschieben.«

»Verschieben?«, rief sie entsetzt. »Das ist doch eine Weihnachtskampagne!«

Verlegen blickte er zur Seite. »Tut mir leid: Etatsperre von oben.«

»Aber dann wird unser Produkt im Weihnachtsgeschäft floppen! Und wenn es zur besten Zeit nicht läuft, nehmen es die Händler aus dem Sortiment. Dann haben wir die Entwicklungskosten zum Fenster rausgeworfen!«

»Mich müssen Sie nicht überzeugen. Da hat jemand in der Vorstandsetage die Notbremse gezogen.«

»Notbremse? Unser Konzern floriert doch bestens!«

Geknickt erzählte ihr Vorgesetzter, dass die Geschäftsleitung der Börse fürs vierte Quartal einen Rekordgewinn versprochen hatte. Doch bislang hinkten die Umsätze hinter den Erwartungen her. Deshalb wurden jetzt wahllos »Kosten« gekürzt – auch solche, die in Wirklichkeit Investitionen waren.

Es kam, wie von Kleindienst vorhergesagt: Das Produkt floppte im Weihnachtsgeschäft. Schon im Februar trudelten die ersten Retouren ein. Auch in anderen Geschäftsfeldern, wo überstürzt gekürzt worden war, brachen die Zahlen im Folgequartal ein. Das Management steuerte in bewährter Weise gegen: Neue Kürzungen sollten die Schäden durch alte Kürzungen reparieren.

Kapitalismus trifft Planwirtschaft: Die Börse zückt die Axt, zerhackt ein Geschäftsjahr in vier Teile und schaut, welche Zahlen aus dem Bauch einer Firma purzeln.

Und aus diesen Zufallszahlen zieht sie weitreichende Schlüsse. Das ist so, als würde man einen Bauernhof jedes Vierteljahr auf sein Ernteergebnis überprüfen. Und wehe, es wurde im Winterquartal nicht geerntet, dann ist der Hof an der Börse erledigt. Aber ist mal jemand auf die Idee gekommen, dass man vorm Ernten säen und aufs Wachsen warten muss?

Jeder vernünftige Bauer weiß, dass kurzfristige Gier dem langfristigen Erfolg schadet: Wollte er mit aller Gewalt eine Rekordernte einfahren, so müsste er den Boden überdüngen. Der Riesenernte würden im nächsten Jahr tote Felder folgen.

Konzerne verscherbeln ihre Zukunft für die Gegenwart. Dieser Quartalszahlen-Unsinn erstreckt sich auch auf die Einnahmen. Enrico Schneider (23), Vertriebsmitarbeiter eines Maschinenbauers, erzählte mir von der Null-Rabatt-Politik seines Konzerns. Egal, was ein Kunde kaufte, es galt der Listenpreis. Nur kleine Mengenrabatte, ebenfalls streng nach Liste, waren vorgesehen.

Die Verkäufer sollten ihren Kunden glaubhaft machen: Die Produkte sind jeden Cent wert, ohne Spielraum. Dagegen kaschiere die Konkurrenz mit Rabatten die mangelnde Qualität ihrer Angebote. Diese Philosophie wurde in zahlreichen internen Verkaufsschulungen gelehrt und so nach außen vertreten.

Doch als der Aktienkurs der Firma am Jahresende schwächelte, war den Chefs des Konzerns jedes Mittel recht, ein positives Signal für die Börse zu setzen. Es hieß, die Fondmanager deckten sich am Jahresende mit neuen Aktien ein, es müsse ganz schnell »ein sichtbarer Erfolg« her.

Und so kam das Management auf die Idee, im letzten Quartal einen »einmaligen Sonderrabatt« von bis zu 25 Prozent anzubieten. Das war ein Preis, zu dem jeder kaufen musste, der nicht völlig gaga war. Die Strategie ging auf, die Quartalszahlen-Ernte war gerettet.

Aber was passierte im nächsten Quartal? Auf den Vertriebsfeldern wuchs nichts mehr. Die Verkäufe gingen massiv zurück, denn die Kunden hatten Vorräte gehamstert. Zudem stand die Vertriebsmannschaft vor einem Glaubwürdigkeitsproblem, wie Enrico Schneider berichtete. »Viele Kunden sagten: ›Warum soll ich jetzt kaufen? Vielleicht kommt morgen wieder ein Rabatt von 25 Prozent!‹«

Der Absatz knickte ein, die Konzernspitze war alarmiert – denn das Ende des nächsten Quartals rückte näher. Was tun? Die Lösung hieß: »Frühlingsrabatt« …

Das Feld dieses Marktes, zuvor ertragreich, wurde durch diese Überdüngung unfruchtbarer. Ohne Rabatt lief das Geschäft nicht mehr. Die Vertriebsmannschaft hatte ihre Autorität bei den Kunden eingebüßt.

Die Fortune-500-Liste, auf der das amerikanische Magazin *Fortune* jährlich die 500 führenden US-Firmen listet, dokumentiert diese Kurzatmigkeit des Wirtschaftens: 1965 spielte ein Top-Unternehmen im Schnitt noch 75 Jahre in dieser ersten Liga; heute sind es 13 Jahre.[102] Unternehmen erreichen gerade noch ihre Pubertät – und verhalten sich entsprechend.

Ein Landwirt, der seinen Boden ruiniert, haftet mit seiner Existenz. Angestellte Manager dagegen können rasch zum nächsten Unternehmen hüpfen. Und dort erneut ihren Verstand durch ihre eigene Zeitrechnung ersetzen: v. Qua. End.

Der Durchdreh-Reim

Wenn Geschäfte zu sehr hinken,
sind die Zahlen hübsch zu schminken.

Das 40-Augen-Prinzip

Deutsche Konzerne sind Weltmarktführer – für hausgemachte Bürokratie. Wer als Mitarbeiter ein Okay von oben braucht, wartet, als hätte er sich mit der nächsten Eiszeit verabredet.

Der technische Zeichner Kurt Käbel war 42 Jahre, als er von einem Zulieferer zu einem Weltkonzern wechselte. Dort merkte er schnell, dass seine Abteilung mit einer veralteten Software für Konstruktionen arbeitete. Doch sein Vorschlag, mal rasch das beste Programm vorzuführen – er hatte es auf einem Stick dabei –, ließ seinen Vorgesetzten nur schmunzeln. »Fremde Sticks dürfen nicht in unsere Computer, da haben wir Richtlinien. Und für einen Test brauchen wir Genehmigungsverfahren.«

In seiner alten Firma, einem Mittelständler, hatte Kurt Käbel seinem Chef in der Frühstückspause einen Vorschlag gemacht – und noch vor der Mittagpause war die Idee umgesetzt. Doch in großen Konzernen gilt das Vierzig-Augen-Prinzip: Ganz viele Menschen entscheiden, damit sich die Verantwortung auf ganz viele Schultern verteilt. Das macht Beschlüsse nicht besser, aber für den Einzelnen weniger gefährlich.

Kurt Käbel bekam ein Genehmigungs-Formular geschickt, so kompliziert, dass es ein eigenes Handbuch dafür gab. Das Ausfüllen zog sich ewig hin. Dann war sein Chef an der Reihe. Mit einer ausführlichen Stellungnahme befürwortete er den Antrag und meinte: »Wer nach mir ein Häkchen setzen muss, verlässt sich auf mein Votum. Kein Manager hat die Zeit, sich mit allen Vorgängen selbst zu befassen.«

Kurt Käbel fragte sich: Wenn alle ohnehin nickten, warum brauchte es dann ein langes Genehmigungsverfahren? Und wie konnte es sein, dass er und sein Chef für diesen läppischen Vorgang schon so viel Arbeitszeit verschwendet hatten?

Nun wanderte der Antrag die Entscheidungskette hinauf. Neun Wochen vergingen ohne jedes Echo, dann ließ ein gehobener IT-Manager den Antrag zurückgehen mit dem Vermerk: »Entscheidung auf Strategierelevanz prüfen.« Was sollte das heißen? Käbels Chef übersetzte: »Hier sagt ein gehobener Manager: ›Hallo, mich gibt's auch noch!‹.« Offenbar war dieser Hinweis nötig, da man diesen Manager auf der Arbeitsebene schon lange nicht mehr gesehen hatte.

Käbel hatte keine Wahl: Um etwas über die »Strategierelevanz« sagen zu können, musste er sich in die Strategie einlesen. Die Schriftsätze im Intranet waren so umfangreich, dass man nach Ausdruck drei Altpapiercontainer damit hätte füllen könnte. Tage gingen fürs Studieren drauf.

Kurt Käbel grübelte fieberhaft: In welchem Zusammenhang mit der Konzernstrategie stand der Test einer neuen Software? Sein Chef schlug vor: »Schreiben Sie einfach, dass es um die Innovationsoffenheit unter Wahrung der Kundenwünsche vor dem Hintergrund der sich globalisierenden Märkte geht.« Solche hohlen Phrasen seien die »Landessprache« der Manager und kämen erfahrungsgemäß gut an.

Eine Woche später war das Ergänzungsdokument verfasst, und

der Antrag wanderte die Entscheidungskette wieder hinauf. »Die zweite Runde kann schneller gehen«, hatte sein Chef in Aussicht gestellt.

Doch nach einem Monat verlautete von oben, das Genehmigungsverfahren sei »zum Erliegen gekommen«. Einer aus der Entscheidungskette – wer, war nicht ganz klar – sei »für längere Zeit nicht verfügbar«. Blinkende Lichter auf der Straße. An dieser Baustelle endete die Fahrt des Genehmigungsformulars. Zumindest vorläufig.

»Vorläufig« konnte heißen: für drei Wochen, für drei Monate oder für alle Ewigkeit. Das hing davon ab, ob der jeweilige Manager krank war, im Jahresurlaub oder bereits unter der Erde. Einspringen konnte niemand, der Kenner weiß: Gehobene Manager haben grundsätzlich keine Stellvertreter, weil sie sich für unersetzlich halten.

Und selbst für den Fall, dass eines Tages ein Stellvertreter auf den Plan tritt, ist nicht unwahrscheinlich, dass dieser sich auf seine mangelnde Kenntnis des Vorgangs beruft und das Genehmigungsdokument mit der Bitte um nähere Erläuterung wieder die Hierarchietreppe hinabpoltern lässt.

Am Ende des fünften Monates – Überraschung! – kam grünes Licht von oben. Käbel durfte die Software seinem Chef vorführen und eine Probezeichnung damit anfertigen. Der Test verlief einwandfrei; rasch war der Chef von den Vorteilen der neuen Software überzeugt.

Damit wurde im Buch der Bürokratie ein neues Kapitel aufgeschlagen: »Jetzt müssen wir einen Bericht anfertigen«, klärte sein Chef ihn auf.

> Berichtswesen bedeutet: Ein Mitarbeiter, der etwas getan hat, meldet nach oben, dass er etwas getan hat. Ein Drittel der Zeit entfällt auf die Arbeit, zwei Drittel auf den Bericht.

Berichte und Reportings sind zum Sammelcontainer für überflüssige Informationen geworden. Es gibt drei Sorten von Berichten: solche, die keiner liest; solche, die keiner versteht; und solche, die reklamiert werden. Und es gibt zwei Gründe für Reklamationen:

a) Dem Bericht fehlt eine formal wichtige Information, und sei es nur ein Häkchen an der richtigen Stelle.
b) Der Bericht enthält eine wichtige Information, die nicht nach oben weitergereicht werden soll, um keinen Realitätsschock zu verursachen.

Sechs Wochen nach Einreichung seines Reportings – so viel Bedenkzeit musste sein! – bekam es Kurt Käbel mit Fall »b« zu tun: Ein Fast-Top-Manager bemängelte, die Vorzüge der neuen Software seien in dem Bericht so formuliert, dass der Eindruck entstehe, die bisherige Software sei keine gute Wahl gewesen. Dieses Gefühl sollte im Ganz-Top-Management keinesfalls geweckt werden. Das Fast-Top-Management wollte nicht für eine vergangene Fehlentscheidung haftbar gemacht werden.

Käbel hatte sich alle Mühe gegeben, die Nachteile der aktuellen Software zu betonen – nur so wurde klar, warum die neue Software vieles vereinfachte. Jetzt musste er seine eigene Argumentation zurückpfeifen.

Sein verwässerter Bericht lief die Entscheidungskette wieder hinauf, diesmal in »nur« drei Wochen. Dann erschallte vom Gipfel der Hierarchie die Entscheidung: »Da die vorgeschlagene Software sich offenbar nicht grundsätzlich von der bisherigen Software unterscheidet, steht der Aufwand des Wechsels in keinem gesunden Verhältnis zum Nutzen.«

Der Durchdreh-Reim

Von Berichten und Prozessen
wird die Arbeit aufgefressen.

Wahrer Irrsinn

Betr.: Wie unsere Krankheitsrate den Sinkflug antrat

In unserem Konzern ist der Dienstweg streng geregelt, auch bei Krankmeldungen: Man ruft nicht den direkten Vorgesetzten an, sondern eine Krankschreibungs-Hotline der Personalabteilung. Dort werden die Daten ins entsprechende Tool eingegeben. Danach bekommt der Vorgesetzte eine vollautomatische Nachricht.

Mehrfach schon rief meine Chefin morgens, wenn sie mich sah: »Susanne, du bist ja gar nicht krank!« Dann war es mal wieder zu einer Verwechslung gekommen. Unser Konzern hat über 10 000 Mitarbeiter, drei davon heißen wie ich: Susanne Müller. In solchen Fällen regt sich meine Chefin fürchterlich auf und reichte sofort eine Protestnote ein: »Meine Susanne Müller ist anwesend!«

Der Hintergrund ihrer Aufregung ging mir in einer Teamrunde auf. »Wir hatten letztes Jahr ja so richtig Pech mit der Grippe«, hob sie an. »Unsere Krankheitsrate ist über den Konzerndurchschnitt gestiegen. Ich hatte deshalb Ärger mit meinem Chef.« Völlig abgedreht: Wenn Mitarbeiter zufällig erkrankten, wurde das offenbar generell als Führungsversagen gewertet – und wenn sie zufällig gesund blieben, galt das als Führungsleistung.

»Im kommenden Jahr müssen wir die Krankheitsquote verbessern«, sagte meine Chefin. Sie hatte sich einen Trick ausgedacht: Wir sollten bei Krankheit nicht mehr die Hotline, sondern sie direkt anrufen. »Dann verbuche ich die ersten drei Krankheitstage als Homeoffice«, kündigte sie an.

Mit dieser Kosmetik machte sie unsere Abteilung auf dem Papier gesünder und ihren Vorgesetzten glücklich. Und wenn seither ein Kollege nach Fehltagen verschnupft in der Firma auftaucht, sage ich immer: »Du siehst aus, als hättest du Homeoffice gemacht!«

Susanne Müller, Ingenieurin

Betr.: Wie ein Hund als Mitarbeiter vom Gelände flog
Unser Konzern verfügt über ein großes, sehr naturnahes Firmengelände. Wir haben mit einer Kaninchenplage zu kämpfen. Überall hoppeln die Tiere durch die Gegend, buddeln Löcher und knabbern Kabel an. Was tun gegen diese Plage?

Jäger durften das Gelände aus Sicherheitsgründen nicht betreten – sie hätten ja unseren obersten Chef, der Löcher in den Personalbestand buddelte, mit einem Kaninchen verwechseln können. So schaffte man vor einigen Jahren spezielle Hunde an, die aufs Erlegen von Kaninchen abgerichtet waren.

Und weil unser Konzern nun mal ein Konzern ist, bekam jeder der Hunde einen Mitarbeiter-Ausweis um den Hals gehängt – zur Identifikation. Wäre ja noch schöner, wenn sich jeder Straßenköter als Mitarbeiter dieses Konzerns ausgeben könnte! Gehalten wurden die Tiere in Zwingern auf dem Gelände.

»Blacky« nannten wir einen besonders schönen schwarz gefleckten Hund. Er war *die* Attraktion, wenn er sich in den Pausen unter die flanierenden Mitarbeiter mischte. Doch dann war er plötzlich verschwunden.

Und warum? Blacky war so unvorsichtig gewesen, seinen Mitarbeiter-Ausweis zu verlieren, vielleicht in einem Kaninchenloch. Und jemand vom Werkschutz war so unvorsichtig, die entsprechende Verwaltungseinheit um einen neuen Ausweis zu bitten. Von dort hieß es kühl: »Hunde ohne Identifikationsnachweis sind unverzüglich vom Gelände zu entfernen.«

Der Werkschutz wies darauf hin, dass es sich doch eindeutig um Blacky handelte. Aber die Bürokraten hielten dagegen, in diesem sicherheitsrelevanten Punkt könne es für niemanden eine Ausnahmeregel geben, auch nicht für einen Hund.

Zwar war der Hund bereits auf dem Gelände, trug nachweislich keinen Sprengstoffgürtel, und jeder kannte ihn. Dennoch bekam er einen Feldverweis. Geschlagene drei Wochen dauerte es, ehe die Konzernbürokratie ihn mit neuem Ausweis wieder aufs Gelände ließ.

Hoffentlich war Blacky bei der Kaninchenjagd schneller!

Beate König, Projektleiterin

Betr.: Wie wir Probleme der Kunden analysieren, statt sie zu lösen

Unser großes Fortbildungsinstitut bietet Kurse zu diversen Themen an. Früher bekamen Teilnehmer ihre Unterlagen und Lösungen per Post zugeschickt. Mittlerweile stehen immer mehr Elemente nur online zur Verfügung. Das führte in den letzten Jahren zu einer Flut von Beschwerden, vor allem durch ältere Teilnehmer.

Klarer Tenor: Diese Kunden wollten ihren Kurs zusätzlich analog. Doch statt den Wunsch einfach zu erfüllen, machte unsere Direktion ein kompliziertes Projekt daraus: Die Abteilungsleiter sollten ein Team bestimmen, das eine Kundenzufriedenheitsanalyse entwickelte. Damit begann der Streit: Wer sollte die Gruppe leiten? Wer sollte welche Mitglieder stellen? Die Abteilungen hatten mal wieder nicht den Kunden, sondern nur ihre eigenen Interessen im Blick.

Als die Projektgruppe nach etlichen Wochen endlich

stand, bremste sie sich selbst aus: Einige Abteilungen, mit Neigung zum Digitalen, wollten den »Rückfall in die analoge Steinzeit« verhindern. Andere Abteilungen, eher traditionell, wollten den »digitalen Wahnsinn« ausbremsen. Vorschläge der anderen Seite wurden torpediert, nicht weil sie schlecht, sondern weil sie von den anderen waren.

Gestritten wurde über alles: die Methodik der Befragung, die Auswahl der zu Befragenden und die Interpretation der Ergebnisse – dabei war nach drei Monaten noch kein einziger Kunde befragt worden! Jede Interessengruppe entwickelte eigene Fragebögen, eigene Auswertungsparameter und schnitzte sich eine »demografische Auswahl«, die den eigenen Interessen entsprach. Vorschlag hier, Veto dort: So ging das ein halbes Jahr.

In letzter Not wurde ein externer Berater als Mediator hinzugezogen. Der empfahl uns, erst mal die Teams durch einen Konfliktworkshop zu befrieden. Damit lag die Kundenzufriedenheitsanalyse auf Eis.

Unglaublich: Statt auf die Kunden zu hören und ihre Wünsche umzusetzen, floss alle Energie nach innen. Hier wurde bürokratische Selbstbefriedigung betrieben. Mein Stöhnen darüber war wenig lustvoll.

Benjamin Lang, Pädagoge

Ohne Doktortitel geht hier nichts!

Stellen Sie sich vor, Sie arbeiten für eine Plattenfirma und haben zahlreiche Künstler unter Vertrag. Es gibt Künstler der ersten Reihe, international bekannt; Künstler der zweiten Reihe, national bekannt; und Künstler der dritten Reihe, nur regional bekannt. Sie haben es in der Hand, den Erfolg eines Künstlers anzuschieben – je nachdem, wie intensiv Sie werben und wie groß Sie seine Tourneen anlegen.

Und jetzt fällt Ihnen auf: In der dritten Reihe Ihrer Künstler befindet sich eine hoch talentierte Sängerin. Ihre Stimme ist flüssiges Gold. Und auf der Bühne legt sie eine Show hin, die das Publikum zum Toben bringt. Für Sie steht fest: Diese Künstlerin könnte ein ganz großes Publikum für sich erobern. Im Vergleich zu ihr sind viele andere Sänger Ihrer »ersten Reihe« nur zweite Wahl.

Was unternehmen Sie jetzt?

Vorschlag: Fragen Sie nach, ob die Künstlerin Gesang studiert hat. Und falls Sie verneint, sagen Sie: »Tut uns leid, dann können Sie hier keine Karriere machen. Sie haben die für Ihre Qualifikation höchstmögliche Stufe, die dritte Reihe, bereits erreicht.«

So bescheuert kann man doch keine Plattenfirma führen! Tatsache ist: So bescheuert werden fast alle größeren Firmen in Deutschland geführt.

Früher bekam derjenige einen Job, der ihn am besten erledigen konnte. Nicht auf formale Qualifikationen, sondern aufs Können kam es an. Heute darf die Bühne nur noch betreten, wer einen amtlich beglaubigten Abschluss vor sich herträgt – ob er singen kann oder nicht.

Große Unternehmen haben den hierarchischen Aufstieg zu einem Hürdenlauf gemacht, bei dem die Vernunft hängenbleibt:

- In den meisten Konzernen haben Mitarbeiter ohne Studium keine Chance mehr, in eine leitende Funktion zu gelangen. Ob ein 45-Jähriger vor 20 Jahren studiert hat, wird aus rätselhaften Gründen wichtiger genommen als die Frage, ob er heute eine perfekte Führungskraft wäre.
- Einige Firmen unterscheiden streng die Art des Studiums, ob Fachhochschule (pfui!) oder Hochschule (hui!), ob Bachelor (pfui!) oder Master (hui!): Mit einem Pfui-Abschluss lässt sich nur die zweit- oder dritthöchste Management-Ebene erreichen. Dagegen öffnet ein Hui-Abschluss die Tür zur obersten Chefetage.
- Wer in der Pharmabranche ohne Doktortitel etwas werden will, der könnte auch versuchen, ohne Eintrittskarte beim Wiener Opernball einen Logenplatz zu ergattern. Für etliche Positionen, erst recht leitende, wird eine Promotion vorausgesetzt.
- Etliche Firmen veranstalten auf allen Führungsebenen einen hemmungslosen Assessment-Center-Zirkus. Dass ein Mitarbeiter im Alltag seinen Job erfolgreich macht, reicht für die nächste Beförderung nicht aus. Doch in einer künstlichen Prüfungssituation setzen sich eher die besten Schauspieler als die besten Führungskräfte durch.

Die Botschaft an den Mitarbeiter lautet jedes Mal: *Es ist uns egal, was du kannst – es zählt nur, mit welchem Zertifikat du winkst.* Einige Chefs formulieren das, ohne sich mit Diplomatie aufzuhalten: »Wenn Sie hoch hinauswollen, dann gehen Sie klettern. Hier im Unternehmen wird das jedenfalls nichts.«[103]

Was bringt es dann, hart zu arbeiten und Ziele zu erreichen? Gar nichts; jeder zweite deutsche Arbeitnehmer vertritt in einer internationalen Umfrage die Meinung, Leistung habe keinen Einfluss auf Gehaltserhöhungen oder Beförderungen.[104]

Vor einiger Zeit hat mir der verzweifelte Abteilungsleiter eines Konzerns erzählt: »Ich habe eine technische Zeichnerin im Team, die macht einen besseren Job als die meisten Ingenieure. Sie ist eine große Persönlichkeit, glaubwürdig, offen und voller Motivation. Das ganze Team kann sie mitreißen, sie wäre eine perfekte Führungskraft. Aber was muss ich ihr im Entwicklungsgespräch sagen? Dass es für sie keine weitere Entwicklung gibt. Die nächste Gehaltsstufe ist nur mit Studium erreichbar.«

Ein Studium ist höchst aussagekräftig: Es sagt aus, dass jemand studiert hat. Wie gut er seinen Job macht, darüber sagt es rein gar nichts.

Ich kenne Akademiker, die ihren Job glänzend verrichten. Und ich kenne welche, die nichts gebacken kriegen. Was ist im Berufsalltag entscheidend? Kaum das Wissen aus Studium oder Promotion, dafür personale und soziale Kompetenzen. Schafft es einer, sich selbst zu motivieren? Ist er offen, glaubwürdig, integer? Verströmt er natürliche Autorität? Passen seine Werte zum Unternehmen? Gelingt es ihm, sich in andere Menschen zu versetzen? Und kann er mit seinen Ideen ein ganzes Team begeistern?

Angenommen eine neue Führungskraft bekäme keinerlei Informationen über den Bildungshintergrund ihrer Teammitglieder. Sie wüsste nicht: Wer hat studiert? Wer hat promoviert? Wer hat das Assessment-Center mit Bravour bestanden, und wer ist krachend durchgefallen?

Ich behaupte: Das wäre ein großer Vorteil. Denn statt die Menschen durch die Brille eines Vorurteils zu sehen, müsste sich die Führungskraft täglich fragen: Wer bringt welche Talente mit? Wer zeigt welche Leistung? Wer ist wofür geeignet? Endlich würden die Menschen beurteilt nach dem, was sie sind, und nicht nach dem, was sie nachweisen können.

Das ist der Fluch der reglementierten Qualifikationen: Die Vielfalt der Teams wird eingeebnet. Wenn alle die gleichen akademischen Ausbildungen durchlaufen, die gleichen Fortbildungen, die gleichen Coachings, die gleichen Assessment-Center – wie sollen dann noch frische und neue Gedanken im Unternehmen aufkommen?

Wer eine Bühne rocken kann, muss auf die Bühne – auch ohne Gesangs-Studium. Und wer eine Position ausfüllen kann, muss in diese Position. Weg mit der Bürokratie – und her mit der Leistungs-Gerechtigkeit!

Der Durchdreh-Reim

Der Könner wird hier kaltgestellt,
solange ihm der Titel fehlt.

Die fünf Flüche der Bürokratie

»Flexibilität« – dieses Wort dominiert Stellenausschreibungen. Wer heute einen Job sucht, soll sich schnell auf Veränderungen einstellen können, egal was wechselt: ob der Standort der Firma, die Laune des Chefs oder die Sicherheit seines Arbeitsplatzes.

Firmen sind gut darin, Flexibilität zu fordern. Aber wie flexibel sind sie selbst? Wie schnell reagieren sie, wenn sich die Wünsche des Kunden verändern? Wie lange braucht es, bis eine neue Idee umgesetzt ist? Und haben es die Firmen geschafft, ihre Hierarchien flach und sich beweglich zu halten?

Die Boston Consulting Group wollte es genau wissen und nahm über 1100 Firmen in 48 Ländern unter die Lupe.[105] Ergebnis: Während Firmen in Großbritannien, Finnland und Luxemburg beweglich, unbürokratisch und schnell am Markt unterwegs sind, gehören die deutschen zur Spitzengruppe der unflexibelsten Unternehmen der Welt: Bürokratie made in Germany.

Die Mängelliste liest sich wie eine Anleitung zum Firmen-Selbstmord:

- Deutsche Firmen sind Schnecken, wenn es darum geht, neue Produkte an den Markt zu bringen.
- Es dauert mindestens eine halbe Ewigkeit, bis mal eine Entscheidung fällt.
- Abteilungen behindern sich gegenseitig, statt an einem Strang zu ziehen.
- Mitarbeiter kümmern sich um ihre eigenen Ziele, statt die der Firma voranzutreiben.

- Initiative bleibt Chefs überlassen – Mitarbeiter üben sich in vornehmer Zurückhaltung.
- Meetings und Reportings fressen Riesenportionen an Arbeitszeit und -kraft auf.

Ist das nicht zum Schreien komisch? Unternehmen, die sich mit ihrer eigenen Bürokratie festgeteert haben, suchen flexible Mitarbeiter. Aber sobald einer an Bord kommt, tritt er selbst in den klebrigen Teer der Bürokratie und kann sich bald nicht mehr bewegen.

Eine ehrliche Stellenausschreibung sähe in etwa so wie nebenstehend aus.

Falls Sie sich in diesem Profil wiedererkennen, freuen wir uns auf Ihre aussagekräftige Bewerbung, gern schon morgen. Bitte berücksichtigen Sie, dass auch diese Personalentscheidung ein paar Monate in Anspruch nehmen kann.

Diese Bullshit-Bürokratie ist für den Erfolg einer Firma etwa so zuträglich wie eine Fußfessel für den Spagat. Denn aus der Studie der Boston Consulting Group geht auch hervor, dass ein Unternehmen seine Erfolgsrate verfünffacht, wenn es diese Fesseln sprengt:

- wenn der heutige Wunsch des Kunden das Produkt von morgen ist – und nicht erst das von überübermorgen;
- wenn die Mitarbeiter engagiert und unternehmerisch handeln, statt in der Bürokratie festzustecken;
- und wenn das Unternehmen durch Agilität statt Erstarrung auffällt.

> **Unflexibles Unternehmen sucht flexiblen Mitarbeiter (m/w)!**
>
> Zum nächstmöglichen Zeitpunkt sucht unser Konzern personelle Verstärkung. Wir setzen ein hohes Maß an Flexibilität bei Ihnen voraus:
>
> - Macht es Ihnen nichts aus, in einer Abteilung anzufangen, die sich im Krieg mit ihrer Nachbarabteilung befindet?
> - Können Sie sich vorstellen, unsere Unternehmensziele wichtiger als Ihre kurzfristigen Jahresziele zu nehmen, auch wenn Ihnen dadurch Ihre Prämie entgeht und ein Rüffel beim Jahresgespräch droht?
> - Ergreifen Sie die Initiative auch dann, wenn Ihr Chef das als Kompetenzübertretung bewertet und Sie dafür abstraft?
> - Fällen Sie schnelle Entscheidungen unabhängig davon, ob Sie ein Bollwerk aus Hierarchie und Regulierungswut davon abhalten will?
> - Und sind Sie so perfekt organisiert, dass Sie an Ihrem Acht-Stunden-Tag ganze Arbeitsberge versetzen, obwohl (mindestens) acht Stunden für Meetings und Reports draufgehen?

Doch die Realität sieht ganz anders aus, die meisten Mitarbeiter größerer Unternehmen kämpfen mit mindestens fünf Flüchen der Bürokratie:

Fluch 1: Hübsch auf dem Dienstweg bleiben!

Der Ressortleiter eines Magazins lernt bei einem Seminar einen der besten Reporter des Landes kennen. Die beiden verstehen sich prächtig, und abends an der Bar kommt heraus: Der Top-Reporter ist wechselbereit. Eine große Chance für den Ressortleiter, dieses Riesentalent für seine Redaktion zu gewinnen.

Aber kann er ihm eine Stelle zusagen, ihm ein Gehaltsangebot machen? Nein, er muss – das erfordert der Dienstweg – zu seinem Chefredakteur stiefeln. Der findet die Idee fantastisch. Aber kann er zusagen? Nein, er muss zu seinem Unit-Leiter stiefeln. Kann der zusagen? Nein, er muss zum Geschäftsführer stiefeln. Und der Geschäftsführer verweist auf die nächste Geschäftsführungs-Sitzung, um über diese Personalie zu beraten.

Vier Wochen braucht es, bis die Geschäftsleitung »Ja« sagt. Da hat der Top-Reporter bereits bei einem anderen Verlag unterschrieben.

Oder: Eine große Werbeagentur stellt einem Möbelhaus eine Kampagne vor, ein sechsstelliger Auftrag winkt. Die Möbelhäusler sind begeistert von der Präsentation und wollen auf der Stelle zusagen – unter der Bedingung, dass eine kleine Social-Media-Kampagne in den Preis eingespeist wird.

Aber keiner der anwesenden Mitarbeiter ist zu einer solchen Entscheidung befugt, nicht mal die Art-Directorin – die Preisgestaltung ist dem Prokuristen vorbehalten. Der meint kühl am Telefon: »Nein, Social Media rechnen wir gesondert ab.« Der Auftrag geht verloren.

Hierarchische Steilwände stehen nicht nur der unternehmerischen Vernunft im Weg, sondern auch der Motivation der Mitarbeiter. Wer nie gefordert ist, wenn's drauf ankommt, nie entscheiden darf, wenn's spannend wird, bleibt hinter seinen

Möglichkeiten zurück. Routine gleitet ab in Langeweile. Der Muskel seines Engagements erschlafft. Am Ende dieses Weges kann eine Unterforderung stehen, die krank macht: Boreout statt Burnout.[106]

Fluch 2: Hier geht nichts ohne Formular!

Ich kenne einen Konzern, in dem etliche Mitarbeiter ihre Bleistifte und Büroklammern von zu Hause mitbringen. Der Bestellprozess ist so aufwändig, dass ihn sich niemand antun will. Das Formular kann nur ausfüllen, wer vorher diverse Kosten-Stellen-Nummern recherchiert und durch Abgleich mit einer Vorlage weiß, wo er welches Kreuzchen setzen muss.

Dann steht ein Studium der Lieferantenliste an. Wer so frech ist, einfach dieselbe Bezugsquelle wie zuvor anzugeben, spielt mit dem Feuer: Vielleicht ist der Lieferant gerade aus dem System geflogen, weil er eine Mindestumsatz-Hürde gerissen hat. Oder eine müde Sekretärin ihn in falscher Schreibweise eingetippt hat.

Die Bewilligung eines Bleistiftes muss von sechs Instanzen abgenickt werden, ehe sie in der Einkaufsabteilung ankommt. Oder nicht ankommt, weil jemand in der Entscheidungskette gepennt hat. Ein falsch gesetztes Kreuz reicht, damit der Antrag den Rückflug antritt.

Wenn schon ein solcher Fliegenschiss so kompliziert verläuft – wie verlaufen dann erst Entscheidungen, die wirklich wichtig sind? Eben gar nicht – sie stocken.

Fluch 3: Bloß nichts Neues!

Wer in einem bestimmten Kunststoff-Unternehmen eine Idee umsetzen will, hat ein Problem am Hals: Seinem Einfall droht ein Todesurteil, er muss ihn vor dem großen Ideen-Strafgerichtshof verteidigen. Dieses Plädoyer kostet Zeit und Nerven, die Erfolgschancen sind gering.

Die Vorinstanz ist ein Chancen-Risiko-Tool, in das der Mitarbeiter seine Idee tippen muss. Aber wie soll er »Kostenvolumen«, »Personalbedarf« und »Benchmark-Projekte« einer Idee benennen, wenn er diese Details selbst noch nicht kennt? Viele Innovationen scheitern schon an dieser Vorinstanz: Mitarbeiter kapitulieren. Genau das scheint die Botschaft des Tools zu sein: *Überleg es dir dreimal, ehe du uns mit deinen Ideen behelligst!*

Wer dennoch hartnäckig bleibt, hat den Salat: Entweder wird seine Idee ohne Prozess zu Tode verurteilt, weil sie einem der Vorentscheider nicht gefällt. Oder es kommt zum Schauprozess vorm großen Ideen-Strafgerichtshof, und der kann sich durch mehrere Meeting-Instanzen ziehen. Der Mitarbeiter bekommt als Strafverteidiger viel zu tun. Die einen sind gegen seine Idee, weil sie darin einen Angriff aufs Bestehende sehen, und das ist nun mal auf ihrem Mist gewachsen. Die anderen sind gegen seine Idee, weil sie sich noch nicht am Markt bewährt hat (hätte sie das schon, wäre sie dann noch neu?). Und wieder andere sind gegen seine Idee, weil es seine Idee war – und eben nicht ihre.

> Die Wahrscheinlichkeit, dass eine Idee alle Meeting-Instanzen überlebt, liegt nur einen Hauch über Null. Die Wahrscheinlichkeit, dass sie dann auch umgesetzt wird, ist noch geringer.

Erschütternde Zahlen liefert die TU München: Acht von zehn Mitarbeitern haben den Eindruck, ihre Chefs blockieren Ideen generell (39 Prozent) oder lassen sie einfach abprallen (38 Prozent). Ein Klima, in dem Innovationen so wenig wachsen wie Schneeglöckchen auf Asche.

Diesen Eindruck teilt der ehemalige Cheftechnologe von IBM, Gunter Dueck, in seinem blitzgescheiten Buch *Das Neue und seine Feinde.* Er weist darauf hin, dass Kodak bereit 1975 eine Digitalkamera erfunden, aber nie vermarktet hat. Die Firma misstraute dem Neuen – und wollte ihrem Geschäft mit den Kamerafilmen keine Konkurrenz bereiten.[107]

Fluch 4: Willkommen im Silo!

Viele Unternehmen fordern Gemeinschaftssinn, aber fördern Egoismus und Silo-Denken. Zum Beispiel durch Prämien. Das geht los bei Abteilungsleitern: Seit es »Profit-Center« gibt, werden sie fürs Sparen bezahlt. So ist ein Abteilungsleiter, der einen Etat von drei Millionen verwaltet, an Einsparungen zu 10 Prozent beteiligt. Wenn er 100 000 Euro spart, fließen 10 000 Euro als Prämie in seine Tasche.

Wird ein solcher Chef seinen Etat noch verwenden, um andere Abteilungen zu unterstützen? Wird er vakante Stellen nachbesetzen, nur weil die Arbeitslage es erfordert? Wird er noch faire Preise mit den Lieferanten aushandeln?

Die Prämie lenkt seinen Blick radikal auf die eigenen Bedürfnisse – weg von den Interessen des Unternehmens. Denselben Effekt haben Einzelziele und -prämien für Mitarbeiter und Abteilungen. Jeder kämpft für die eigenen Interessen: Kollege gegen Kollege, Abteilung gegen Abteilung. Die Bedürfnisse der Kunden bleiben auf der Strecke.

Fluch 5: Der Hierarchie-Wahn

Auf meine Frage, warum er seine Mitarbeiter auf dem Flur nicht grüße, hat mir ein Bereichsleiter geantwortet: »Weil die Mitarbeiter den Chef zu grüßen haben!« Noch immer gilt in Unternehmen eine militärische Hackordnung. Die Wochenzeitung »Die Zeit« berichtet von einem Elektronikkonzern, in dem genau geregelt ist, ab welchem Rang ein Mitarbeiter welche Rechte hat. Vorgeschrieben ist außer der Größe des Dienstwagens unter anderem:

- wer ein Büro mit einem oder zwei Fenstern bekommt,
- wer Anspruch hat auf einen Drehstuhl mit Kopfstütze und verstellbaren Armlehnen
- oder wem ein Boden mit oder ohne Teppich zusteht.[108]

Eine mittlere Managerin, die auf eigene Kosten einen Teppich in ihrem Büro auslegte, wurde prompt zurückgepfiffen. Erste Führungsebene und Teppichboden, das ging zu weit. Sie sollte ja nicht für eine gehobene Managerin gehalten werden. Wo die Hierarchien anfangen, hört der Verstand auf, auch bei den heimlichen Insignien der Macht:

- Wer darf wie dicht am Gebäude parken?
- Wer duzt sich mit einem Mitglied des Top-Managements?
- Wer ist bei vertraulichen Mails auf dem Verteiler?
- Und wer kommt in den Genuss der Ehre, seine Zeit in Top-Führungsmeetings verbrennen zu dürfen?

Schon Sigmund Freud hatte durchschaut, was die Menschen nach Erfolgen streben lässt: ihr narzisstisches Bedürfnis, sich von anderen abzuheben.[109] Was ist schon ein Abteilungsleiter, verglichen mit einem Hauptabteilungsleiter?!

Doch Mitarbeiter spüren: Unser Unternehmen ist nicht barrierefrei. Hier setzt sich nicht der Kompetenteste, sondern der Ranghöchste durch. Die Demokratie endet am Firmentor.

Der Durchdreh-Reim

Durch Regeln und durch Hierarchien
wird schwierig, was so einfach schien.

Wahrer Irrsinn

Betr.: Warum ich niemals eine Treppe hinabfallen werde
Alle Jahre wieder – das ist Vorschrift – bekommen wir von unserem Konzern eine »Sicherheitsunterweisung«. Diese Veranstaltung genießt Kultstatus. Weil sie sich fast wörtlich wiederholt. Und weil keiner sie ernst nehmen kann.

Mein Kollege Tom, der »Sicherheitsbeauftragte«, hält eine Präsentation auf Slapstick-Niveau. Eine Rubrik heißt »stolpern, stürzen, fallen«. Man sieht eine Comic-Figur, die in der Mitte einer Treppe läuft und hinabstürzt. Im zweiten Anlauf hält sich dieselbe Figur brav am Handlauf fest, mit grün eingekreister Hand. Und Tom sagt ernst: »Benutzt im

Firmengebäude bitte keine Treppe, ohne euch beim Gehen festzuhalten.«

Dann ist ein Tollpatsch zu sehen, der ein großes Paket vor der Brust trägt und ebenfalls die Treppe hinabrasselt. Und Tom erklärt uns, wie nützlich es ist, beim Treppengehen die Stufen tatsächlich zu sehen.

Oder: Man sieht eine rausgezogene Schreibtischschublade, über die einer stolpert: »Fallt nicht über offene Schubladen!« Man sieht eine kleine Frau, die auf einen Drehstuhl steigt, um etwas von einem Schrank zu holen: »Steigt nie auf Drehstühle!« Denn, schon wieder eine neue Erkenntnis: »Drehstühle können sich drehen.«

Meine Lieblingsfolie zeigt eine Frau in der Kaffeeküche, die sich aus einem Kanister eine blaue Flüssigkeit in ihre Kaffeetasse einschenkt. Und Tom sagt mit ernster Miene: »Trinkt nie unbekannte Flüssigkeiten. Es könnte ätzendes Reinigungsmittel sein.«

Es liegt nicht an Tom, die Bürokratie schreibt ihm diesen Vortrag auf Kindergarten-Niveau vor. Es könnte ja ein neuer Mitarbeiter hinzugekommen und beim Treppengehen in Lebensgefahr sein. Damit er nicht stolpert, stürzt oder fällt, fängt ihn die Sicherheitsbürokratie des Konzerns auf.

Eine Frage aber bleibt offen: Wie kommt die Firma eigentlich darauf, dass wir Mitarbeiter zu blöd zum Treppengehen sind?

Maik Hahn, Monteur

Betr.: Wie zwei Abteilungsfürsten einen faulen Kompromiss fanden

Vor ein paar Jahren fiel bei einem unserer Top-Produkte ein Mangel auf: Etliche Kunden hatten schon reklamiert. Mein Chef, der Vertriebsleiter, forderte im ganz Haus: Wir müssen nachbessern. Es gab viel Zustimmung. Daher war ich zuversichtlich, meinen Kunden bald eine verbesserte Version anbieten zu können.

Doch nach drei Monaten wurde immer noch das mangelhafte Produkt ausgeliefert. Mein Chef erzählte, er sei mit dem Herstellungsleiter zusammengeprallt: Der sah die Nachbesserung als einen Sonderwunsch des Vertriebs – mein Chef sollte mit seinem Etat dafür geradestehen. Mein Abteilungsleiter aber sah es umgekehrt: dass die Nachbesserung auf eine Schlampigkeit der Herstellung zurückging – und vom dortigen Etat zu finanzieren war.

»Können Sie sich denn nicht in der Mitte treffen?«, schlug ich vor.

»Unmöglich«, sagte mein Chef. »Erstens habe ich keinen Etat zu verschenken. Und zweitens: Wenn ich mich darauf einlasse, geb ich einen Sonderwunsch zu – und damit ein Versäumnis bei der Abnahme des ursprünglichen Produktes.«

Weil sich zwei Abteilungen nicht einigen konnten, wessen Etat die nötige Verbesserung finanzierte, blieb diese Verbesserung aus. Am Ende hieß es, das Produkt habe sich bislang ja auch verkauft. Über die vielen Reklamationen, die wir jeden Tag im Außendienst hörten, sprach keiner mehr.

Kai Scholz, Fachverkäufer

Betr.: Wie ich meine Bewerbung zurückzog, ohne sie zurückzuziehen

Wer sich in unserer Firma intern bewirbt, muss seine Unterlagen in einem Tool einstellen. Als Bewerber kann ich selbst den Status des Verfahrens einsehen, unter anderem heißt es dort: »Bewerbung erhalten«, »In Prüfung«, »Ist einzuladen«, »Ist nicht einzuladen«, »Ist einzustellen«, »Abgelehnt« und »Zurückgezogen«.

Einmal hatte ich mich auf eine interne Fachposition beworben. Meine Qualifikation passte ideal zur Stelle. Daher wunderte ich mich nicht, als der Status im Tool nach zehn Tagen von »In Prüfung« auf »Ist einzuladen« sprang. Ich erwartete die Einladung zum Vorstellungsgespräch.

Nach drei Wochen ohne Nachricht klickte ich das Tool erneut an. Der Status war umgesprungen: auf »zurückgezogen«. Aber davon, dass ich meine Bewerbung zurückgezogen hatte, konnte keine Rede sein.

Ich rief den Personal-Sachbearbeiter an. Er entschuldigte sich vielmals und versprach, sich um die Sache zu kümmern. Zehn Minuten später sprang der Status meiner Bewerbung auf »Abgelehnt«. Das war's.

Vom späteren Stelleninhaber erfuhr ich: Er hatte seine Zusage fünf Tage *vor* meinem Telefonat bekommen. Der Personaler hatte geschwindelt, um eine technische Panne zu verbergen, unser Betriebsrat fand heraus: Die Software spann. Manchmal sprang der Status in dem Tool willkürlich um. Wer Glück hatte, wurde zu einem Vorstellungsgespräch eingeladen, obwohl er schon aussortiert war. Und wer Pech hatte, wie offenbar ich, dessen geplante Einladung verwandelte sich in eine Absage oder eine zurückgezogene Bewerbung.

Ich nahm mir vor, für unsere Personalauswahl ein anderes »Tool« vorzuschlagen, das ähnlich zuverlässig funktioniert, aber billiger ist: einen Würfel.

Antje Lorenz, Immobilienberaterin

8. Sklavenfron statt Mindestlohn:

Wie meine Firma mich eiskalt austrickst

In diesem Kapitel erfahren Sie …

- mit welchen faulen Tricks der Mindestlohn 2,7 Millionen Menschen vorenthalten wird,
- warum der Staat als Arbeitgeber ein miserables Vorbild ist,
- wie Leiharbeiter ausgenutzt und die neuen Gesetze umgangen werden
- und was Werkverträge mit Bankraub zu tun haben.

Ein Witz namens Mindestlohn

Was würden Sie denken, wenn Ihr Chef zu Ihnen sagt: »Sie haben doch eine 16-jährige Tochter – können wir die nicht an Ihrer Stelle anheuern?« Diese Frage bekam Elli Noppers (45) gestellt, Teilzeit-Verkäuferin in einer Bäckerei. Zuvor hatte ihr Chef erläutert, er könne ihren Stundenlohn keinesfalls von 7 Euro auf 8,50 Euro erhöhen. Die Gehälter seien knapp kalkuliert, seine Bäckerei ohnehin kaum rentabel.

Ganz egal, wie gut es einem knausrigen Unternehmer geht, sobald er in der Gehaltsverhandlung den Mund aufmacht, piepst er als arme Kirchenmaus: schwierige Umsatzlage, Cash-Flow-Engpass, leergefegte Kassen. Vielleicht kommt ja ein Mitarbeiter auf die Idee, mit dem Hut eine Runde zu drehen und für ihn zu sammeln?

Elli Noppers hatte die 8,50 Euro gar nicht selbst gefordert, der Gesetzgeber war für sie eingesprungen: Zum 1. Januar 2015 trat in Deutschland der Mindestlohn in Kraft, begleitet von heftigem Protestgeheul der Wirtschaftsverbände, die sich überfordert fühlten und den Untergang des Arbeitslandes vorhersagten. Ein Punkt missfiel den Arbeitgebern besonders: die Dokumentationspflicht.[110]

Hieß das, sie wollten schummeln, aber dabei nicht erwischt werden? Jawohl. Und da sie keinen Weg fanden, die Dokumentationspflicht abzuwenden, fanden sie viele Wege, die Dokumentationen zu fälschen.

Als das Wirtschafts- und Sozialwissenschaftliche Institut 2018 eine Bilanz zog, entpuppte sich der Mindestlohn als Mogelpackung.[111] 2,7 Millionen Arbeitnehmer waren 2016 unter Mindestlohn bezahlt worden. Wo ein Betriebsrat fehlte, verdienten rund 19 Prozent der Beschäftigten weniger.

Aufs Abservieren des neuen Gesetzes versteht sich das Hotelgewerbe besonders gut: Von zehn Arbeitnehmern bleiben vier hinter dem Mindestlohn zurück. Und auch Verkäuferinnen wie Elli Noppers werden gern über den Tresen gezogen: Jeder fünfte Beschäftigte im Einzelhandel kann vom Mindestlohn nur träumen.

Wie kann das sein: Der Staat erlässt ein Gesetz, aber die Unternehmen pfeifen darauf? Warum wurden nur lächerliche 2500 Ermittlungsverfahren eingeleitet? Dürfen sich Arbeitgeber, weil sie Jobs vergeben, denn alles erlauben?

Stellen Sie sich den umgekehrten Fall vor: 2,7 Millionen Arbeitnehmer klauen Geld aus den Kassen ihrer Unternehmen, Stunde für Stunde. Väterchen Staat sieht die Gesetzesverstöße, aber greift nicht mal in jedem tausendsten Fall ein. Die Arbeitgeber würden sich das niemals gefallen lassen!

Apropos: Warum nehmen es Millionen von Beschäftigten hin, dass ihnen der Mindestlohn verweigert wird? Aus Angst um ihren Arbeitsplatz. Elli Noppers Chef peilte ein Schlupfloch im Gesetz an: Der Mindestlohn gilt nicht für Minderjährige. Die Mutter sollte arbeiten, die Tochter abgerechnet werden. Dann wäre alles in Ordnung, falls jemand die Bücher prüft.

Elli Noppers fand dieses Angebot unverschämt. Erstens, weil ihr Chef nicht gerade ein Mann mit leeren Taschen war. Und zweitens, weil er darauf verwies, sie habe ja keinen Verlust und bekomme dasselbe Geld wie bisher – das ist so, als würde

Noppers sich die Mehreinnahmen der Bäckerei in die eigene Tasche stecken und sagen: »Meckern Sie nicht – Sie bekommen ja genauso viel Geld wie bisher.«

Doch ihr Chef deutete an, mit Mindestlohn sei der Teilzeit-Arbeitsplatz nicht zu erhalten. Durch ihr zweites Kind, einen siebenjährigen Sohn, war Noppers an die kleine Ortschaft gebunden. Und die anderen Geschäfte dort – das wusste sie von Kolleginnen – tricksten sich ebenfalls am Mindestlohn vorbei.

Und so kam es, dass im nächsten Monat eine 16-Jährige auf der Lohnliste, aber eine 45-Jährige hinterm Tresen stand.

Der Durchdreh-Reim

Der Mindestlohn: Gesetzespflicht.
Nur ausgezahlt, das wird er nicht.

Die zehn Tricks der Gehaltsdrücker-Kolonne

Es gibt nur einen Ort, wo der mittlerweile auf 8,84 Euro angehobene Mindestlohn eingehalten wird: auf dem Papier. Mit »krimineller Kreativität«, so der Deutsche Gewerkschaftsbund (DGB)[112], schaffen es die Gehaltsdrücker, stets die richtige Zahl auf den Zettel zu zaubern – und aus der Lohntüte viele Scheine. Wie dieser faule Zauber funktioniert? Hier die zehn beliebtesten Tricks, dringend zum Anzeigen empfohlen:

Trick 1: Die hungrige Pauschale

»Ab jetzt gibt's Mindestlohn«, wurde den deutschen Erntehelfern eines Hofes in Niedersachsen mitgeteilt. Die freuten sich auf 1,50 Euro zusätzlich pro Stunde – immerhin zwölf Euro mehr an einem Acht-Stunden-Tag. Doch was bislang umsonst war, Schlafbaracke und Eintopf, tauchte plötzlich in der Abrechnung als »Pauschale Unterkunft/Verpflegung« auf – exakt zwölf Euro wurden dafür abgezogen. Mindestlohn als Nullsummen-Spiel.

Trick 2: Der unrealistische Akkord

Ein Hotel in Düsseldorf reagierte auf den Mindestlohn mit einem neuen Zahlungsmodell: Die Reinigungskräfte wurden nicht mehr nach Stunden, sondern nach Zimmern bezahlt. Dabei kalkulierte die Direktion mit vier Zimmern pro Stunde – obwohl sie wusste, dass pro Raum mindestens 20 Minuten nötig waren. Der Mindestlohn stand auf dem Zettel – aber eine Stunde war jetzt 80 Minuten lang.

Trick 3: Wie wär's mit weniger Arbeitszeit?

Fordern die Gewerkschaften nicht ohnehin reduzierte Arbeitszeiten? Durch den Mindestlohn kommen ihnen die Arbeitgeber endlich entgegen. Wenn ein Mitarbeiter seine Vollzeit-Stelle auf 90 Prozent reduziert, fallen nur noch 90 Prozent seines Gehaltes an – zehn Prozent kann der Arbeitgeber sparen und in eine gute Sache investieren: den Mindestlohn. Natürlich bleibt die reale Arbeitszeit bei 100 Prozent.

Trick 4: Der gute Schein

Die Servicekraft in einem Solarium wunderte sich: Ihr Chef drückte ihr am Monatsende vier Gutscheine fürs eigene Solarium in die Hand, jeweils 32 Euro wert. Den Grund sah sie dann auf der Gehaltsabrechnung: Ihr Stundensatz war auf den Mindestlohn erhöht worden – allerdings unter Addition der für sie völlig nutzlosen Gutscheine. Das war nicht zum Braunwerden, sondern zum Schwarzärgern!

Trick 5: Wer hat mein Weihnachtsgeld geklaut?

Woher das Geld für den Mindestlohn nehmen, wenn nicht stehlen? Eben indirekt stehlen, sagen sich viele Firmen – und greifen nach Weihnachts- und Urlaubsgeld. Wer freiwillige Sonderzahlungen streicht und auf Stundensätze umlegt, erreicht den Mindestlohn oft ohne Mehrkosten. Dass die Leute am Ende des Jahres dann keinen Cent zusätzlich verdient haben – sei's drum. Frohe Weihnachten!

Trick 6: Der rasierte Urlaub

Ein Lagerhelfer bekam im Januar von seinem Chef mitgeteilt, er habe dieses Jahr nur noch 20 Tage Urlaub – statt 30 wie bislang. »Laut Gesetz sind nur 20 Tage vorgeschrieben«, sagte der Chef. Der Rest, eine freiwillige Leistung, werde eingestellt. Für die Firma bedeutete das: zehn zusätzliche Arbeitstage ohne zusätzliche Vergütung – eine smarte Querfinanzierung des Mindestlohns durch den Arbeitnehmer selbst. Zwar ist es illegal, einen vereinbarten Urlaubsanspruch einfach zu rasieren. Aber das muss ja keiner wissen.

Trick 7: Probier's mal mit Freiberuf!

Darf der Mindestlohn verweigert werden? Einem festen Mitarbeiter nicht – einem freien schon. Freiberufler sind Freiwild. Was liegt da näher, als einen Mitarbeiter aufzufordern, seine Anstellung zu kündigen (»Sonst müssen wir es leider tun!«) – und ihm gleichzeitig den Köder freiberuflicher Aufträge vor die Nase zu halten (»Für Sie ändert sich gar nichts!«). Dann läuft der Mindestlohn ins Leere. Und die Firma spart sich auch noch die Sozialabgaben.

Trick 8: Die Wege werden kürzer

Eine bayrische Zeitungsbotin staunte nicht schlecht, als sie ihre erste Abrechnung mit Mindestlohn sah: Sie bekam weniger als vorher. Auf Rückfrage hieß es, man habe »die direkten Wege vermessen« und die Zeiten neu kalkuliert. Statt vier Stunden, wie bisher, bekam sie nur noch 3 1/2 Stunden bezahlt. Eine Prüfung auf der Landkarte ergab: Der Arbeitgeber hatte die Luftlinie als »direkten Weg« angenommen.

Trick 9: Wir zahlen nicht fürs Warten!

Womit verbringt ein Taxifahrer die meiste Zeit? Mit Warten. Das haben sich etliche Taxiunternehmen zu Nutze gemacht: Jetzt zahlen sie ihren Fahrern zwar den Mindestlohn, aber nur für die »Fahrzeiten«. Die ganzen Stunden, die der Taxifahrer auf Kundschaft wartet, gelten als Privatvergnügen – und tauchen in der Abrechnung nicht auf.

Trick 10: Werkzeug hat seinen Preis

Die Gärtnergehilfin war baff, als sie auf ihrem Gehaltszettel zwei Neuerungen vorfand. Die erste war erfreulich: Endlich wurde ihr der korrekte Mindestlohn gewährt. Die zweite war unerfreulich: Dieser Mindestlohn schmolz um eine »Leihgebühr für Fachwerkzeuge«. Die Mitarbeiterin musste den Rasenmäher, den sie für ihren Job brauchte, erst mal vom Arbeitgeber leihen. Unterm Strich stand wieder mal das alte Gehalt.

Der Durchdreh-Reim

Gehälter auf dem Soll-Niveau
gibt's auf Papier. Sonst nirgendwo.

Der höllische Arbeitgeber

Es wird höchste Zeit, dass der Staat dem fiesesten Arbeitgeber Deutschlands auf die Finger klopft. Wer hinter die Fassaden dieses Unternehmens blickt, sieht Mitarbeiter, die an Bürokratie ersticken, nach Stellenkürzungen im Hamsterrad strampeln oder seit Jahren mit befristeten Arbeitsverträgen in der Luft hängen. Hier ein paar Auszüge aus dem Sündenregister:

- Kein anderer großer Arbeitgeber speist Spezialisten und Führungskräfte so oft mit zu geringen Gehältern ab – bis zu 30 Prozent unter dem Marktwert.
- Kein anderer Arbeitgeber kommt so oft auf die Idee, hoch-

qualifizierte Arbeitskräfte für die Dauer ihres Jahresurlaubs in die Arbeitslosigkeit zu schubsen, um sie danach wieder einzustellen.

- Kein anderer Arbeitgeber macht seine Mitarbeiter so krank, im Durchschnitt fehlen sie jedes Jahr 15,5 Tage.[113]
- Kein anderer Arbeitgeber treibt die Mitarbeiter so oft in Burnout und Depression – die Quote der Krankschreibungen aus psychischen Gründen liegt zwei Drittel höher als im Durchschnitt.[114]
- Kein anderer Arbeitgeber beschäftigt so wenige Menschen mit Migrationshintergrund, nicht einmal fünf Prozent – während zum Beispiel das produzierende Gewerbe auf mehr als die doppelte Quote kommt.[115]
- Und laut einer Studie mutet dieser Arbeitgeber seinen Mitarbeitern 70 Prozent mehr Bürokratie zu als durchschnittliche Firmen aus der IT-, Medien- oder Kommunikationsbranche.[116]

Wenn ich Ihnen jetzt noch sage, dass es sich um den größten Arbeitgeber des Landes handelt, werden Sie mir zustimmen: Der Staat muss dringend etwas gegen diese Firma unternehmen. Geht aber leider nicht – weil der Staat selbst diese Firma ist. Ein Drama:

> Jener Staat, der die Profitgier der freien Wirtschaft ausbremsen, menschliche Arbeitsbedingungen einfordern und die humanistischen Werte hochhalten sollte – jener Staat reitet beim Ausbeuten der Arbeitnehmer mit klappernden Hufen voran.

Das Gemeinwesen ist gemein geworden. Zum Beispiel setzt der Staat angestellte Lehrer während der Sommerferien mit Vorliebe vor die Tür, um Kosten zu sparen, als wären es akademische Saisonarbeiter, auf deren Hintern »Tritt mich!« steht.[117]

Und als die SPD 2013 in die Diskussion brachte, die Befristung für Arbeitsverträge rechtlich einzuschränken, spuckte das Statistische Bundesamt beschämende Daten aus: Die Bronx der Befristung lag auf staatlichem Hoheitsgebiet. An den Hochschulen hingen 80 Prozent der 25- bis 29-jährigen Akademiker mit Zeitverträgen in der Luft, im Gesundheitswesen waren es knapp 60 Prozent. Dagegen wirkte die Industrie mit elf Prozent so harmlos wie ein kleiner Taschendieb neben einem Schwerkriminellen.

Die Dienstleistungsgewerkschaft Verdi attestierte dem Staat, »mehr oder minder systematisch (…) nur noch befristet einzustellen«[118] – seit die rotgrüne Regierung unter Kanzler Schröder das Tor zur Hölle der sachgrundlosen Befristung aufgestoßen hatte. Wirklich auf Druck der Wirtschaft? Oder war das arbeitgeberfreundliche Geschenk an den Staat selbst gerichtet?

Das Leben mit einem befristeten Arbeitsvertrag ist ein Leben an der Abbruchkante. Viele machen Erfahrungen wie die Uni-Assistentin Heike Richter (27): »Jeden Tag erwarte ich die Hiobsbotschaft: ›Wir können Ihren Vertrag nicht verlängern!‹ Und jeden Tag tue ich alles, um dieses Unglück abzuwenden. Ich gebe immer Vollgas. Ich schaue nie auf die Uhr. Und ich bin mir für keine Arbeit zu schade.«

Ihr Chef, ein Germanistik-Professor, weiß von diesem Druck. Doch statt der jungen Frau Sicherheit zu geben, nutzt er ihre Notlage aus: »Ich bin sein Mädchen für alles: Halte Lehrveranstaltungen, die er selber halten müsste. Schreibe wissenschaftliche

Arbeiten, die unter seinem Namen erscheinen. Führe Betteltelefonate für Drittmittel.« Sie hält kurz inne und fügt leise hinzu: »Das Blödeste ist: Ich bin auch noch froh, dass ich all das darf. Ich denke mir nämlich: Solange ich nützlich für ihn persönlich bin, wird er meinen Vertrag noch einmal verlängern. Vielleicht.«

An dieser Situation ändert auch das windelweiche Wissenschafts-Zeitvertrags-Gesetz von 2016 nichts, nach dem Verträge für wissenschaftliches Personal nur so lange laufen dürfen, wie es für die »angestrebte Qualifikation« angemessen ist. Was »angemessen« meint, ob ein Jahr oder ein Jahrzehnt, und worin die »Qualifikation« besteht, ob in der Promotion, den Zwischenschritten oder dem Titel »Leibeigener des Professors« – das dürfen sich die staatlichen Arbeitgeber mal hübsch aussuchen.[119]

Befristung frisst Befristete, zumindest seelisch; etliche Studien weisen nach, dass befristet Beschäftigte ein Leben zweiter Klasse führen, auch privat[120]:

- Die Befristeten sind deutlich unzufriedener im Job.
- Sie fühlen sich von der Gesellschaft ausgeschlossen.
- Sie werden häufiger von psychischen Leiden geplagt.
- Sie heiraten seltener.
- Sie werden seltener Eltern.

Zur gleichen Zeit beklagen Politiker, dass die Deutschen nicht genug Kinder bekommen. Schon mal überlegt, dass es schönere Orte für eine Familiengründung gibt als eine existenzielle Abbruchkante?

Der Durchdreh-Reim

Schuftest du für Staatsbetriebe,
rechne nicht mit Gegenliebe!

Wahrer Irrsinn

Betr.: Warum der Mindestlohn mich arm macht
Seit vielen Jahren arbeitete ich im Service eines Hotels. Das Gehalt war Magerkost: Bis Ende 2014 kam ich auf sieben Euro die Stunde. 2015 kam der gesetzliche Mindestlohn von 8,50 Euro – für mich wären das 20 Prozent mehr Gehalt gewesen. Die Inhaberin des Hotels sagte zum Jahreswechsel: »Ich möchte, dass es ab jetzt gerechter mit dem Geld zugeht. Jeder soll profitieren können, die Küche genauso wie der Service.«

Wunderbar, dachte ich, sie wird uns den Mindestlohn bezahlen. Und dann verkündete sie: »Ab sofort darf Trinkgeld nicht mehr eingesteckt werden, sondern wandert in einen Gemeinschaftstopf.«

Ich musste mich fügen, denn die Chefin drohte mit Abmahnungen. Jeden Tag gab ich 20 bis 30 Euro an sie weiter. Aber die Gehaltsabrechnung am Monatsende war ein Desaster: Weiterhin bekam ich nur sieben Euro pro Stunde. Wo blieb der Mindestlohn? Die Chefin reagierte gelassen auf meinen Protest: »Jetzt bekommen Sie Ihren Aufschlag in bar.« Feierlich öffnete sie die Trinkgeld-Kasse.

Mein Gesicht gefror. »Sie wollen mich doch nicht mit meinem eigenen Trinkgeld bezahlen!«

Doch genau so kam es: Sie drückte mir 12 Euro pro Arbeitstag in die Hand, was acht Stunden à 1,50 Euro entsprach. Dabei arbeitete ich bis zu zwölf Stunden und hatte ihr pro Tag 20 bis 30 Euro weitergereicht.

Unterm Strich verdiente ich deutlich weniger als zuvor. Und mein Mindestlohn wurde nicht vom Arbeitgeber, sondern von den Gästen bezahlt, ohne Sozialabgaben. Der Gesetzgeber hatte seine Rechnung ohne die geizige Wirtin gemacht.

Marianne Schulze, Servicekraft

Betr.: Wie meine Firma mir ein »großzügiges« Angebot machte

Es war kurz vor der Mittagspause, als mich der Boss unseres mittelständischen Unternehmens zu sich ins Büro bestellte. »Sie waren doch viele Jahre lang freie Grafikerin? Können Sie sich vorstellen, wieder freiberuflich zu arbeiten?«

Verblüfft starrte ich ihn an. »Aber ich bin doch festangestellt seit neun Jahren.«

»Nun ja, wir sind gerade dabei, die Strukturen zu verändern. Und ich könnte mir vorstellen, Ihnen wieder einen freiberuflichen Vertrag anzubieten.«

»Sie wollen mich feuern?«

»Nein, nein, wir arbeiten dauerhaft weiter zusammen. Sie wären freier in Ihrer Zeiteinteilung und könnten von zu Hause arbeiten.«

»Und wie haben Sie sich das finanziell gedacht?«, fragte ich vorsichtig.

»Wir legen auf Ihr altes Gehalt noch 20 Prozent drauf – als Monatshonorar.«

Allmählich klang die Idee interessant für mich. Ich bat um eine Bedenkzeit. Am nächsten Tag sagte ich zu.

Die Firma kündigte meinen Festvertrag. Ich verzichtete auf eine Klage, weil ich zeitgleich einen Folgevertrag als Freiberuflerin bekam. Dieser sollte sich nach zwölf Monaten automatisch verlängern.

Ende September erreichte mich ein Einschreiben: Die Firma kündigte meinen freiberuflichen Vertrag zum Jahresende. Dazu war sie laut Vertrag berechtigt. Erst jetzt verstand ich das Spiel: Hätte man mich aus der Festanstellung entlassen wollen, hätte ich klagen und eine Abfindung durchsetzen können. So aber war ich juristisch machtlos.

Mein Chef hatte mich über Bande rausgeschmissen.

Kirsten Roth, Grafikdesignerin

Betr.: Wie mein Chef zum Schutzgeld-Erpresser wurde

Ich bin als ungelernte Aushilfe bei einem kleinen Entrümpelungs-Unternehmen beschäftigt. Im Einstellungsgespräch hatte mein Chef gesagt: »Für Sie gilt der Mindestlohn, nur müssen wir in der Praxis einen fairen Ausgleich schaffen.« Wahrscheinlich meinte er, dass ich mich reinhängen sollte. Dazu war ich bereit.

Mein erster Gehaltszettel war korrekt: Ich hatte den vollen Mindestlohn erhalten. Ein paar Tage später sprach mich mein Chef kurz vor Feierabend an: »Lass mal ein paar Scheinchen rüberwachsen.«

Erstaunt sah ich ihn an. »Du willst dir was leihen?« Immerhin war er der Inhaber der kleinen Firma.

»Ich habe dir was geliehen – und will es jetzt zurück!«

Er erinnerte mich an unser Vorstellungsgespräch. Mit »fairem Ausgleich« hatte er gemeint: Ich sollte ihm einen Teil des Mindestlohns zurückgeben, in bar. Ich leistete Widerstand. »Deine Kollegen müssen das auch«, sagte er. »Wenn du's nicht machst, fliegst du.«

Wie ein Schutzgeld-Erpresser ließ er sich Schein für Schein rüberreichen, bis er der Meinung war, der »Fairness« sei Genüge getan. Ich war mit vollem Geldbeutel zur Arbeit gefahren – und fuhr mit halbleerem nach Hause.

Die Kollegen berichteten mir: Direkt nach der Einführung des Mindestlohns hatte er behauptet, nur so könne er die weitere Existenz der Firma und der Arbeitsplätze garantieren. Seine Mitarbeiter, alle ohne abgeschlossene Ausbildung, hatten am Arbeitsmarkt schlechte Chancen. Aus Angst um ihre Jobs spielten sie mit.

Mit unseren eigenen Scheinen sorgten wir dafür, dass der Schein des Mindestlohnes gewahrt wurde.

Axel Köhler, Hilfskraft

Nürnberger Prozesse: So geht's zu in der Arbeitsagentur

Der öffentliche Dienst ist kaputtgespart worden, ein Potemkinsches Dorf, in dem letzte Mohikaner hausen. Ganze Polizeiwachen sind so dünn besetzt, dass fraglich ist, ob es in der Stadt mehr Polizisten oder Bankräuber gibt. Ganze Schulen sind so dünn besetzt, dass die Stundenpläne zeitweise mehr Löcher als Stunden haben. Und eine Grippewelle reicht, um Kommunen lahmzulegen: Streufahrzeuge rücken nicht mehr aus, Einwohnermeldeämter bleiben dicht, und wer heute am Verhungern ist und an die Tür des Sozialamtes klopft, soll gefälligst bis morgen warten – falls der Sachbearbeiter dann wieder gesund ist.

Wie kommt es, dass der Staat so oft auf befristete Arbeitskräfte setzt? Das Institut für Arbeitsmarkt- und Berufsforschung deckt zwei große Unterschiede zur Privatwirtschaft auf:[121] Der Staat nennt »fehlende Planstellen« achtmal öfter als Grund. Ebenso springen die Befristeten deutlich öfter als »Vertretung« ein.

Der Staat als Arbeitgeber führt sich wie ein börsengehandeltes Unternehmen auf. Dabei kennt die Ironie keine Grenzen, denn der oberste Gesetzgeber trickst schlimmer als jedes Wirtschaftsunternehmen, um Geld zu sparen. Er scheut nicht einmal Gesetzesbruch.

Der PR-Spezialist Daniel Moucha kutschierte jahrelang als mobiler Öffentlichkeitsarbeiter durchs Land, um den Menschen den Bundestag zu erklären. Er machte einen guten Job. Doch als er forderte, eingestellt zu werden, galt er plötzlich als Quertreiber. Der Gesetzgeber sagt sich: Wozu Sozialabgaben zahlen, wenn der Mitarbeiter das auch selbst besorgen kann? Und so stellte der Bundestag den Mann einfach kalt, gab ihm keine Aufträge mehr.

Es brauchte den Hammer des Landessozialgerichts Berlin-Brandenburg, um den Gesetzgeber an seine eigenen Ausführungen zum Thema »Scheinselbständigkeit« zu erinnern: Moucha war weisungsgebunden wie ein Angestellter – also hätte er auch angestellt werden müssen, inklusive Sozialabgaben.[122]

Kein Einzelfall: Prüfer fanden heraus, dass der Bundestag 100 Mitarbeiter zu günstigen Konditionen als Scheinselbständige beschäftigte, statt sie einzustellen. Insgesamt musste das hohe – in diesem Fall eher: hohle – Haus fast 3,5 Millionen Euro Sozialbeiträge nachzahlen.

Die Situation der Solo-Selbständigen in Deutschland schreit zum Himmel: Das untere Viertel kommt auf einen Nettostundenlohn von 4,19 Euro, noch 30 Prozent weniger als das untere Viertel der Festbeschäftigten.[123]

Doch statt Hilfe zu leisten, leistet der Bundestag Beihilfe zum Gesetzesbruch. Wie ernst werden Gesetze von Privatbetrieben genommen, wenn der Bundestag sie ignoriert?

Auch die Agentur für Arbeit ist kein Vorbild. Ausgerechnet

jene Behörde, die den Arbeitsmarkt ankurbeln soll, gleicht einer Personalruine. Wer mit Sachbearbeitern spricht, bekommt abenteuerliche Berichte zu hören: Schreibtische stehen leer, Planstellen werden nicht nachbesetzt, Akten türmen sich.

Damit die Arbeitsagentur nicht endgültig zusammenbricht, holt sie befristete Arbeitskräfte als Vertretungen. »Erst lernt man sie wochenlang in unsere komplizierten Abläufe ein«, berichtet die Arbeitsvermittlerin Ute Klausen (54). »Aber sobald sie uns keine Arbeit mehr machen, sondern abnehmen könnten, werden sie wieder vom Hof gejagt – es waren ja nur Vertretungen.«

Wäre ja noch schöner, wenn die Agentur für Arbeit ein paar Jobs selber schaffen würde! Auch hier musste der Hammer eines Richters auf die Finger der Verantwortlichen schlagen – und die Agentur dazu zwingen, befristete Beschäftigte zu übernehmen.[124]

Nur in einer Disziplin ist das Arbeitsamt nicht zu schlagen: in Bürokratie. Alle naselang kommen aus der Nürnberger Zentrale ellenlange Hausmitteilungen, die ganze Arbeitswochen verschlingen könnten, würde man sie tatsächlich lesen. Im Haus heißt es dann: »Die ›Nürnberger Prozesse‹ laufen wieder an!« Hingerichtet wird die Arbeitsfähigkeit. Ute Klausen erzählte mir von einem kleinen Drama: Eine Kundin, psychisch labil, hatte nach etlichen Jahren endlich Vertrauen zu ihr gefasst. Zusammen waren die beiden dabei, die Weichen für die berufliche Zukunft der Frau zu stellen: Eine Weiterqualifizierung war schon ausgesucht, ein potenzieller Arbeitgeber ins Visier genommen.

Doch dann beging die Frau einen schweren Fehler: Sie heiratete. Damit veränderte sich ihr Nachname. Und nun schlug die behördeninterne Bürokratie zu: Aufgrund des neuen Nachnamens wurde die Frau bei ihrer nächsten Meldung einem anderen Sachbearbeiter zugewiesen, mit dem sie nicht zurechtkam.

Ute Klausen sprach bei ihrem Behördenleiter vor, doch der meinte: »Da braten wir jetzt keine Extrawurst: Die Klienten werden nach Alphabet verteilt.« Zur mangelnden Personalstärke kommt übertriebene Bürokratie.

Noch in den 1960er und 1970er Jahren galten die Behörden als überbesetzt, alle Beamtenwitze handelten davon, dass viele Menschen wenig zu tun hatten. Dann begann der Staat, die freie Wirtschaft zu kopieren. Erste Unternehmensberater bogen ab in die Behörden und zeigten »gewaltige Sparpotenziale« auf. Die Politiker waren begeistert und spielten Manager.

Und schon begann ein Kahlschlag, der die Behördenlandschaft radikal veränderte: Arbeitsplätze wurden nicht nachbesetzt, Azubis nicht mehr übernommen, Ämter neu aufgehängt und alles, alles verschlankt. Staatlichen Vorzeigebetrieben wie die Bahn hingen sich die Buchstaben »AG« wie einen Ehrentitel an – und bemerken nicht, dass sie sich eine Narrenkappe aufsetzten und das Gehirn wegsparten.

Doch wäre der Staat tatsächlich ein Börsenunternehmen: Kein Mensch würde diese Aktie mehr kaufen. Fürs Jahr 2030 sagt die Beratungsgesellschaft PricewaterhouseCoopers dem Staat 816000 unbesetzte Stellen voraus. Der Grund? Als Arbeitgeber zu unattraktiv![125]

Der Durchdreh-Reim

Ein Gesetz gilt nur auf Erden,
also niemals für Behörden.

Leiharbeit: Menschenware zum Tiefstpreis

Als der Informatiker Sandro Steingart (53) das Büro seines Chefs betrat, durchzuckte ihn ein Schrecken: Dort saß auch der Personalchef, mit todernstem Gesicht. Steingart sank auf einen Stuhl, und der Personaler kam gleich zur Sache: »Wir müssen Sie leider entlassen.«

Steingart, seit 17 Jahren in der Firma, schnappte nach Luft. »Entlassen? Warum?«

»Unsere IT-Aufgaben werden von einem externen Dienstleister übernommen. Alle Arbeitsplätze fallen weg.«

»Dann bin ich jetzt arbeitslos?«

Sein Vorgesetzter knipste ein Lächeln an. »Wir wollen Ihre Expertise behalten. Deshalb habe ich Sie dem externen Dienstleister dringend für eine Festanstellung empfohlen.«

Sandro Steingart blinzelte seinen Chef skeptisch an. »Dann werde ich von dem Dienstleister übernommen?«

»Nicht offiziell. Sie müssen sich bewerben und erledigen Ihre alte Arbeit in den Räumen der neuen Firma.«

Die Bedingung: Er sollte nicht gegen die Kündigung klagen. Seine Abfindung hätte nach 17 Jahren bei etwa 50 000 Euro gelegen. Aber was half das, wenn er danach arbeitslos wurde? Steingart wusste, wie schwer die Jobsuche in seinem Alter wäre – zumal er durch Eigenheim und Kinder an einen kleinen Ort in Sachsen gebunden war, in dessen Reichweite es kaum Optionen in seiner Gehaltsklasse gab.

Er ließ sich auf den Kuhhandel ein. Sein Gehalt wurde bei dieser Gelegenheit mal eben um 15 Prozent gekürzt.

Der große Managementautor Peter F. Drucker schlug einst

vor, Mitarbeiter sollten in der Bilanz nicht als Kostenstelle, sondern als »Aktiva« auftauchen, als wahres Kapital – weil sie mehr bringen als kosten.[126] Gierige Firmen ziehen den dritten Weg vor: Sie löschen Arbeitnehmer komplett aus der eigenen Bilanz und reichen die Kostenstelle weiter.

Die Arbeitsbeziehung, früher ein Bund für Jahrzehnte, ist für viele Firmen nur noch ein flüchtiger Flirt. Wo Verbindungen waren, ist Unverbindlichkeit geblieben.

Dieser Trend spiegelt sich nicht nur in der (heimlichen) Auslagerung von Arbeitsplätzen, sondern auch im Aufstieg der Zeitarbeit, dem modernen Menschenhandel. Eine Firma, die selbst keine Arbeit zu vergeben hat, heuert Menschenware an – und liefert sie an eine andere Firma aus, die zwar Arbeit zu vergeben hat, aber sie nicht *fest* vergeben will; sonst müssten sie soziale Verpflichtungen eingehen, etwa Tarifgehälter zahlen oder den Kündigungsschutz beachten.

Dieses Risiko bleibt beim Menschenhändler, dafür bekommt er stattliche Beträge. Aber weil er ein Händler ist, fließt nur das nötige Minimum an die gehandelten Menschen weiter – während ein großer Zwischengewinn in seine Tasche wandert.

Bis 1967 war dieser fragwürdige Handel in Deutschland streng verboten. Dann, in einer Phase des wirtschaftlichen Aufschwungs, bröckelte die Moral: 1972 wurde der Verleih von Arbeitskraft legalisiert.[127] Angeblich ging es darum, Auftragsspitzen abzufangen.

So richtig in Fahrt kam der Markt für Zeitarbeit aber erst, als es um Gewinnspitzen ging und der Kapitalismus in den 1990er Jahren seinen Turbo anwarf. In knapp 15 Jahren, von 1996 bis

2011, verfünffachte sich die Zahl der Leiharbeiter – begünstigt durch die rotgrüne Regierung, von der die Leiharbeit 2001 durch die sachgrundlose Befristung der Willkür des Marktes überlassen wurde. Zahlreiche Leiharbeits-Firmen schlossen mit ihren Mitarbeitern selbst Zeitverträge ab, sodass eine doppelte Verlagerung des Risikos stattfand. Über eine Million Zeitarbeiter waren das Ergebnis. Ein Fingerschnipsen genügt, um einen Leiharbeiter wieder loszuwerden; dann geht die Menschenware zurück an den Händler. Und dort kann er, sobald keine Aufträge für ihn mehr vorliegen, betriebsbedingt entlassen werden. Oder sein Zeitvertrag läuft aus.

Mehr als die Hälfte aller Leiharbeitsverhältnisse endet nach weniger als drei Monaten.[128] Über alle Tätigkeitsbereiche hinweg verdienen Zeitarbeiter fast 42 Prozent weniger als Stammkräfte. Die Bundesagentur für Arbeit gibt aktuell das allgemeine Durchschnittsgehalt mit 3084 Euro pro Monat an, das eines Leiharbeiters mit 1799.[129]

Etliche Unternehmen missbrauchten die Leiharbeit gleich doppelt. Sie gründeten eigene Zeitarbeits-Firmen. Die ausgelagerte Hand der Firma reichte Arbeitskräfte an die Stammhand weiter, zum Schnäppchenpreis. So unterhielt ein Verkehrsbetrieb in Schleswig-Holstein eine hauseigene »Transport Personal KG« – das einzige Büro, ein 20-Quadratmeter-Raum, lag direkt gegenüber. Als »Geschäftsführer« agierte ein Personaler des Verkehrsbetriebes. Die so als Leiharbeiter eingestellten Busfahrer verrichteten dieselbe Aufgabe wie die Stammmitarbeiter, nur verdienten sie im Monat 800 Euro weniger, hatten 25 statt 30 Urlaubstage und konnten nach Belieben entlassen werden. Die Zeitarbeits-Firma drückte den Mitarbeitern diese wesentlich schlechteren Konditionen auf – nur deshalb war sie gegründet worden. Und dem Stammpersonal wurde mit Verweis auf die billigen Kollegen Druck gemacht.[130]

Andere Leiharbeits-Firmen muten ihren Mitarbeitern zu, die ersten Tage ohne Lohn »zur Eignungsprüfung« zu arbeiten. Nicht nur den Versicherungsschutz, sondern auch ihre »Arbeitsschutzausrüstung« sollten die Mitarbeiter laut Vertrag »persönlich zur Verfügung« stellen. Oft ist das nur ein Trick, um die Arbeitskraft kostenlos in Anspruch zu nehmen.[131] Der Leiharbeiter erfährt nie, was mit der Firma, in die er geschickt wurde, abgerechnet wird. Im schlechtesten Fall geht er nach einigen Arbeitstagen ohne Lohn nach Hause, während sein Verleiher abkassiert.

Erst auf massives Drängen der Gewerkschaften schritt der Gesetzgeber ein. Mittlerweile ist die Gründung firmeneigener Zeitarbeitsunternehmen erschwert worden. Und die Reform des Arbeitnehmer-Überlassungsgesetzes schreibt auch vor:

- Nach neun Monaten steht dem Leihmitarbeiter derselbe Lohn wie einer Stammkraft zu.
- Die Dauer der Leiharbeit liegt bei höchstens 18 Monaten – eine Fortsetzung ist nur durch Festanstellung möglich.

Hat sich seither viel geändert? Kaum. Zum Beispiel weiß ich von einem hessischen Betrieb in der Metallindustrie. Formal läuft alles korrekt ab: Nach neun Monaten werden die Gehälter der Leiharbeiter denen der Stammarbeiter angeglichen. Dennoch verdienen die Leiharbeiter ein Drittel weniger.

Der Trick? Sie werden von Beginn an falsch eingruppiert. Zum Beispiel laufen die ausgebildeten Fachkräfte als Hilfsarbeiter. Sie fangen mit der Hälfte eines Facharbeiter-Lohns an, der nach neun Monaten aufgestockt wird auf zwei Drittel, das Niveau der ungelernten Stammarbeiter. Das korrekte Gehalt eines Facharbeiters bleibt ihnen vorenthalten.

Auch mit seiner Idee, die Einsätze auf 18 Monate zu begrenzen, ist der Gesetzgeber zu kurz gesprungen. Denn die 18 Monate beziehen sich nur auf einen Leiharbeiter, nicht aber auf einen Leiharbeitsplatz. Was passiert nach Ablauf dieser Zeit? Der alte Leiharbeiter gibt dem neuen die Klinke in die Hand – was die Firma sogar erfreut, weil sie das Gehalt des Neuen die ersten neun Monate offiziell drücken darf. Viele Zeitarbeiter halten sich mit weiteren Nebenjobs über Wasser, leben preisgünstig in Wohngemeinschaften und fahren Rad statt Auto.

Warum hat der Gesetzgeber die 18 Monate nicht auf Arbeitsplätze bezogen: dass ein Job, der 18 Monate von einem Leiharbeiter verrichtet wird, danach in eine feste Stelle für ihn umgewandelt oder abgeschafft werden muss?

Dass die geliehene Menschenware nicht geschont werden muss, wissen die Firmen. Alle Folgekosten, etwa durch Krankheit, tragen der Menschenhändler und die Allgemeinheit. Je gefährlicher eine Arbeit, desto eher darf die Leihware ran. Zum Beispiel in den Atomkraftwerken. Zeitweise riskierten über 24 000 Zeitarbeits-Söldner Kopf und Kragen.[132] Mal tauschten sie Brennelemente aus, mal schrubbten sie Böden, mal tauchten sie sogar in den Primärkreislauf ab, um Löcher zu stopfen.

Das eigene Personal der Kraftwerke bekam im Jahr 1,7 Sievert ab (das ist die Maßeinheit für Strahlenbelastung). Die verliehene Menschenware brachte es fast auf den achtfachen Wert: 12,8 Sievert. Und da sage noch einer, Leihmitarbeiter hätten keinen Grund zum Strahlen!

Der Durchdreh-Reim

Die Sklaverei gibt's längst nicht mehr,
denn Leiharbeit ist billiger.

Der Überlassungs-Trick

Stellen Sie sich vor, ein Bankräuber geht nicht selbst ans Werk, sondern beauftragt einen Unter-Bankräuber, der wiederum einen Unter-Bankräuber beauftragt, der wiederum einen Unter-Bankräuber beauftragt – bis einer in den Schalterraum stürmt, der kaum mehr in Beziehung zum Auftraggeber steht. Die Polizei kann *ihn* schnappen. Aber wie den wahren Täter überführen? Der behauptet, von nichts zu wissen.

So funktioniert das Prinzip des Werkvertrags: Verantwortung wird abgeschoben, damit die Weste des Auftraggebers sauber bleibt. Zum Beispiel beauftragte eine Schlachterei in Nordrhein-Westfalen einen osteuropäischen Subunternehmer damit, eine Aufgabe in der Fleischzerlegung zu übernehmen. Und zwar nicht in Osteuropa, sondern vor Ort in Deutschland. Dort fügten sich die vom Subunternehmer gestellten Arbeitskräfte in die alltäglichen Abläufe ein. Dazu schloss die Schlachterei einen Werkvertrag ab, für kleines Geld; die Sache sollte sich lohnen.

Der Schlachtbetrieb war fein raus, denn alle Pflichten gegenüber den überlassenen Arbeitern lagen bei der Werkfirma: Bezahlung, Sozialabgaben, Kündigungsschutz, Lohnfortzahlung im Krankheitsfall. Bei einem maximalen Nutzen – die Leute standen wie eigene zur Verfügung – bestand ein minimales Risiko.

Nun schreibt der Gesetzgeber aber vor, dass die beauftragte Firma ein eigenes »Werk« vollbringen muss; die Arbeitnehmer dürfen nicht einfach in den Produktionsprozess eingegliedert und von Vorgesetzten der Stammfirma angewiesen werden. Deshalb wurde die Schlachthalle in zwei Zonen eingeteilt: eine für Stammmitarbeiter, dort galt das Wort des Hallenleiters offiziell; und eine für Werkmitarbeiter, dort galt sein Wort inoffiziell – indem eine Führungskraft der Werkfirma als sein Papagei agiert.

Die Werkverträgler wurden wie Sklaven behandelt: Wenn es eng mit der Arbeit wurde, mussten sie Doppelschichten einlegen, bekamen aber nur acht Stunden bezahlt. Ihre Mittagspause existierte nur auf dem Papier, ebenso ihr Gehalt: eine Gebühr fürs Fleischermesser, »Messergeld« genannt, Reinigungskosten für Schutzhandschuhe, übertriebene Unterbringungskosten – all das ging davon ab. All das wäre juristisch anfechtbar. Aber wie sollen Menschen, die weder Deutsch sprechen noch ihre Rechte kennen, eine Klage in die Wege leiten?

Es ist wie bei der Leiharbeit: Zwei Menschen verrichten die gleiche Tätigkeit, aber werden völlig anders behandelt. Während der Stammmitarbeiter 14 Euro pro Stunde bekommt, 30 Tage Urlaub hat und sich über ein Weihnachtsgeld freuen darf, geht sein Sub-Kollege mit 9 Euro nach Hause, hat nur 20 Tage Urlaub, verrichtet bevorzugt Drecksarbeit, klotzt Sonderschichten und wartet vergeblich auf Weihnachtsgeld.

Allein in der Region Weser-Ems schuften mehr als 10 000 Werkverträgler in Fleischereien. 70 bis 80 Prozent der Fleischzerleger sind mit Werkverträgen oder als Leiharbeiter im Einsatz; das drückt die Löhne und die Sozialleistungen.[133]

Laut der Gewerkschaft Nahrung, Genuss, Gaststätten setzen große Schlachthofbetreiber wie Danish Crown, Tönnies, Vion,

Heidemark oder Wiesenhof auf Sub-Unternehmen, gern aus Osteuropa, und behaupten dann: »Ich als großer Schlachthofbetreiber habe mit diesen Mitarbeitern nichts zu tun – und kann deshalb auch nichts ändern, wenn sie ausgebeutet und betrogen werden.«[134]

Matthias Brümmer, örtlicher Geschäftsführer der Gewerkschaft Nahrung, Genuss, Gaststätten, hält »diese Auslagerung sozialer Verantwortung für schlicht illegal.«[135] Zumal den ausländischen Werkverträglern in Rumänien und Bulgarien ein Nettolohn von 1900 Euro versprochen wird, sie aber dann mit maximal 1000 Euro abgespeist werden. Die Menschen werden regelrecht in die Falle gelockt. Und wenn sie erst in Deutschland sind, können sie sich kaum mehr wehren, ohne ihren Arbeitsplatz zu riskieren. Wenn doch mal ein Werkverträgler mit Hilfe der Gewerkschaften vor Gericht zieht, kommen erstaunliche Fakten ans Licht: In einem Fall wurden 270 Arbeitsstunden geleistet, aber nur 165 bezahlt.

Zur vollen Entfaltung kommt das Bankräuber-Prinzip auf Baustellen:

Firma A schließt mit Firma B einen Werkvertrag, diese mit Firma C und diese mit Firma D. Die Kette der Sub-Unternehmer kann bis ins Ausland reichen. Als letztes Glied taucht ein Solo-Selbständiger auf, etwa ein Rumäne. Der ist an keinen Tarif gebunden und für seine soziale Absicherung selbst verantwortlich – obwohl er auf der Baustelle eines angesehenen deutschen Konzerns herumturnt.

Wenn Kontrolleure den Baustellenleiter ansprechen, sagt der: »Wir haben einen legalen Werkvertrag und zahlen dafür. Und wir gehen davon aus, dass die Arbeiter nach geltendem Recht bezahlt und behandelt werden.« Wie das möglich sein soll, wenn an den Sub-Unternehmer nur ein Hungerlohn überwiesen wird, sagt er freilich nicht.

Günter Wallraff berichtet in seinem Buch »Die Lastenträger« von Sub-Unternehmern am Bau, die ihre Betriebe stets mit der letzten Rate des Auftraggebers liquidieren. Die Mitarbeiter werden um die ausstehenden Löhne geprellt, die Sub-Unternehmer treten unter neuem Namen wieder an. Große Baukonzerne spielen mit, ja provozieren dieses Verhalten durch ihre Tiefstpreise.[136]

Wer dem Fluss des Geldes folgt, stellt fest: Der große Teil der Beute landet in der Tasche des Auftraggebers; der Werkvertrag wurde ja nur für massive Einsparungen abgeschlossen.

Theoretisch kann der Staat den Auftraggeber nach dem Arbeitnehmer-Entsendegesetz in Haftung nehmen, aber in der Praxis gelingt das nur selten, weil es an Kontrolleuren und am Willen zur Strafverfolgung fehlt; die Wirtschaft gilt als heilige Kuh.

Ob Werkverträge oder Leiharbeit: In beiden Fällen werden Menschen für den Profit der Firmen verheizt. Es geht darum, Löhne zu drücken, soziale Verantwortung weiterzureichen und am Ende fein raus zu sein. Gleichzeitig gerät die Stammbelegschaft unter Druck, weil die Werkverträgler billiger und williger sind.

Warum lassen wir uns ein solches Verhalten von renommierten Firmen gefallen? Warum werden Unternehmen, die durch Werkverträge die Rechte von Arbeitnehmern untergraben, nicht angeprangert und boykottiert? Warum ist der Nutzen, wenn einer an Betrug mitwirkt, immer noch größer als der Schaden?

Werkverträge sind kein gutes Werk, auch nicht für die Firmen selbst. Denn viele Terminkatastrophen, auch beim Flughafen Berlin-Brandenburg, hängen damit zusammen, dass zu viele Firmen aus zu vielen Ländern durch zu wenig Koordination nicht miteinander, sondern nur durcheinanderarbeiten – weil die Teams nicht eingespielt sind, Sprachbarrieren bestehen, fachliche Standards fehlen und ein sozialer Keil die Belegschaft in zwei Klassen spaltet.

Wenn der oberste Chef der Baufirma dann fragt, ob ein Termin zu halten sei, erlebt er dasselbe wie bei einem Werkvertrag: Jeder schiebt die Verantwortung an den anderen weiter – selber schuld!

Der Durchdreh-Reim

So günstig, wie's die Börse mag,
wird Arbeit durch den Werkvertrag.

Wahrer Irrsinn

Betr.: Wie man eine Informatiker-Stunde für null Euro bekommt

Ich war Ende 50 und als Informatiker am Arbeitsmarkt ein Auslaufmodell. Fast alle meine Bewerbungen endeten mit einer standardisierten Absage. Deshalb freute ich mich, als ein mittelständischer Bauunternehmer vorschlug: »Ich möchte

Ihnen die Chance geben, mal zwei, drei Tage bei uns probezuarbeiten.«

Alles lief unkompliziert, ich kam einfach vorbei. Im Haus gab es keinen Informatiker mehr, deshalb lag viel Arbeit an: Ich lief los, um verschollene Daten zu suchen, Viren zu vernichten und hilflosen Anwendern zu helfen. Die meisten Probleme ließen sich mit wenigen Klicks beseitigen.

Auf diese Weise lernte ich viele neue Kollegen kennen. Einer war überglücklich, als ich ihm an meinem dritten Arbeitstag eine gelöschte Datei wiederherstellte. Zum Abschied schüttelte er mir die Hand: »Alles Gute für die Zukunft!«

»Vielleicht sind wir bald Kollegen«, sagte ich.

»Nicht ausgeschlossen«, sagte er in einem Ton, als ob das völlig ausgeschlossen wäre.

Ich hakte nach und erfuhr: In den letzten sechs Monaten hatte der Bauunternehmer vier Informatiker zum Probearbeiten antanzen lassen. Alle hatten drei Tage lang akute IT-Brände gelöscht. Danach wurden sie abserviert.

So ging es auch mir. Die Firma machte ein gutes Geschäft: Billiger als für null Euro ist eine Informatiker-Stunde nicht zu haben.

Helmut Huber, Informatiker

Betr.: Wie ein wildfremder Mann unsere Sitzung stürmte

Unser Arbeitstag begann immer mit einer Kurzbesprechung um 8.00 Uhr. Der Erste im Sitzungsraum war stets Michael Weidel, unser Abteilungsleiter, fleißig und beliebt. Doch an diesem Donnerstag verspätete er sich. Um 8.15 Uhr war er immer noch nicht da.

Wir diskutierten gerade, ob wir die Sitzung ohne ihn abhalten sollten, als die Tür aufflog und ein wildfremder Mann im hellblauen Anzug den Raum betrat. »Guten Morgen«, sagte er und ließ sich auf den Stuhl am Kopfende des Tisches plumpsen. »Es tut mir leid, was Herrn Weidel passiert ist. Sie müssen alle sehr geschockt sein.«

Das Blut wich aus den Gesichtern. Die Bilder eines schweren Autounfalls zuckten durch meinen Kopf. »Das ist kein leichtes Erbe«, fuhr der wildfremde Mann fort, »aber welches Erbe ist schon leicht?«

Verdammt noch mal: Wer war der Kerl eigentlich? Was fiel ihm ein, sich einfach in unsere Runde zu setzen? Und warum wurde uns die Hiobsbotschaft – welche eigentlich genau? – von ihm überbracht und nicht von unserem Geschäftsführer?

»Was ist Herrn Weidel passiert?«, fragte ich.

Der wildfremde Mann riss die Augen weit auf: »Sie sind noch gar nicht informiert worden?«

»Nein, verdammt!«, entfuhr es mir.

Alle Blicke hingen an seinen Lippen.

»Er ist heute Morgen entlassen worden«, sagte er ruhig.

»Ich dachte, die Geschäftsführung hätte Ihnen das mitgeteilt und etwas zu meiner Person gesagt.«

»Hat sie nicht«, sagte ich. »Wer sind Sie eigentlich?«

»Sein Nachfolger«, sagte er und erzählte ein paar Takte über sich. Dann ging er zur Tagesordnung über. Obwohl nichts mehr in Ordnung war!

Ingo Vogt, Agrarwissenschaftler

Betr.: Warum mein freiwilliges Praktikum zum »Pflichtpraktikum« wurde

Als ich mich bei einer kleinen Medienagentur um ein Praktikum bewarb, sagte die Chefin: »Wir können aus rechtlichen Gründen nur noch Pflichtpraktikantinnen annehmen. Wären Sie denn eine?« Aus meinen Bewerbungsunterlagen wusste sie genau, dass ich ein freiwilliges Praktikum suchte. Aber daran sollte es nicht scheitern. »Ein Pflichtpraktikum ist in Ordnung«, sagte ich.

Was es mit den »rechtlichen Gründen« auf sich hatte, ging mir am Monatsende auf: Mir war ein Stundenlohn von 5,50 Euro überwiesen worden – der Mindestlohn gilt nur für freiwillige und nicht für Pflichtpraktikanten.

Beim Gehalt hatte ich das Nachsehen, bei der Arbeit jedoch den Vortritt: Wann immer am Wochenende PR-Termine anstanden, vorzugsweise in anderen Städten, wurde ich losgeschickt. Meine Chefin fuhr ins Wochenende.

Die Zugtickets buchte die Sekretärin für mich. Sie war angewiesen, immer die billigsten Züge zu nehmen. Einmal bin ich von Hamburg nach Berlin gereist, der Termin sollte um 14.00 Uhr beginnen – aber ich stand ab 9 Uhr dort rum, weil der 7-Uhr-Zug am billigsten gewesen war. Ähnlich die Heimreise: Der Termin war um 16 Uhr durch, aber der billigste Zug fuhr erst nach 21.00 Uhr zurück. Nie zuvor habe ich so viel Zeit in Bahnhöfen verschwendet. Aufschreiben durfte ich nur acht Stunden, auch wenn ich 16½ unterwegs war.

Nach einem Monat war mein Praktikum zu Ende. Meine Chefin bot mir eine Verlängerung an, weiterhin als Pflichtpraktikum. Ich lehnte dankend ab. Die Züge dieser Agentur gefielen mir nicht.

Ute Baumann, Germanistin

9. Frauenförderung mit Trick:

Ich werde bevorzugt – beim Kaffeekochen!

In diesem Kapitel erfahren Sie …

- mit welchen Tricks sich ein Schwangerschafts-Spion im Vorstellungsgespräch anschleicht,
- wie eine Frau durch schmutzige Männerfantasien zur »C-Mitarbeiterin« wurde,
- warum ein »Frauenförderer« nur männliche Alphatiere nachzüchtete
- und warum 94 Prozent der Manager laut Studie sich für großartig und Führungsfrauen für überflüssig halten.

Die Schwangerschafts-Spione

Warum wurde Sabine Morath (35) nicht mehr zur Führungsrunde eingeladen, obwohl sie Abteilungsleiterin war? Warum war ihr Name vom Verteiler der wichtigen Strategiemails gelöscht worden? Und warum kamen Informationen zu langfristigen Projekten sogar bei ihrem Azubi früher an als bei ihr selbst?

Der Grund lag auf der Hand: Drei Wochen zuvor hatte sie ein schweres Delikt eingeräumt, eine Schwangerschaft. Statt die Bedürfnisse des Kunden zu stillen, wofür sie bezahlt wurde, wollte sie jetzt ein Baby stillen, wofür sie definitiv nicht bezahlt wurde. Eine Millisekunde nach der Gratulation hatte ihr Vorgesetzter gesagt: »Ich respektiere, dass Sie die Familie der Karriere vorziehen. Aber was wird jetzt aus Ihrer Abteilung?«

Ihr bisheriger Stellvertreter sollte das Team in ihrer Abwesenheit leiten. Nur begann diese »Abwesenheit«, während sie noch auf ihrem Stuhl saß. Alles Wichtige umkurvte ihren Schreibtisch, um bei ihrem Vize zu landen. Heimlich galt der schon als neuer Chef, auch langfristig. Denn würde Sabine Morath überhaupt zurückkommen? Und wenn, dann doch wohl nur in Teilzeit. Tratsch verdrängte Tatsachen. Plötzlich wurde sie nicht mehr als Alphatier, sondern nur noch als Muttertier wahrgenommen.

> Es gibt drei Wege, wie eine Frau ihre Karrierechancen begraben kann: die Rente, den Tod und die Schwangerschaft. Der dritte Weg ist der sicherste.

Heißt das: Kinder schaden der Karriere? Aber nein! Wenn ein Mann in der Management-Runde bekanntgibt, dass er (mal wieder) Vater wird, hagelt es Gratulationen. Völlig klar, dass er sich als Versorger noch mehr in seine Arbeit reinkniet, auch nach Feierabend. »Männer und Frauen sind gleichberechtigt«, heißt es in Artikel 3 des Grundgesetzes. Aber haben Sie jemals erlebt, dass ein werdender Vater gefragt wurde:

- »Wie wollen Sie Beruf und Familie unter einen Hut bringen?«
- »Wie kriegen Sie das mit den Abendsitzungen hin, wenn Sie Ihr Kind aus der Krippe abholen müssen?«
- »Wie wollen Sie auf Dienstreise gehen, obwohl Sie ein Baby haben?«
- »Wie wollen Sie frisch und wach bei der Arbeit auftauchen, wenn Ihr Baby die ganze Nacht schreit?«
- »Wer garantiert uns, dass Ihr Kind Sie nicht mit allen möglichen Krankheiten ansteckt und Ihr Arbeitsplatz verwaist?«

Doch sobald eine Frau schwanger wird, stehen all diese Fragen (heimlich) im Raum. Mein Buch »Herr Müller, Sie sind doch nicht schwanger?!« handelt davon, dass ein männlicher Manager von 35 Jahren plötzlich als Frau aufwacht – und vor Problemen steht, die er vorher nie vermutet hätte. Dort erkläre ich ausführlicher, wie man als Frau mit Vorurteilen im Beruf umgeht und was die Gesellschaft für Gleichstellung tun kann. Dieses Thema liegt mir am Herzen, ich werde es so lange aufgreifen, bis die Botschaft nicht nur gehört, sondern endlich umgesetzt wird.[137]

Viele Firmen gehen davon aus, die Mutter über Jahre nur noch als Teilzeitkraft zu sehen, körperlich anwesend, aber in Gedanken beim Kind. Einige Arbeitgeber wirken eifersüchtig: Was hat ein

Kind zu bieten, was die Arbeit nicht auch bieten kann? Schreit der Chef bei seinen Tobsuchtsanfällen nicht mindestens so laut wie ein Baby? Macht das Anschieben neuer Projekte nicht genauso viel Spaß wie das Schieben eines Kinderwagens? Und wer den Nachtschlaf geraubt haben will, braucht dafür kein Geschrei aus der Krippe, der Gedanke an den Arbeitsberg des nächsten Tages reicht schon.

Eine große Unternehmensberatung kam auf die Idee, eine Schwangerschafts-Alarmanlage zu installieren. Den Beraterinnen wurde großzügig offeriert, sie könnten ihre Anti-Baby-Pillen mit der Firma abrechnen. Der Flügelschlag des Klapperstorchs war rechtzeitig zu hören – sobald keine Abrechnungen mehr kamen. Mehrere Beraterinnen schilderten, dass sie daraufhin in die zweite Reihe verbannt und bei langfristigen Vorzeigeprojekten nicht mehr eingesetzt wurden.[138]

Und wer als Bewerberin im gebärfähigen Alter ein Vorstellungsgespräch betritt, betritt ein Verhör. Alles konzentriert sich auf die beiden gefragtesten Qualifikationen: *nicht* schwanger zu sein – und *nicht* schwanger zu werden. Fachliche Qualitäten? Geschenkt!

Weil die blöden Gesetze es verbieten, direkt nach einer geplanten Schwangerschaft zu fragen, schleichen sich die Firmen an. So wurde Lydia Schauber (28) bei ihrem Vorstellungsgespräch als Innenarchitektin vom Interviewer gefragt: »Was bedeutet Ihnen Familie?« Gelassen gab sie zurück: »Ich liebe meine Eltern.«

Der Verhörführer ließ nicht locker: »Welche Ihrer Stärken würde jener Mensch hervorheben, der Sie am besten kennt, etwa ein Lebenspartner?« Aha, er wollte herausfinden, ob sie in einer Partnerschaft lebte. Vielleicht hätte Lydia Schauber antworten sollen: »Mein Partner schätzt meine Weitsicht – die Krippe und das Strampelhöschen sind schon gekauft.« Stattdessen zitierte sie, wie kreativ ihre beste Freundin sie fand.

Der Schwangerschafts-Polizist nahm einen dritten Anlauf: »Falls es mit der Position klappt, könnten wir Sie bei der Wohnungssuche unterstützen. Was genau stellen Sie sich vor?« Sicher wollte er hören: »Ein Haus mit mindestens acht Kinderzimmern – und natürlich kinderwagengerecht.«

Was würde als Nächstes kommen? Vielleicht das freundliche Angebot, ihr ein Gefrierschränkchen für ihre Eizellen zu reservieren, wie in den USA als »Social Freezing« üblich? Firmen wie Facebook und Apple bieten ihren Mitarbeiterinnen an, auf diese Weise die biologische Uhr zu stoppen – und das fortgesetzte Schaukeln von Projekten zu ermöglichen.[139]

Nein, der vierte Versuch lautete: »Können Sie sich auf mittlere Sicht eine Teilzeit-Position vorstellen?« »Mittlere Sicht« hieß offenbar: »nachdem Ihr Kind zur Welt gekommen ist«. Lydia Schauber antwortete, sie habe sich gezielt auf eine Vollzeit-Stelle beworben.

Vor lauter Schwangerschafts-Verhör war Schauber kaum dazu gekommen, über ihre beruflichen Qualitäten zu sprechen. Die Position ging mal wieder an einen jungen Mann, wie sie später im Internet nachlesen konnte.

Wie kommen Firmen darauf, dass Kind und Karriere sich exklusiv bei Frauen ausschließen? Es liegt doch auf der Hand, dass sich eine Frau als Mutter nicht nur persönlich, sondern auch beruflich weiterentwickelt. Ich glaube, es gibt auf der Welt keine bessere Fortbildung in Selbstorganisation, Empathie und Management, als Mutter (oder Vater) eines Kindes zu sein. Wer ein Kind großzieht …

- … übernimmt ein hohes Maß an Verantwortung,
- … muss Stimmungen erspüren, die nicht in Worten ausgedrückt werden,
- … muss durch persönliche Autorität überzeugen,
- … muss kurzfristig auf Krisen reagieren
- … und muss meist mit einem begrenzten Budget perfekt wirtschaften.

Sind solche Eigenschaften nicht sogar im Top-Management gefragt? Dass Firmen eine Schwangerschaft als Krankheit betrachten, die neun Monate dauert, 18 Jahre nachwirkt und Frauen aus dem Karriererennen kickt, ist im höchsten Maße dumm.

Oft erlebe ich es, dass Mütter bei ihrem Wiedereinstieg von Null anfangen müssen: abgeschlagen beim Gehalt, überrundet beim Aufstieg, abgeschnitten vom Netzwerk. Als hätten alle im Beruf sich rasend weiterentwickelt, nur sie durch die Erziehung keinen Zentimeter. Und wer nach der Geburt einmal in der Teilzeit-Falle steckt, kommt kaum wieder raus, denn ein Anspruch auf spätere Vollzeit besteht nach Ablauf der Elternzeit nicht mehr.

Höchste Zeit, dass Firmen Mütter fair behandeln und sie bei der Karriere und Karriereplanung voll berücksichtigen, auch mit ihren außerberuflich erworbenen Kompetenzen. Dass in Deutschland 70 Prozent der berufstätigen Mütter in Teilzeit arbeiten, aber nur sechs Prozent der Väter, spricht Bände über das familiäre Rollenverständnis, über die Vorurteile der Wirtschaft und die fehlende Kinderbetreuung.[140]

Sabine Morath kam sechs Monate nach der Geburt in die Firma zurück. Sie erzählte, wer sich um das Kind kümmerte: ihr Mann. Plötzlich übersah sie keiner mehr.

Der Durchdreh-Reim

Laufbahn kann sehr viel verkraften.
Alles – bis auf Schwangerschaften!

Macht die Quote alles schlimmer?

Nach meinem Vortrag bei einem Marketing-Kongress stürmte eine mittlere Managerin nach vorne: »Ich kann nicht glauben, dass Sie für die Frauenquote sind. Ist Ihnen denn nicht klar, dass die Quote uns Frauen schadet?«

»Was ist schädlich daran, wenn mehr Frauen aufsteigen?«, fragte ich.

»Jede Führungsfrau steht dann im Verdacht, nur Quotenfrau zu sein. Als hätte ich meine Position nicht aus eigener Leistung erreicht.«

»Sie fühlen sich zur Förderschülerin degradiert?«

»Genau! Dann nehmen mich die Männer nicht mehr ernst. Und es stimmt doch: Mit der Quote kommen auch Frauen nach oben, die unserer Sache keine Ehre machen.«

Ich sah sie nachdenklich an. »Haben Sie mal überlegt, dass es bislang eine heimliche Männerquote gibt? In der Vorstandsetage der Konzerne muss man 25 Türen öffnen, ehe man auf die erste Frau stößt. Und wie viele Männer sind an die Macht gekommen, ohne ihr gerecht zu werden? Wie viele haben Firmen in die Irre geführt und Existenzen von Mitarbeitern zerstört? Ich finde, unter all den schlechten Managern sind ein paar schlechte Managerinnen verschmerzbar.«

Sie schüttelte heftig den Kopf. »Eben nicht! Niemand würde sagen: ›Ein Mann hat ein Unternehmen zu Grunde gewirtschaftet, also sind alle Männer schlechte Manager.‹ Aber wenn eine der wenigen Führungsfrauen versagt, heißt es sofort: ›Frauen taugen nicht fürs Management!‹«

»Mag sein«, sagte ich. »Aber wollen Sie die Quote deshalb wieder abschaffen? Wenn immer mehr Frauen aufsteigen, werden immer mehr Frauen erfolgreich sein. Und eines Tages, wenn es genug Managerinnen gibt, wird das Versagen einer einzelnen nicht mehr als ›weiblich‹ wahrgenommen. Sondern einfach als individuelles Versagen, wie bei einem Mann.«

Bei diesem Disput hatte ich kein gutes Gewissen. In meinem Hinterkopf arbeitete noch ein Coaching mit dem hohen Manager eines DAX-Konzerns. Sein Jahresziel beinhaltete eine Frauenquote und zwang ihn dazu, direkt unter sich eine Managerin zu installieren. Etliche Kandidatinnen hatte er auf dem Schirm. Eine davon, die begabteste, war ihm suspekt: »Die ist eine Überfliegerin, so ein Powerweib, die will ich mir nicht aufhalsen.«

Ich gab zu bedenken, dass der mögliche Erfolg dieser Mitarbeiterin doch auf ihn abstrahle, aber er antwortete: »Wenn ich einer solchen Frau so viel Sichtbarkeit verschaffe, zieht sie morgen an mir vorbei. Was meinen Sie, wie händeringend unsere Vorstände nach begabten Top-Managerinnen suchen – für die Außenwirkung.«

Mein Widerspruch lief ins Leere: Er entschied sich für eine harmlose Kandidatin, eine Frau, die ohne Quote nichts geworden wäre – für ihn eine bequeme Entscheidung, ganz wie es der anonymisierte Manager Paul Hecht in dem Buch »Mad Business« beschreibt: Solche Frauen hätten »zwei unschätzbare Vorteile: Sie sind gänzlich ungeeignet zum Stühlesägen, und bei Gehaltsverhandlungen verkaufen sie sich weit unter Wert. Hervorragende Mitarbeiterinnen, politisch korrekt gefördert, die mir nicht gefährlich werden können und zudem noch spottbillig sind: Win-Win-Win-Win!«[141]

Solche Beförderungen sorgen für Frust: Männer, die den Job gern gehabt hätten, fühlen sich diskriminiert – mit Recht. Frauen, die den Job besser gekonnt hätten, fühlen sich ausgebremst – mit Recht. Und alle zusammen feixen, wenn die Kandidatin versagt: »Das kommt von der Frauenquote!« – zu Unrecht, denn der Unfall wurde provoziert.

Wie gelingt Karriere ohne Quote? Führungsmänner netzwerken. Nach einer Tagung treffen sie Kollegen an der Bar und tauschen Visitenkarten aus. Spätestens nach dem dritten Gläschen avanciert der Fremde zum Kumpel: »Melde dich, wenn eine Stelle frei wird!« Konkurrieren zwei Männer um denselben Job, sehen sie sich danach wieder als Verbündete: Wer oben ist, zieht den anderen hinterher. Frauen jedoch werden als Bedrohung wahrgenommen. 71 Prozent der Männer im mittleren Management fürchten Frauen als Konkurrenz.[142] Darum bleibt die Tür des Karrierelifts für starke Frauen oft geschlossen.

Die Wurzeln dafür, dass Frauen seltener aufsteigen, reichen übers Firmengelände hinaus. Noch immer wachsen Jungen und Mädchen unterschiedlich auf. Jungen lieben Kräftemessen. Sie treten zu Wettläufen an und spielen Fußball, balgen miteinander und wetteifern bei Computerspielen. Mädchen dagegen werden eher zu kooperativem Verhalten verzogen: Sie spielen Kaufmannsladen, hüpfen Seil und kleiden Puppen ein.

Unter den Jungen wird bewundert, wer sich über die anderen stellt und die Gruppe führt. Dagegen sinkt der Status von Mädchen, die sich in weiblichen Gruppen herausheben wollen;

sie gelten als überheblich.[143] Diese frühen Muster wirken ein Leben lang nach.

Die Berufswelt ist ein riesiger Schmelztiegel, dort treffen sich die Jungen und Mädchen von einst. Die ehemaligen Mädchen tun, was sie immer gelernt haben: Sie verhalten sich kooperativ und zurückhaltend. Und die ehemaligen Jungen tun, was sie immer gelernt haben: Sie suchen den Wettbewerb und streben an die Spitze.

Die französische Volkswirtin Corinne Maier beschreibt den Konkurrenzkampf so: »Da die meisten mittleren Angestellten das Gleiche haben wollen (einen Dienstwagen, eine Beförderung auf die nächste Stufe der Karriereleiter, die Berufung in ein superwichtiges Komitee für Entscheidungsfindung …), kocht die Rivalität hoch wie Milchbrei, verschärft sich und bedroht schließlich den Zusammenhalt der ganzen Gruppe«.[144] Klar, wer sich in einem solchen Klima durchsetzt – die wettkampferprobten Jungen von einst.

Manchmal scheitern Frauen schon vor dem Bewerben. Zum einen, weil sie bereits als Studentinnen mit bis zu 20 Prozent weniger Gehalt als ihre Kommilitonen rechnen.[145] Zum anderen, weil sie ihre Bewerbungsmappe erst gar nicht in den Ring werfen.

Diese Erfahrung verblüfft mich immer wieder: Frage ich einen Bewerber in der Beratung, ob er sich eine Position zutraut, klopft sein Zeigefinger auf jene zwei Anforderungen der Ausschreibung, die er erfüllt – auch wenn er bei acht weiteren Punkten passen muss. Dagegen deutet eine Bewerberin oft auf jene zwei Punkte, die sie nicht erfüllt – auch wenn sie acht weitere Punkte locker mitbringt. Eine Studie aus den USA sagt: Männer bewerben sich, wenn sie 60 Prozent einer Stellenausschreibung erfüllen; bei Frauen müssen es mindestens 90 Prozent sein.[146]

Ähnlich läuft es mit der Selbst-PR im Alltag:

> Wenn eine Frau beim Meeting einen Vorschlag macht, reden alle weiter. Aber wenn ein Mann fünf Minuten später dieselbe Idee wiederholt, laut und selbstgewiss, geht ein Raunen durch die Runde: »Was für eine tolle Idee, Dieter!«

Auch in Gehalts- und Beförderungsverhandlungen ziehen Frauen den Kürzeren. Seit 2002 verdienen sie nahezu unverändert 21 Prozent weniger als Männer, in Westdeutschland sogar 23 Prozent.[147] Damit ist Deutschland Europameister in Gehaltsdiffamierung.

Die New Yorker Organisationspsychologin Karen Lyness hat mit einer Langzeit-Studie nachgewiesen: Damit eine Frau aufsteigt, braucht sie deutlich bessere Bewertungen durch ihre Vorgesetzten als ein Mann – weil sie erst dann ihre Beförderung einfordert. Männer tun das schon bei geringerer Leistung.[148]

Einen ersten Meilenstein, Frauen und Männer beim Gehalt gleichzustellen, hat Manuela Schwesig (SPD) als Familienministerin gegen heftigen Widerstand durchgesetzt – mit ihrem Gesetz zur Gehaltstransparenz. Dass ich sie dabei durch meine Expertise unterstützen durfte, war mir eine Freude. In der hitzigen Debatte zitierte sie mich mit meiner wichtigsten Erkenntnis jener 15 Jahre, die ich nun als Gehaltscoach in die Lohntüten der Republik schaue: »Die Gehaltsstrukturen in Deutschland sind schief wie der Turm von Pisa.«[149]

Seit 2018 haben Frauen und Männer das Recht, die Gehälter von andersgeschlechtlichen Inhabern einer vergleichbaren Position zu erfahren, in Betrieben von über 200 Mitarbeitern. Ich wünsche mir, dass dieses Recht möglichst oft in Anspruch genommen und auch auf kleinere Firmen ausgeweitet wird, da im Moment noch 26 Millionen Menschen vom Gesetz ausgegrenzt sind.[150] Wer mehr Frauen in wichtigen Positionen fordert, muss sich fragen: Welche Werte pflegen wir als Gesellschaft? Belohnen wird Solidarität und Einfühlung? Oder honorieren wir vor allem Wettbewerbsorientierung und Lautstärke? Und wovon sollen Gehaltserhöhungen und Beförderungen abhängen? Wie gut jemand seine Arbeit macht? Oder wie früh und wie energisch er verhandelt? Im zweiten Fall wird Verhandlungs- statt Arbeitsleistung belohnt – für mich die Kapitulation der Leistungsgerechtigkeit.

Ich finde, eine Gesellschaft muss beide Qualitäten gleichermaßen wertschätzen, weibliche und männliche, zumal jeder Mensch beide in sich vereint. Und genau so sollte auch Karriere gemacht werden: durch Kompetenz, nicht durch Geschlecht. Ich wäre glücklich, wenn es die Quote eines Tages nicht mehr bräuchte.

Der Durchdreh-Reim

»Die Quote kann nur Krücke sein!«
Sagt Firma X, ganz ohne Bein.

Wahrer Irrsinn

Betr.: Wie ich zur C-Mitarbeiterin wurde
Ich arbeite in einer technischen Branche, auf zwei Frauen kommen etwa acht Männer. Das stört mich nicht, ich bin unter Brüdern aufgewachsen. Unsicher wurde ich erst, als immer mehr Kollegen den Augenkontakt mit meinen Brüsten suchten. Mehrfach musste ich mir Anreden wie »Schätzchen« und »Süße« verbitten.

Eine Kollegin trug mir zu: »Ich habe zufällig gehört, dass der Chef dich als ›C-Mitarbeiterin‹ bezeichnet.« Im Internet las ich nach, dass die Güteklassen für Personal von A (für vorzüglich) bis C (für miserabel) reichten. Und während A-Mitarbeiterinnen zu fördern seien, galten die C-Mitarbeiterinnen als Entlassungskandidatinnen.

Ich ging auf meinen Chef zu. »Ich möchte ein ehrliches Feedback von Ihnen: Wie zufrieden sind Sie mit meiner Arbeit?«

»Sehr zufrieden! Das läuft alles klasse.«

»Ich habe um eine *ehrliche* Rückmeldung gebeten!«

»Das war ehrlich.«

»Aber ich habe gehört, dass Sie mich als C-Mitarbeiterin bezeichnen.«

Verlegen wandte er den Blick ab. Dann brach ein lautes Kichern aus ihm heraus. »Machen Sie sich keine Sorgen, das war als Kompliment gemeint.«

Mehr verriet er nicht.

Später erfuhr ich: Hinter meinem Rücken hatten die Kollegen über meine Körbchengröße spekuliert. Seither wurde ich »die C-Mitarbeiterin« genannt. Und mein Chef machte bei diesem schmutzigen Spielchen mit. Jetzt wusste ich, warum mir keiner mehr in die Augen sah.

Aleksandra Abramczyk, Kauffrau für Büromanagement

Betr.: Wie mich meine Firma in Teilzeit ausbeutet

Seit Jahren arbeite ich als Teilzeit-Kraft für eine große Supermarkt-Kette, offiziell eine 40-Prozent-Stelle mit 15 Stunden pro Woche. Aber tatsächlich bin ich oft 25 bis 30 Stunden im Einsatz. Mal rutscht mein Name in den Dienstplan, weil jemand krank ist. Mal klingelt am Nachmittag mein Telefon, weil »im Laden die Hölle los ist«. Und mal werde ich um 18.00 Uhr noch angerufen, um kurz danach zum Kehraus im Geschäft anzutanzen.

Die Firma erwartet, dass ich von Montag bis Samstag rund um die Uhr zur Verfügung stehe. Ich bekomme nur 15 Stunden bezahlt, zuzüglich Überstunden, aber soll mich sechsmal zwölf Stunden zur Verfügung halten. Dass ich auch ein Privatleben habe und zwei schulpflichtige Kinder – völlig egal. Sobald die Firma ruft, habe ich zu rennen. »Wer nicht flexibel ist, ist nichts für uns«, hatte die Filialleiterin gleich zu Beginn gedroht.

Nun sind meine Kinder etwas älter, und ich habe vorgeschlagen, meinen Vertrag auf 30 Stunden aufzustocken. Das wurde abgelehnt. Die Rechnung ist einfach: Durch meine 40-Prozent-Stelle habe ich nur Anspruch auf 40 Prozent des Urlaubs, 40 Prozent des Weihnachtsgeldes und 40 Prozent der sonstigen Sozialabgaben – während ich dennoch zu 100 Prozent der Öffnungszeiten zur Verfügung stehe.

Ein wirklich schlaues Geschäft für die Firma, zumal es in den Filialen mit Abstand mehr Teilzeit- als Vollzeit-Kräfte gibt. Die Stundenzahl wird grundsätzlich so gering wie möglich gehalten. Dieser Supermarkt lohnt sich – für die Betreiber, nicht für die Angestellten.

Meike Keller, Einzelhandelskauffrau

Betr.: Warum ich einen Kumpel zu wenig hatte

Unser Konzern betonte bei jeder Gelegenheit: »Wir brauchen mehr Frauen in Führungsfunktionen.« Deshalb bewarb ich mich auf eine interne Ausschreibung. Es wurde eine Teamleiterin gesucht, und das Profil passte ideal zu meinem Lebenslauf. Ich rechnete mir gute Chancen aus, zumal mir meine letzten Bewertungen Führungspotenzial bescheinigt hatten.

Tatsächlich wurde ich ins Vorstellungsgespräch eingeladen. Ich hatte sofort einen guten Draht zum Abteilungsleiter, platzierte meine besten Argumente und verließ den Termin mit einem guten Gefühl. Die Entscheidung sollte »in den nächsten 14 Tagen« erfolgen. Doch schon am nächsten Abend geriet mein Traum ins Wanken.

Denn Brigitte, eine Freundin aus meinem Frauennetzwerk, schlug die Hand vor den Mund, als ich ihr von meiner Bewerbung erzählte. »Was ist los?«, fragte ich.

»Ich glaube, das darf ich jetzt nicht sagen«, antwortete sie.

»Ich will es aber wissen.«

Sie druckste herum, ehe sie erzählte: »Du hast dich in der Abteilung beworben, wo auch Jörn arbeitet, der ist ein Kumpel meines Mannes. Und Jörn hat ihm erzählt, dass er genau diese Stelle bereits hat.«

Ich hoffte inständig, dass Jörn nur große Sprüche geklopft hatte. Doch zwei Wochen später kassierte ich die Absage – und Jörn bekam den Job. Offenbar war er nicht nur ein Kumpel von Brigittes Mann, sondern auch von seinem Chef. Weil ich das nicht war, ging ich leer aus.

Eva Winter, Betriebswirtin

Die verschwundenen Bewerberinnen

Der Anruf war ein Hilferuf: »Wir suchen verzweifelt Führungsfrauen, aber finden keine – können Sie uns unterstützen?« Zwei Wochen später saß ich dem Geschäftsführer eines mittelständischen Textilherstellers in Hessen gegenüber, ein seriöser Herr Mitte 60, feiner Zwirn und rotes Einstecktuch.

Sein Betriebsrat hatte rebelliert, denn die Frauen waren nur in einer Abteilung überrepräsentiert: in der schlecht bezahlten Produktion. Die gehobene Führungsetage jedoch war eine reine Männerwirtschaft.

»Was tun Sie selbst, um Frauen zu fördern?«, fragte ich. Er ließ seinen Assistenten der Geschäftsführung antanzen, einen eifrigen Jungsporn. Der drückte mir eine Mappe mit der Überschrift »Frauenförderung« in die Hand. Die Maßnahmen waren in etwa so originell wie »Happy Birthday« als Geburtstagslied. Das Highlight war ein Mentoren-Programm, aufstiegswillige Frauen durften einen Führungsmann als Förderer wählen und sich von ihm coachen lassen.

Als der Assistent den Raum wieder verlassen hatte, fragte ich den Geschäftsführer: »Sind Sie zufrieden mit ihm?«

»Oh ja! Der hat jede Menge Potenzial!«

»Was ist aus seinem Vorgänger geworden?«

»Das war auch ein High Potential; der junge Mann leitet jetzt unsere französische Niederlassung.«

»Und der Vor-Vorgänger?«

»Der ist jetzt stellvertretender Entwicklungsleiter.«

Es war unglaublich: Derselbe Mann, der sich »Frauenförderung« auf die Fahnen geschrieben hatte, betrieb eine florierende Aufzucht männlicher Alphatiere. Auch etliche seiner Assistenten davor, immer junge Männer, hatten es mittlerweile in die Führungsetage geschafft.

»Haben Sie denn jemals eine weibliche Assistentin gehabt?«, fragte ich.

Er zuckte zusammen. »Glauben Sie mir, auf diese Position bewerben sich immer nur Männer.«

»Das kann nicht sein.«

»Ist aber wahr!«, beharrte er.

Ich rief seine Sekretärin hinzu, und die erzählte freimütig: »Stimmt, Sie kriegen nur Bewerbungen von jungen Männern auf den Tisch. Wir wissen ja, dass Sie seit 25 Jahren männliche Assistenten haben. Deshalb sortieren wir die Frauen aus.«

So läuft das oft: Offiziell sind die Unternehmen sehr darum bemüht, mehr Frauen in Führungspositionen zu bringen. Aber alle Abläufe, alle Strukturen und alle heimlichen Spielregeln sind auf Männer zugeschnitten.

Wer sich als Frau in diese Welt verirrt, kommt sich vor wie auf einem Rugby-Feld: Hier gelten Regeln, die für Männer günstiger als für Frauen sind.

In jeder Stellenausschreibung können Sie es nachlesen: »Durchsetzungsfähigkeit« wird von Führungskräften erwartet. Zwei Ellenbogen, für die es einen Waffenschein bräuchte, gelten als ideale Führungsinstrumente. Wenn eine Frau es dagegen mit sozialer Kompetenz versucht, wenn sie ihre Mitarbeiter nicht zwingen, sondern überzeugen will, dann trägt sie schnell einen Beinamen wie »Mutti«, auch wenn sie zufällig nicht Kanzlerin ist: zu sozial, zu weich, zu weiblich.

Gerade letzte Woche hat mir eine Führungsfrau erzählt, wie ihr Chef sie zur Seite nahm: »Ich merke, dass Sie ein sehr enges Verhältnis zu Ihren Mitarbeitern pflegen. Halten Sie bitte etwas mehr Distanz!« Zu viel gute Laune, zu viel Nähe – höchst verdächtig!

Dagegen habe ich es noch nie erlebt, dass eine (männliche) Führungskraft auf »zu viel Distanz« zu ihren Mitarbeitern hingewiesen wurde: »Warum sinkt die Laune des Teams immer, sobald Sie das Büro betreten?« Oder: »Warum haben die Leute nicht das nötige Vertrauen, mit Ihnen über die wahren Probleme zu sprechen?« Nein, in diesem Fall ist von »gesunder Distanz« die Rede – als könnte man sich anstecken, wenn man den eigenen Mitarbeitern zu nahe kommt.

Manchmal glaube ich, Top-Manager wollen keine Frauen in der Führungsetage, weil die unbequeme Fragen stellen könnten:

- »Warum soll ich eine Gehaltserhöhung ablehnen, wenn eine Arbeitskraft sie nachweislich verdient hat?«
- »Warum soll ich Menschen entlassen, obwohl sie einen guten Job machen und wir Arbeit bis zum Abwinken haben?«
- »Warum soll ich meine 58-jährige Mitarbeiterin aus der Firma drängen, obwohl niemand so viel vom Markt versteht wie sie?«
- »Und dient es den Geschäftszahlen nicht mehr, wenn die Leute einbezogen werden und guter Laune sind, als wenn sie übergangen und verstimmt werden?«

Doch eine Firma ist kein Ponyhof. Und sozialromantische Anwandlungen passen nicht zu einem Management, das Bilanzen statt Menschen führt. Kooperativer Führungsstil, Kommunikation auf Augenhöhe und 360-Grad-Feedbacks werden in Seminaren gepredigt. Aber im Führungsalltag, wenn's um die Wurst geht, schlägt die Faust auf den Tisch. Entscheidungen fallen wie Bäume, von oben nach unten, bei den Mitarbeitern schlagen sie krachend auf.

Natürlich könnten sich die Unternehmen fragen: »Ist unsere Führung zu männlich und hierarchisch? Brauchen wir mehr soziale Kompetenz und Gerechtigkeit? Täte uns ein weiblicherer Blick auf die Dinge gut?« Stattdessen gelten die Männer als Maß aller Dinge. Und eine Frau, die von Adams Rippe abweicht, hat ein Problem.

Der Durchdreh-Reim

Menschen führen? Nichts für Schwache.
Also reine Männersache!

Der Zicken-Verdacht

Wer hat die Führung einst erfunden, wer prägt sie bis heute? Zwei Institutionen, in denen Frauen kaum vorkamen: Kirche und Militär. Mit Ja und Amen, mit Befehl und Gehorsam wurden Gläubige und Soldaten zu blinder Gefolgschaft animiert.

Die Kirchenoberen sprachen Latein, das Fußvolk hat nichts verstanden, aber musste alles glauben. So funktioniert Management bis heute: Alles wirklich Wichtige, von Fusion bis Strategie, wird von Bossen hinter verschlossenen Türen ausgeheckt. Der Mitarbeiter muss es nicht verstehen, nur ausführen. Wenn er rebelliert, etwa gegen eine Personalkürzung, halten seine Chefs das für ein gutes Zeichen: »Wer den Sumpf trockenlegen will, muss mit dem Quaken der Frösche rechnen«, hat neulich ein Standortleiter zu mir gesagt.

Und wenn ein General zum Angriff blies, hatten alle Soldaten anzugreifen, statt die Entscheidung zu diskutieren. So funktioniert Management bis heute: Alles Gute kommt von oben, als Befehl, und ist ohne Rückfrage auszuführen. Diskussionen sind nicht erwünscht, zumal Manager das Schlachtfeld des Alltags vorsichtshalber nur selten betreten; sie könnten ja von einem Querschläger, etwa einer Kundenbeschwerde, getroffen werden. Da lebt es sich in der Chefetage sicherer.

Ist die Führung der Unternehmen aus der Zeit gefallen, leidet sie an einer Überdosis Testosteron? Auf die Frage, welche Vorteile »weibliche Talente« im Top-Management bringen, sagen männliche Führungskräfte: keine! In einer Studie der German Consulting Group versteigern sich 94 Prozent der Führungsmänner zu dieser Aussage. Die wichtigsten Eigenschaften seien typisch »männlich«.[151]

Der ehemalige McKinsey-Chef Herbert Henzler bestätigt: »Die Organisation vieler deutscher Unternehmen steht in einer militärischen Tradition. Es gibt feingliedrige Hierarchien, über die (...) Befehle von oben nach unten gereicht werden.«[152] Chefs spielen sich zu kleinen Generälen auf. Aber wenn eine Frau die rhetorische Kanone auspackt und beim Spiel der Alphamänner mitmischt, wird ihr Verhalten oft in die falsche Schublade sortiert:

- Wenn ein Mann für seinen Standpunkt kämpft, gilt er als durchsetzungsfähig – tut es eine Frau, gilt sie als »Zicke«.
- Wenn ein Mann beim Meeting viel redet, gilt er als eloquent – tut es eine Frau, hat sie »Haare auf den Zähnen«.
- Und wenn ein Mann einen Spruch raushaut, um einen Konkurrenten in seine Grenzen zu verweisen, hat er »den nötigen Biss« – doch bei einer Frau heißt es: »Die hat wohl gerade ihre Tage!«

Frauen können im Business zwei Fehler begehen: Entweder treten sie wie Frauen auf, dann sind sie zu weich. Oder sie treten auf wie Männer, dann sind sie zu hart.

Auch das »Mentoring-Programm« des Textilbetriebes entpuppte sich als Umerziehungslager: Männliche Führungskräfte gaben ihre eigenen Erfolgsrezepte an Frauen weiter. Aber wenn eine Frau sich beim Führen als Mann verkleidet, läuft sie Gefahr, ihre ureigenen Stärken zu verlieren und als Kopie unter Originalmännern zu scheitern. Das gilt übrigens auch für Männer, die eben keine Draufgänger, sondern ruhigere Typen sind. Und es gilt weniger für Frauen, die von Natur aus männlichere Verhaltensmuster bevorzugen.

Sicher können Frauen von Männern viel lernen, etwa wie man Netzwerke bildet, mutige Entscheidungen fällt und beim Meeting nur deshalb Mehrheiten findet, weil man sie sich schon durch Einzelgespräche im Vorfeld gesichert hat. Aber ganz sicher können Männer auch von Frauen viel lernen, etwa wie man mit sozialer Kompetenz führt, Risiken richtig einschätzt und Menschen so leitet, dass sie sich wohlfühlen und alles für die Firma tun.

Niemand steht gut auf einem Bein. Unternehmen, die nur von Männern geführt werden, nutzen die weiblichen Kompetenzen zu wenig. Und auch rein weiblich geführte Firmen neigen zur Schlagseite. Erst in gemischten Führungsteams ergänzen sich männliche und weibliche Stärken ideal, das erhöht den Erfolg der Unternehmen.[153] Es hat schon seinen Grund, dass für die wichtigste Führungsaufgabe dieser Erde biologisch eine 50-50-Quote vorgesehen ist: die Erziehung eines Kindes.

Nicht nur das Klima, auch die Zahlen profitieren von Managerinnen. Die amerikanische Frauenorganisation Catalyst wies nach, dass die Eigenkapitalrendite der größten Aktiengesellschaften 53 Prozent über dem Durchschnitt liegt, wenn Frauen im Management stark vertreten sind. Und die Unternehmensberatung McKinsey bestätigt das für Europa: Wo unverhältnismäßig viele Frauen im Management sitzen, fallen die Gewinne um 48 Prozent höher aus.[154]

Männer sind oft zu risikofreudig, im Straßenverkehr verursachen sie sieben von zehn tödlichen Verkehrsunfällen, im Management so manchen Totalschaden: Wer hat die Finanzkrise heraufbeschworen? Alle elf Direktoren der Pleitebank Lehman Brothers waren Männer! Wer hat den ADAC durch gefälschte Zahlen an die Wand gefahren? Unter 33 Männern im Präsidium und Verwaltungsrat fand sich keine einzige Frau! Und auch die VW-Affäre geht allein auf das Konto männlicher Manager. Mehr weibliches Risikobewusstsein hätte gegensteuern können.

Einige Macho-Manager betrachten Macht als Selbstzweck. Sie sehen ihre eigene Bedeutung wachsen, wenn das Firmenreich zu ihren Füßen wächst. Also expandieren sie, fusionieren, spielen Eroberer und stürmen neue Kontinente, um ihr eigenes Ansehen zu steigern und andere Manager abzuhängen. Die Firma ist Mittel zum Zweck.

Solche Sandkastenspiele sind bei Managerinnen seltener, viele stellen die eigene Eitelkeit hinter die Interessen ihrer Firma zurück. Ich kenne eine Geschäftsführerin im Mittelstand, als Mutter von drei Kindern arbeitet sie täglich nur vier Stunden. In dieser Zeit macht sie so viel richtig, dass es ihrer Marketing-Firma blendend geht. Die meisten Aufgaben, auch repräsentative Termine, delegiert sie an ihre Belegschaft. Stets an der Spitze der Führungskavallerie zu reiten, darauf legt sie keinen Wert.

All das erzählte ich dem Geschäftsführer des Textilbetriebes in Hessen. Da nahm er seiner Sekretärin das Versprechen ab, nie wieder eine Bewerberin auszusortieren.

Der Durchdreh-Reim

Frauen gelten schnell als Zicken,
wenn sie mal wie Männer ticken.

Wahrer Irrsinn

Betr.: Wie ich mich in Luft auflöste
Ich hatte das Gefühl, plötzlich unsichtbar zu sein. Immer mehr Kollegen hielten mich für entbehrlich, wenn wichtige Reisen zu Kunden anstanden. Und eine Fortbildung, die in sechs Monaten hätte beginnen sollen, war plötzlich aus meinem Kalender verschwunden – »später mal«, hatte mein Chef gemurmelt.

Wenn ich in Sitzungen ein gutes Argument vorbrachte, redeten die anderen weiter. Wenn ich Stellungnahmen anderer Abteilungen anforderte, blieben Antworten aus. Und mein Chef hielt mich an, mit einem Strategiepapier »erst mal langsam« zu machen – sonst hatte er mich immer gehetzt.

Was war hier faul? War ich das Opfer eines Mobbings?

Erst ein Lagerarbeiter, ein naiver Kerl, brachte mich auf die richtige Fährte. »Wann ist es denn so weit?«, fragte er.

»So weit womit?«

»Na, Sie sind doch schwanger – oder etwa nicht?«

Jemand, wohl ein Karriere-Konkurrent, hatte dieses Gerücht verbreitet. Niemand hatte mich direkt darauf angesprochen. Aber in der Erwartung, ich verschwände ohnehin bald, galt ich als unsichtbar.

Ich schrieb eine Rundmail, um das Gerücht zu entkräften. Doch die Tatsache, dass ich dementierte, wurde offenbar als Bestätigung gesehen: »Wenn nichts dran wäre, würde sie sich nicht öffentlich äußern«, hieß es hinter meinem Rücken.

Erst als der Gegenbeweis erbracht war, nach neun Monaten, hatten mich alle wieder auf dem Schirm. Die Fortbildung durfte ich dann doch antreten.

Manuela Herrmann, Führungskraft in der Chemiebranche

Betr.: Warum ich ganz dringend nach Boston musste
Der Auftrag kam über Nacht: Mein Chef forderte mich auf, nach Boston zu fliegen, dort sei ein amerikanischer Kunde brennend an einem Abschluss interessiert. Unsere Maschinen waren rund um den Globus begehrt. Nur passte der Zeitpunkt der Reise schlecht, denn er überschnitt sich mit dem Besuch eines potenziellen Großkunden aus Arabien. Meine Präsentation war schon vorbereitet.

Doch mein Chef meinte, der Araber wolle ja doch bloß die Preise seines bisherigen US-Lieferanten drücken, ich solle nach Boston fliegen. Georg, ein Kollege aus dem Vertrieb, sollte meine Präsentation übernehmen.

In Boston erlebte ich eine Enttäuschung: Der »Kunde« war offensichtlich gelangweilt. Am meisten interessierte ihn das geschäftliche Abendessen, zu dem ich ihn einlud. Frustriert kam ich zurück in die Zentrale. Mein Chef tröstete mich: »Der Araber hat zugesagt – ein Riesengeschäft!« Nun wurde Georg für den Auftrag gefeiert. Dabei hatte ich die ganze Vorarbeit geleistet, vom Erstkontakt bis zur Entwicklung der Präsentation.

Ein halbes Jahr später, bei der Weihnachtsfeier, verriet mir ein angetrunkener Manager: Mein Chef hatte mich unter einem Vorwand nach Boston geschickt. In der engsten Führungsrunde hatte er gesagt: »Der Araber kommt aus einem Land, wo Frauen nicht mal den Führerschein machen dürfen – da können wir ihm keine junge Frau als Verhandlungspartnerin zumuten.«

Auf die Idee, welche Zumutung dieses Verhalten für mich darstellte, kam er offenbar nicht.

Anke Möller, Key-Account-Managerin

Betr.: Warum meine Nebenrolle so mies bezahlt wurde

Als Schauspielerin war ich von einer bekannten Bühne für eine Nebenrolle engagiert worden. Es war ein Stück mit großem Ensemble, die Gage war mager. In einer abendlichen Zechrunde mit anderen Nebendarstellern fragte ich: »Wie sehen eigentlich eure Gagen aus?« Zwei Kolleginnen, die Sekretärinnen spielten wie ich, winkten ab – und nannten mir denselben Hungerlohn. Die beiden männlichen Kollegen am Tisch, die Nebenrollen als Juristen hatten, hielten sich auffallend bedeckt.

Doch ein paar Gläser später wurden sie gesprächig. Es kam heraus: Die Männer bekamen die doppelte Gage. Das wollten wir Frauen uns nicht gefallen lassen: Am nächsten Tag standen wir beim Intendanten auf der Matte. »Was wollen Sie eigentlich?«, polterte der. »Ihre Kollegen spielen Akademiker – die müssen sich besser vorbereiten und daher mehr bekommen.«

Ein lächerliches Argument, das die Ungerechtigkeit gegenüber uns Schauspielerinnen kaschieren sollte. Schade, dass kein Mann eine Nebenrolle als Bettler gespielt hat. Ich bin sicher: Er hätte dennoch doppelt so viel wie eine »Sekretärin« verdient …

Britta Beck, Schauspielerin

10. Tschüs, Kapitalismus:

Was die Arbeitswelt noch retten kann

In diesem Kapitel erfahren Sie …

- warum grenzenloses Wachstum zu grenzenlosem Unglück führt,
- wie die unsichtbare Hand des Marktes vor allem Prügel austeilt,
- was eine DDR-Lüge über Kartoffelkäfer mit den Lügen des Kapitalismus verbindet
- und was Firmen, Beschäftigte und der Staat tun können, um die Arbeitswelt trotz allem zu retten.

Der Fluch der maßlosen Gier

Maßlose Gier führt zu maßlosem Unglück. Das zeigt die Geschichte der Rapa Nui, der Ureinwohner der Osterinsel.[155] Als ihre Kultur ums 13. Jahrhundert den Höhepunkt erreichte, packte sie der Übermut: Sie wollten expandieren – noch mehr Boote, mehr Hütten, mehr Güter. Also schwangen sie Äxte und rodeten ihre Palmwälder.

Als der letzte Baum verbraucht war, zog die Krise auf: Der Bootsbau erstarb, die Erde erodierte, die Ernte schwand. Hungersnöte erfassten die Insel, Fischerboote wurden knapp, und Stammeskriege um die begrenzten Güter tobten los. Von 17 500 Rapa Nui blieben Mitte des 18. Jahrhunderts nur 700 übrig, ein Häufchen Elend in den Ruinen der einstigen Hochkultur.

Die Osterinsel der Gegenwart ist unser Globus. Die Ressourcen der Erde, die allen gehören, werden von wenigen zerstört, die über Produktionsmittel verfügen. Sie übergießen die Natur mit ihrem Beton, um abseits der Städte, wo Land noch billig ist, Fabriken, Kraftwerke und Firmengebäude emporzutreiben. Sie roden die Regenwälder, wo die Hälfte aller Tier- und Pflanzenarten der Erde leben, um daraus Sperrholz, Klodeckel und Besenstiele zu fertigen. Sie spritzen ihre Anbauflächen mit Gift, um die Erträge zu erhöhen, bis Insekten sterben, Singvögel verhungern und das Grundwasser in Gefahr ist.

Über die Meere fahren keine Kutter mehr, sondern Fischfabriken, die bis zu sechs Wochen auf See bleiben und täglich bis zu 300 Tonnen Fische an Bord verarbeiten und einfrieren können.[156] Alles, was sich in ihren riesigen Netzen verfängt, ist dem Tod geweiht. Die Ozeane sind fast leergefischt, nur der Plastikmüll am Grund vermehrt sich rasant und wird von den Wellen an die Strände gespuckt.

Und der gierige Schlund einer Weltwirtschaft, die immer rasanter wächst, verschlingt Rohstoffe wie Öl und Gas, Erz und Kupfer, Stahl und Nickel in solchen Mengen, dass die erschlossenen Vorräte schon in den nächsten Jahrzehnten zur Neige gehen können. Die Industrieländer des reichen Nordens kaufen Vorkommen auf, treiben die Preise nach oben und zementieren die Armut des globalen Südens.

Großkonzerne lassen ihr Geld in armen Ländern einmarschieren, reißen sich per »Land Grabbing« Ackerflächen und Wasserquellen unter den Nagel, jagen die Ureinwohner davon oder spannen sie als billige Arbeitskräfte ein. Von 2000 bis 2015 wurden mindestens 56 Millionen Hektar aufgekauft, die 1 ½-fache Fläche der Bundesrepublik Deutschland, in Ländern wie den Philippinen oder dem Sudan ist nahezu die komplette Landfläche in den Händen ausländischer Investoren. Auch in Deutschland gehören 70 Prozent der Ackerflächen nicht mehr den Bauern, die sie bewirtschaften.[157] Kapital frisst das Land auf.

Und damit die westlichen Konzerne billige Handys mit Lithium-Ionen-Batterien auf den Markt werfen können, schuften in kleinen Kobalt-Minen im Süden des Kongos 40 000 Minderjährige ab dem siebten Lebensjahr: Sie schlagen Schächte von Hand, schleppen Säcke mit Steinen und schädigen ihre Lungen – für ein bis zwei Dollar pro Tag.[158] Ähnlich ergeht es den Kindern in den Textilfabriken in Bangladesch.

> Die »unsichtbare Hand des Marktes«, von Adam Smith einst als natürliches Regulativ beschrieben[159], ist zur Faust geworden, die rund um den Globus Menschen prügelt, um den Reichtum der Reichen zu mehren.

Was wir in der deutschen Arbeitswelt erleben, ist nur ein Randausläufer der globalen Entwicklung. Dieser entfesselte Kapitalismus verhöhnt die soziale Marktwirtschaft, kümmert sich nicht um Gerechtigkeit und Nachhaltigkeit, Moral und Vernunft. Jedes Mittel ist recht, um den kurzfristigen Profit zu maximieren.

Die Erde dient nur noch als Rohstofflieferant. Tiere sind keine Lebewesen mehr, nur Lebensmittel, die es billigst zu produzieren gilt. Und ein Mensch, der das Firmengelände betritt, ist nur »Humankapital«. Je geringer die Löhne, desto höher die Gewinne.

Die Börse, Herzkammer des Systems, honoriert Unmoralisches, wenn es nur Profit verspricht. Der Neurologe Prof. Joachim Bauer schreibt in seinem Buch *Arbeit:* »Um die Attraktivität eines Unternehmens als Investitionsobjekt zu erhöhen und damit den Aktienkurs in die Höhe zu treiben, müssen die äußeren und inneren Unternehmensstrukturen permanent durchgerüttelt werden. Restrukturierungen und die Entlassung von Mitarbeitern werden nach dieser Logik zu einem Selbstzweck. Langfristig im Unternehmen tätige, sozial abgesicherte Mitarbeiter mit hohem Erfahrungswissen können hier nur stören.«

Der beste Arbeitsplatz ist der gestrichene. Je älter und teurer ein Mitarbeiter, desto höher sein Abflugrisiko. Mal wird der Job den verbleibenden Kollegen aufgehalst, mal wandert er ins billige Ausland, mal wird er per Werkvertrag ausgelagert. Und Praktikanten dürfen sich zwar krumm machen, aber kaum Hoffnung auf unbefristete Verträge. Die prekäre Existenz kann sich über Jahre hinziehen.

Und wenn das reale Wachstum der Firmen seine Grenzen erreicht hat? Dann reiten sie als Glücksritter auf den Finanzmärkten ein, weil »die Kultur des neuen Kapitalismus« dort höhere und schnellere Gewinne verspricht.[160] Ihr Geld geht für sie Geldverdienen, als wäre es ein Angestellter, der keinerlei Sozialleistungen kostet, niemals streikt und 24 Stunden am Tag rund um den Globus arbeitet. Menschen sind nicht mehr nötig – oder erst dann, wenn riesige Spekulationsverluste auf die Allgemeinheit umverteilt werden, um die Hasardeure zu retten, wie bei der letzten Finanzkrise.

Dass die Arbeitswelt durchdreht, liegt nicht nur an einzelnen Firmen – es liegt an einem durchgedrehten Kapitalismus. Wir müssen dafür kämpfen, dass unsere Marktwirtschaft wieder sozial wird. Solange noch Zeit und Ressourcen bleiben – solange es uns noch besser geht als den Rapa Nui.

Der Durchdreh-Reim

Die Erde strahlt in schönstem Glanz
als Rohstoffquell in der Bilanz.

Von Kapitalismus und Kartoffelkäfern

Ein winziges Tier drohte ein ganzes Land aufzufressen: Im Mai 1950 fielen Millionen Kartoffelkäfer über die Felder der DDR her und verputzten die Ernte. Durch das Land, vom Krieg gebeutelt, lief der Hunger. Die Bosse der Staatspartei SED überlegten fieberhaft: Wie sollten sie den Versorgungsengpass rechtfertigen, ohne dem Klassenfeind in die Hände zu spielen?

Die Staatsmedien verbreiteten dann: Die Kartoffelkäfer seien von den Amerikanern per Flugzeug über der DDR abgeworfen worden, ein biologischer Angriff. Schuld war mal wieder der Klassenfeind. Dabei war vor der Käferplage schon im Winter international gewarnt worden. Doch die DDR-Oberen hatten es versäumt, rechtzeitig Pflanzenschutzmittel zu produzieren.[161]

Solche Propaganda konnte das Volk nur kurz blenden. Mit jeder neuen Lüge, Jahr für Jahr, demontierten sich die Lügner selbst – bis das Land 1989 nach einem langen Sturz in der moralischen Pleite aufschlug. Nicht an fehlendem Geld, an fehlender Glaubwürdigkeit ist die DDR zerbrochen.

Wann immer ein System nicht hält, was es den Menschen verspricht, beschwört es die eigene Implosion herauf. Unser kapitalistisches Wirtschaftssystem hat sich als Kontrast zum real existierenden Sozialismus inszeniert, als System der Freiheit und Chancengleichheit. Aber immer mehr Menschen fragen sich:

- Was hat es mit Freiheit zu tun, dass deutsche Firmen auf ihre Gewinne im Schnitt nur 21 Prozent Steuern bezahlen, während ein einfacher Arbeitnehmer als kinderloser Single rund das Doppelte abdrückt? Ganz zu schweigen von Großkonzernen, die sich in Steueroasen einen schlanken Fuß machen. Das Deutsche Institut für Wirtschaftsforschung sieht eine Steuerlücke von bis zu 120 Milliarden im Jahr.[162]

- Was hat es mit Freiheit zu tun, dass 45 Superreiche in Deutschland so viel besitzen wie die ärmere Hälfte der Bevölkerung zusammen, auf die nur 2,3 Prozent des Vermögens entfallen (deutlich weniger als in anderen Ländern Europas, in Spanien ist es fünfmal so viel).[163]
- Was hat es mit Freiheit zu tun, wenn der Staat den Arbeitnehmern die Rente und die Bezugsdauer des Arbeitslosengeldes kürzt – während er für gierige Banken, die sich verspekulieren, sofort einen Rettungsschirm aus Steuermilliarden bastelt?
- Was hat es mit Chancengleichheit zu tun, dass in Deutschland nicht die Intelligenz eines Kindes entscheidet, ob es studiert, sondern der Stand der Eltern? Die Wahrscheinlichkeit, dass ein Kind mit Akademiker-Elternteil ein Bachelor-Studium abschließt, ist um 320 Prozent höher als bei Eltern ohne Studium – bei der Promotion sind es gar 900 Prozent.[164]
- Was hat es mit Chancengleichheit zu tun, dass ein Normalverdiener in Großstädten wie München seine Miete kaum mehr bezahlen kann, nur weil Wohnraum-Spekulanten sich eine goldene Nase verdienen?
- Und wo bleibt die Chancengleichheit, wenn ein entlassener Manager weich in seine Millionenabfindung fällt, während eine durch seine Misswirtschaft entlassene Mitarbeiterin bald schon beim Sozialamt anklopfen muss?

Die Freiheit, die uns versprochen wird, ist eine Freiheit der Reichen und der Mächtigen. Von Tellerwäschern, die zu

Millionären werden, erzählen vor allem Millionäre, die nie Tellerwäscher waren.

Kletternden Unternehmensgewinnen steht ein wachsender Niedriglohn-Sektor gegenüber; mit den Rekordkursen an der Börse geht ein neuer Rekord an befristeten Arbeitsverträgen einher; und während steinreiche Manager sich auch noch Millionenpensionen sichern, erwartet immer mehr Mitarbeiter am Ende des langen Arbeitslebens eine Rente auf Sozialhilfe-Niveau.

Geld ist genug da, allein die 45 Superreichen besitzen 214 Milliarden, aber schlecht verteilt ist es. Fast jeder dritte Deutsche besitzt kaum Sparvermögen.[165] Wenn das Auto kaputtgeht oder die Waschmaschine streikt, muss ein Kredit her. Nahezu jeder vierte Arbeitnehmer in Deutschland verdient unter 10,50 Euro. Damit ist der Niedriglohn-Sektor in unserem vermeintlich so wohlhabenden Land um 42 Prozent größer als im europäischen Durchschnitt.[166]

Aus »Wohlstand für alle«, wie ihn Ludwig Erhard einst versprochen hatte[167], ist »Wohlstand für einige« geworden. Die Zahl der Abgehängten wächst: durch Befristung und Billiglöhne, durch Werkverträge und Leiharbeit, durch Outsourcing und Standortverlagerungen.

Eigentum verpflichtet offenbar zu gar nichts mehr, außer es zu mehren. Gedacht war das mal anders: Großkonzerne zu verstaatlichen und einen »Sozialismus aus christlicher Verantwortung« einzuführen, das hatte nach dem Zweiten Weltkrieg sogar die CDU gefordert.[168] Doch der Rheinische Kapitalismus, der große Teilhabe versprach, wurde durch den reinen Kapitalismus ersetzt.

Der US-Präsident Ronald Reagan und die britische Premierministerin Margaret Thatcher läuteten Anfang der 1980er Jahre das Zeitalter des Neoliberalismus ein. Die öffentliche Hand, bis dahin schützend über Bürger gehalten, schob Geld in die Taschen der Reichen: Konzerne wurden von Steuerlasten befreit, Vermögende mit Privilegien bedacht, Rechte von Arbeitnehmern ausgehöhlt und Staatsbetriebe der Privatwirtschaft überlassen.

In Deutschland war es Helmut Kohl (CDU), der 1982 eine geistig-moralische Wende ausrief, es aber mit der Moral nicht so genau nahm. Der Wirtschaft machte er den Hof, den Arbeitnehmern nur Dampf: Sie mussten sich von ihm als Faulpelze, als Bewohner eines »Freizeitparks« beschimpfen lassen.[169] Solche Töne gefielen den Firmenlenkern. Kohl wurde mit Parteispenden überschüttet, einige so anrüchig, dass sie in schwarze Kassen flossen und er die Namen der Spender mit ins Grab nahm.

Mit der Wiedervereinigung 1990 und dem Zusammenbruch der sozialistischen Staaten fühlte sich der Kapitalismus endgültig als Sieger im Rennen der Systeme. Während die Trabbis noch hupend von Ost nach West rollten, rollte von West nach Ost schon eine Welle der Gier: Grundstücksspekulanten und Versicherungsvertreter, Kredithaie und Firmeneinkäufer, Haustürvertreter und Autohändler witterten einen neuen Markt mit unerfahrenen Verbrauchern, die leicht über den Tisch zu ziehen waren.

Aus »blühenden Landschaften«, die Kohl versprochen hatte, wurden blühende Geschäfte für die Systemgewinner. Auf Kommunismus folgte Konsumismus, vorzugsweise auf Pump, wodurch die Banken prächtig mitverdienten.

Kohls Nachfolger Gerhard Schröder (SPD), »Genosse der Bosse« genannt, setzte den Wirtschafts-Schmusekurs unter rotgrüner Flagge fort: Ein Teil der Rentenversorgung wurde privatisiert, die sachgrundlose Befristung eingeführt und die Parität bei den Beiträgen zur Krankenversicherung zu Lasten der Arbeitnehmer aufgehoben. An diese Politik knüpfte Angela Merkel (CDU) nahtlos an.

Der weltweite Flurschaden nach über 35 Jahren Neoliberalismus ist gewaltig, wie der aktuelle World Inequality Report dokumentiert: Die Kluft zwischen Arm und Reich öffnet sich zum Grand Canyon. Das Vermögen der oberen ein Prozent kennt nur eine Richtung: Es wächst. Und das Vermögen der unteren 50 Prozent kennt nur eine Richtung: Es schwindet – in den USA, in Europa, rund um den Globus. Die Hälfte der Menschheit: abgehängt.[170]

Woran das liegen könnte, hat Bert Brecht schon 1934 in seinem Kindergedicht »Alfabet« skizziert: »Reicher Mann und armer Mann / standen da und sahn sich an. / Und der Arme sagte bleich: / ›Wär ich nicht arm, wärst du nicht reich‹.«[171] Wie lange noch wird die Mehrheit zusehen, wie eine Minderheit auf ihre Kosten profitiert?

Die Menschen in der DDR haben die Lügen der SED durchschaut, weil sie ihrer täglichen Lebenswirklichkeit widersprachen: Leere Teller lassen sich nicht voll, lange Schlangen vor den Geschäften nicht kurz reden. Und wenn Konzerne ihren Mitarbeitern von »Kürzungsbedarf« erzählen, aber in Rekordgewinnen baden; wenn sie den »Fachkräftemangel« behaupten, aber ältere Bewerber aus Prinzip ablehnen; wenn sie mit der einen Hand Stammpersonal streichen, aber mit der anderen Werkverträge abschließen: Dann durchschauen die Menschen den Schwindel ebenfalls.

Warum ist der Sozialismus in der DDR gescheitert? Weil es ein pervertierter Sozialismus war, der wenigen genützt, aber vielen geschadet hat. Warum droht dem Kapitalismus ein Scheitern bei uns? Aus denselben Gründen.

Der Durchdreh-Reim

Die Marktwirtschaft nimmt jeden mit,
zur Not mit einem Hintern-Tritt.

Sechs Richtige, um die Arbeitswelt zu retten

Ist die Arbeitswelt noch zu retten? Lassen sich unvernünftige Firmen zur Vernunft bringen? Ich bin guter Dinge – falls ein schlafender Riese sich erhebt: die Belegschaft. Firmen wollen Geld verdienen, dazu braucht es Mitarbeiter, qualifiziert und motiviert. Ein Konzern ohne Mitarbeiter wäre kein Konzern – nur eine verstreute Ansammlung von Immobilien, Maschinen, Fuhrpark und Papier. Eine Firma als juristische Person hat keinen Kopf, um sich Strategien auszudenken, keine Hand, die sie dem Kunden reichen kann, und keine Stimme, um Geschäftspartner zu gewinnen.

Aber sind die Roboter nicht auf dem Vormarsch? Wird der Mensch nicht entbehrlicher? Schwindet dadurch nicht die Macht der Arbeitnehmer? Während andere Experten wie der US-Ökonom Jeremy Rifkin das »Ende der Arbeit« ausrufen[172], bin ich fest überzeugt: Der Mensch wird in der Arbeitswelt der Zukunft nicht unwichtiger, sondern wichtiger als je zuvor. Zwar lassen sich manuelle Tätigkeiten an Roboter übertragen und Arbeitszeiten reduzieren. Aber der entscheidende Teil des Geschäftes, von dem die Zufriedenheit der Kunden abhängt, setzt künftig erst recht menschliche Kreativität und Einfühlung voraus:

- Eine Maschine kann ein Produkt fertigen – aber die Wünsche eines Kunden erspüren und ihn für ein Produkt begeistern, das kann sie nicht.
- Ein Roboter kann eine U-Bahn steuern – aber den Fahrgästen ein Gefühl von Sicherheit geben, das kann er nicht.
- Eine Maschine kann einen Krebstumor identifizieren – aber die Diagnose einfühlsam übermitteln und eine individuelle Therapie abstimmen, das kann sie nicht.
- Ein Roboter kann aus Informationen einen grammatikalisch korrekten Zeitungsartikel anfertigen – aber humorvoll und leidenschaftlich schreiben, das kann er nicht.
- Und ein Roboter kann einen gebrechlichen Menschen pflegen – aber zuhören und Mitgefühl zeigen, das kann er nicht.

Früher brauchte man für geschäftlichen Erfolg nur zweierlei: eine Fabrik und ein exklusives Produkt. Die Coca-Cola-Formel war eine Lizenz zum Gelddrucken. Heute jedoch werden sich die Produkte und Dienstleistungen immer ähnlicher, denn das Fertigungswissen ist Allgemeingut geworden.

Will eine Firma sich abheben, gelingt ihr das nur über ihre Mitarbeiter: über ständig bessere Produkte, die durch menschliche Kreativität entstehen; über hohe Glaubwürdigkeit, die von Mitarbeitern transportiert und verkörpert wird; und über eine Kundenbetreuung, die Menschen das Gefühl vermittelt, dass sie ernst genommen werden.

Jeder Kauf ist eine Volksabstimmung. Ich glaube, in Zukunft werden große Firmen ihre mechanischen Telefonhotlines wieder durch Mitarbeiter ersetzen; denn kein Kunde der Welt spricht lieber mit einer Maschine. Menschliche Ansprechpartner, noch dazu kompetente, sind ein großer Wettbewerbsvorteil in Zeiten des Einheitsbreis.

Aber wie lässt sich die Macht der Mitarbeiter nutzen, um die Firmen zu verändern? Und was kann die Gesellschaft tun? Sechs Schritte liegen mir am Herzen:

1. Mehr individuelle Abgrenzung

Manchmal sage ich nach meinen Vorträgen: »Jetzt haben Sie die Chance, mir zu widersprechen – wer will?« In neun von zehn Fällen: keine Wortmeldung. Meist braucht es zwei bis drei Einladungen, ehe ein erster Mutiger das Wort ergreift. Dann ist der Bann gebrochen. Etliche Stimmen folgen und sorgen für eine lebendige Diskussion.

Bei der Arbeit ist es genauso: Da sitzen reihenweise Mitarbeiter im Großraumbüro bis 20 Uhr fest, da werden Firmenanrufe in der Freizeit üblich, da hagelt es unrealistische Termine – aber obwohl sich viele der Beschäftigten daran stören, macht keiner den Mund auf.

Ich möchte Sie zur Zivilcourage ermutigen: Lassen Sie sich nichts gefallen, was Ihnen nicht gefällt. Manchmal braucht es im Großraumbüro nur einen, der sein Zeug um 17 Uhr packt – und schon folgen viele Weitere. Manchmal braucht es nur einen, der keine Firmenanrufe in der Freizeit mehr entgegennimmt – und schon folgen viele Weitere. Manchmal braucht es nur einen, der einem unrealistischen Termin bei einem Meeting widerspricht – und schon folgen viele Weitere.

Aber diesen einen, der den Mund aufmacht, den braucht es eben. Gehen Sie vorweg, statt auf die anderen zu warten. Und sprechen Sie die Kollegen bei Sitzungen mit der Bitte an, ihre Meinung zu äußern: »Jörn, für wie realistisch hältst du den Termin?« Oder: »Claudia, wie geht es dir mit den abendlichen Anrufen aus der Firma?«

Ein paar Vorstöße dieser Art können eine Schneise für eine Kultur des offenen Widerspruchs schlagen. Davon profitiert die Firma ebenfalls, denn was bislang unter der Oberfläche als Schwelbrand loderte, wird sichtbar und veränderbar.

Vor lauter Sorge, sich unbeliebt zu machen, übersehen viele Beschäftigte: Nein ist ein Wort, das ihnen Respekt sichert. Wer immer Ja sagt, dessen Zustimmung ist bald nichts mehr wert. Wer alles mit sich machen lässt, gilt als Hanswurst.

Rechte wollen verteidigt und eingefordert sein – nur durch Zivilcourage lassen sie sich in der modernen Arbeitswelt wahren.

Viele praktische Tipps zum Nein-Sagen können Sie nachlesen in meinem Buch »Sei einzig, nicht artig – Wie Sie nie mehr Ja sagen, wenn Sie Nein sagen wollen« (Mosaik, 2015).[173]

2. Mehr kollektive Abgrenzung

An den Märkten toben »Übernahmeschlachten« und »Preiskämpfe« – dieses kriegerische Klima färbt ab auf die Arbeitsplätze: Nicht Kollegen, sondern Konkurrenten begegnen sich. Jeder kämpft gegen jeden. Hauptsache, er kann durchsetzen, was ihm selbst wichtig ist: seine Gehaltserhöhung, seine Beförderung, sein gutes Ansehen beim Chef.

Doch wenn jeder allein gewinnen will, haben alle zusammen verloren. Denn egal, welchen unsittlichen Antrag die Firma Ihnen stellt, ob sie Ihren Urlaub über Nacht verschieben, Ihr Wochenende im Büro verbringen oder einen unhaltbaren Termin zusagen sollen – in einem Klima der Konkurrenz fällt Nein-Sagen schwer, weil der nächste Ja-Sager nur einen Tisch entfernt sitzt. Die Firmen können sich die Hände reiben, die Beschäftigten treiben sich durch Konkurrenzkampf über die eigenen Grenzen hinaus.

Darum: Tun Sie alles, um die Solidarität in Ihrem Team zu fördern. Ich finde es in Ordnung, dass Sie Ihre eigenen Interessen vertreten. Aber es gibt kollektive Interessen, die Sie als Team besser durchsetzen können. Wenn Sie zum Beispiel meinen, dass Ihre Abteilung kaputtgespart wird, mag der Protest eines Einzelnen als Quertreiberei gewertet werden – aber wenn sich ein großer Teil des Teams hinter diesen Standpunkt stellt, wiegt das deutlich schwerer. Führungskräfte wissen, dass sie gegen die Mehrheit der Geführten nichts tun können.

Wann immer Sie Missstände beobachten: Sprechen Sie mit Kollegen und finden Sie heraus, wer Ihre Wahrnehmung teilt. Sorgen Sie dafür, dass bei einem Meeting möglichst viele Wortmeldungen aus derselben Stoßrichtung kommen, etwa wenn eine Personalkürzung unrealistisch oder ein Termin zum Scheitern verurteilt ist. Und trauen Sie sich, zusammen mit den Kollegen auch mal einen offenen Brief an die Geschäftsleitung zu schreiben.

Ganz egal, ob ein älterer Kollege entlassen werden soll, eine Kollegin gemobbt wird oder Gesetze gebrochen werden: Je mehr Stimmen sich gegen den Missstand erheben, desto größer die Wahrscheinlichkeit, dass die Manager eingreifen.

Solidarität ist die eleganteste Form von Egoismus: Wenn Sie anderen, die in Not sind, Ihre Hand reichen – dann dürfen Sie selbst, wenn's eng wird, auch auf deren Hilfe bauen.

3. Mehr Einfluss für Gewerkschaften und Betriebsräte

Seit Jahren wächst die Lobby der Wirtschaft, während die beste Lobby der Arbeitnehmer schwindet. Die Gewerkschaften sind dabei, sich zu atomisieren, seit der Neoliberalismus ausgerufen wurde. Von über elf Millionen DGB-Mitgliedern im Jahr 1990 sind 2017 keine sechs Millionen geblieben.[174]

Dabei sind starke Gewerkschaften ein Segen für Arbeitnehmer. Warum müssen Sie gesetzlich acht statt zwölf Stunden pro Tag arbeiten? Warum ist das Wochenende in der Regel frei? Warum wird Ihr Jahresurlaub bezahlt und mit Urlaubsgeld versüßt? Warum läuft Ihr Gehalt bei Krankheit weiter? Und warum genießen Sie Kündigungsschutz?

Wenn Sie sich bedanken wollen: Schreiben Sie den Gewerkschaften. Mit großen Kampagnen, mit Streiks und mit flächendeckenden Plakaten wie »Samstags gehört Vati mir« (1956) haben sie den Weg in eine gleichberechtigte Arbeitswelt geebnet. Zum Beispiel streikte die IG Metall 1956 und 1957 sechzehn Wochen lang, bis sie die Lohnfortzahlung für Arbeiter im Krankheitsfall durchgesetzt hatte.

In der Wirtschaftswunder-Zeit waren Gewerkschaften eine Macht im Land. Gehaltserhöhungen für ganze Branchen lagen schon mal über zehn Prozent. Von 1950 bis 1970 stiegen die Reallöhne auf das 2 ½-Fache.[175]

Auch heute sind es die Gewerkschaften, die vor den Risiken der Digitalisierung und der ständigen Erreichbarkeit warnen. Sie kämpfen gegen die unbegründete Befristung von Arbeitsplätzen. Sie setzen sich für die Rechte der Niedriglöhner ein. Sie machen mobil gegen missbrauchte Zeitarbeit und Werkverträge. Und mit Trillerpfeifen blasen sie auf der Straße jenen Managern den Marsch, die Arbeitsplätze in Billiglohnländer verlegen wollen.

Aber: Die Stimme der Gewerkschaften ist leiser geworden. In einigen Fällen ist das Problem hausgemacht – die Gewerkschaften haben es versäumt, zum richtigen Zeitpunkt eine Gegenöffentlichkeit aufzubauen, etwa bei der Rentenreform oder bei defensiver Konjunkturpolitik. Aber wer Muskeln spielen lassen will, muss erst mal welche haben. Die Muskeln einer Gewerkschaft sind möglichst viele Mitglieder, bereit zum Kampf und Arbeitskampf. Von den Beschäftigten wünsche ich mir mehr politisches Bewusstsein und mehr Rückendeckung für ihre Gewerkschaften. Und von den Gewerkschaften wünsche ich mir, dass sie die Basis besser abholen, ihren Einfluss strategischer nutzen und dem Chor der Neoliberalen ihre Botschaften lauter und überzeugender entgegenschmettern.

Die Gewerkschaften müssen wieder wachsen, denn politische Lobbyarbeit gelingt nur mit starken Vertretungen. Wo die Gewerkschaften stark sind, ist auch der einzelne Arbeitnehmer stark.

Dasselbe gilt für Betriebsräte in den Firmen. Sie können zweifach mitbestimmen: indem sie die Interessen der Beschäftigten vertreten, etwa wenn es um Kündigungen oder Einstellungen geht, um Arbeitszeiten oder Gesundheitsschutz. Und sie bestimmen mit, indem sie in den Aufsichtsräten der großen Firmen mit am Steuerrad der Unternehmenspolitik drehen.

Falls es in Ihrem Unternehmen noch keinen Betriebsrat gibt: Schieben Sie als Team einen an, sofern die gesetzlichen Voraussetzungen gegeben sind (siehe Seite 345). Sagen Sie klar, wie Ihre Anliegen aussehen, worin Sie das Mandat sehen. Und wählen Sie die Richtigen. Wir brauchen Betriebsräte, die keine Sekunde vergessen, wen sie vertreten, auch wenn sie im Aufsichtsrat von den obersten Bossen umgarnt werden.

Gute Betriebsräte sind keine Bremser aus Prinzip, sondern sehen auf beiden Augen scharf und wahren zugleich die Interessen der Firma. Wenn man sie lässt, können sie die besten und billigsten »Unternehmensberater« sein. Weil sie den Laden wirklich kennen. Weil sie wissen, wo der Schuh drückt. Und weil sie es den Bossen sagen, ehe Schaden entstanden ist.

4. Mehr Staat und weniger Wildwuchs

Der Staat muss wieder mehr Verantwortung übernehmen; die unsichtbare Hand des Marktes hat grandios versagt. Ich möchte in einem Land leben, das Wohlstand nicht nur an Gewinnwachstum misst – sondern auch an Zufriedenheit, Gesundheit und Glück, an sauberer Luft, intakter Natur und ökologischen Lebensmitteln.

Was wirklich wichtig ist, ist unverkäuflich. Man kann ein Haus kaufen, aber keine Heimat. Man kann ein Medikament kaufen, aber keine Gesundheit. Man kann eine Versicherung kaufen, aber kein Gefühl der Sicherheit und des Urvertrauens. Der Zustand einer Gesellschaft lässt sich ablesen am seelischen Befinden.

Fühlen wir uns als Teil einer starken Gemeinschaft, sicher und geborgen? Können wir ein Leben lang wachsen, auch bei der Arbeit? Oder zittern wir um unsere Existenz? Haben wir unsere Seele verhökert, um im Rattenrennen um Karriere, Geld und Ansehen über andere zu siegen? Reichtum, der Armut an Solidarität bedeutet, ist für mich keiner. Im Moment leben wir unter der

»Diktatur einer Wirtschaft ohne Gesicht und ohne menschliche Ziele«, sagt Papst Franziskus, beklagt den »Geldfetischismus« und fordert: »Das Geld muss uns dienen, es darf nicht regieren.«[176]

Zusammenhalt statt Konkurrenz, reizvolle Ideale statt ideale Renditen: Davon braucht unsere Gesellschaft mehr. Ich wünsche mir Kunden, die den billigsten Preis für zu hoch halten, wenn er auf Hungerlöhnen und Ressourcen-Ausbeutung basiert. Und ich wünsche mir einen Staat, der unfaires Wirtschaften unterbindet, statt es zu subventionieren. Staatliche Aufträge dürfen nicht länger automatisch an den billigsten Anbieter gehen. Viel wichtiger ist die Frage, wie ein Preis zustande kommt: Werden Arbeitnehmer fair behandelt, Ressourcen geschont, Gesetze beachtet?

Wir brauchen Volksvertreter, die das Volk vertreten, nicht die Wirtschaft. Wir brauchen Gesetze, die unterbinden, dass Leiharbeit und Werkverträge, Teilzeit und Niedriglohn-Sektor zur Profitmaximierung missbraucht werden. Die Würde des Arbeitnehmers hat unantastbar zu sein.

> Ich fordere den Bundestag auf, ein firmenbezogenes »Melderegister der miesen Arbeitgeber« zu etablieren: für Mobbing, Burnout und Selbstmorde, die mit der Arbeit zusammenhängen, ähnlich wie in Frankreich.

Wenn die Ärzte solche Fälle mit Firmennamen melden müssen und jeder Beschäftigte die Chance hat, das auch selbst zu tun, kann das eine gesunde Evolution der Firmen anschieben, hin zu mehr Menschlichkeit.

Ein »Melderegister der miesen Arbeitgeber«, nach strenger Prüfung öffentlich zugänglich, brächte vier große Vorteile:

- Die schwarzen Schafe unter den Firmen fielen endlich auf, sobald sich Meldungen häufen. Der Gesetzgeber könnte durch massive Bußgelder zeigen, dass sich Ausbeutung nicht lohnt. Und faire Unternehmen wären nicht länger im Wettbewerbs-Nachteil.
- Die Mitarbeiter könnten diese Informationen bei der Wahl eines neuen Arbeitgebers berücksichtigen (noch fundierter als im Moment bei Portalen wie Kununu) – niemand müsste mehr in offene Messer laufen.
- Die Medien würden durch ihre Berichte dafür sorgen, dass ausbeuterisches Handeln auf das Image einer Firma abfärbt – ein starker Anreiz, menschlichere Arbeitsbedingungen zu schaffen.
- Und schließlich wären wir als Verbraucher in der Lage, unsere Kaufentscheidungen nicht nur von der Produkt-, sondern auch von der Arbeitgeber-Qualität einer Firma abhängig zu machen. Die Menschenschinder gingen pleite.

Ebenso brauchen wir einen Staat, der für Verteilungsgerechtigkeit sorgt – indem er Steuerschlupflöcher für Konzerne schließt, indem er Unternehmen mit Riesengewinnen dazu verpflichtet, ihre Mitarbeiter durch Lohnzuwächse an dem Segen angemessen zu beteiligen, und indem er die Verbraucherrechte stärkt und es nie wieder zulässt, dass Kunden mit Software-Updates abgespeist und Fahrverboten bedroht werden und eine Firma wie VW sich kurz darauf mit einem Rekordgewinn von 11,4 Milliarden ins Fäustchen lacht.[177]

Und schließlich fordere ich einen Staat, der seine eigenen Betriebe gezielt von der Börse fernhält und dort menschliche Arbeitsbedingungen schafft, auch in Krankenbetreuung und

Pflege – zwei Bereiche, die konsequent wieder verstaatlicht werden müssen. Denn Gesundheitsversorgung gehört zu den Pflichten eines demokratischen Staates; sie darf nicht auf Gewinne, sondern sollte nur auf das Wohl der Menschen zielen.

5. Mehr Sinnorientierung in den Firmen

Worin sehen Manager den Sinn ihres Unternehmens? »Geld zu verdienen«, sagen viele. Damit springen sie zu kurz und verwechseln Wirkung und Ursache. Ich sehe das wie Altmeister Peter F. Drucker: Der Zweck eines Unternehmens muss »außerhalb des eigentlichen Unternehmens liegen. Tatsächlich muss er in der Gesellschaft liegen, da das Unternehmen ein Organ der Gesellschaft ist. Es gibt nur eine richtige Definition für den Zweck eines Unternehmens: Es muss einen Kunden finden.«[178]

Es gibt zwei Sorten von Unternehmen: profitorientierte, die alles für die Zahlen tun; und sinnorientierte, die alles für Menschen tun:

- Ein profitorientiertes Unternehmen fragt sich pausenlos: »Wie lässt sich der Gewinn mehren?« Ein sinnorientiertes Unternehmen fragt sich: »Wie können wir den Nutzen des Kunden mehren?«
- Ein profitorientiertes Unternehmen will ertragreicher werden, ein sinnorientiertes besser.
- Ein profitorientiertes Unternehmen schafft Bedarf vor allem durch Marketing, ein sinnorientiertes erforscht Kundenwünsche und befriedigt sie.
- Ein profitorientiertes Unternehmen quetscht Kunden aus und

sieht Mitarbeiter als Kostenstellen – ein sinnorientiertes zielt auf die langfristige Zufriedenheit der Kunden und fördert Mitarbeiter als Kompetenzträger.

- Ein profitorientiertes Unternehmen misst seinen Erfolg Quartal für Quartal und kürzt mit Vorliebe Mitarbeiter – ein sinnorientiertes investiert heute in den Nutzen des morgigen Kunden, auch indem es neue Arbeitsplätze schafft.
- Ein profitorientiertes Unternehmen ist pausenlos mit sich selbst und seinen Zahlen beschäftigt, um noch mehr Gewinn aus dem eigenen Bauchnabel zu puhlen. Das sinnorientierte Unternehmen richtet seine Energie auf den Markt und die Kunden – in der Überzeugung, dass die guten Zahlen sich dann von alleine einstellen.

Profitorientierte Unternehmen sind oft von Misstrauen geprägt: Eine Flut von Regeln soll die Armut an Prinzipien kompensieren. Eine Regel schreibt vor, was im Einzelfall zu tun ist, Schritt für Schritt. Ein Prinzip dagegen ist ein Leuchtturm: Es bestimmt die Himmelsrichtung, nicht den Weg im Detail.

Sinnorientierte Unternehmen setzen auf Prinzipien, die sich auf Einzelfälle übertragen lassen, etwa den Respekt vor Kundenwünschen. Dann ist eine Abweichung von der Regel nicht das Problem, sondern die Lösung. Der Markt verändert sich schneller als Richtlinien, Kunden entwickeln Sonderwünsche. Je flexibler und individueller ein Mitarbeiter agieren kann, desto besser.

Profitorientierte Unternehmen sind ein Auslaufmodell: Sie rasen mit voller Geschwindigkeit, aber schauen dabei nicht auf die Straße, nur auf den Tacho ihrer Bilanz. Und vor lauter Fixierung auf diese Zahlen übersehen sie die nächste Kurve, verpassen den

Boxenstopp und merken es nicht, wenn ihre billigen Reifen Feuer fangen.

Ich bin sicher: Sinnorientierte Unternehmen fahren bald auf der Überholspur. Weil sie den Kunden einen größeren Nutzen bieten. Und weil sie für Mitarbeiter attraktiver sind.

Aber lohnt sich Fairness gegenüber Mitarbeitern auch wirtschaftlich? Ganz sicher. Nehmen Sie meinen Klienten Joseph Kanter (40), Abteilungsleiter bei einem norddeutschen Zulieferer. Seine Frau hatte Zwillinge bekommen, eines der Kinder war sehr krank. Kanter raste jeden Abend nach dem letzten Meeting in die Klinik. Und morgens, nach durchwachten Nächten, schleppte er sich müde in die Firma.

Nach ein paar Tagen sagte sein Geschäftsführer: »Bleiben Sie in den nächsten Monaten zu Hause, wenn Ihr Kind Sie braucht. Das ist im Moment am wichtigsten. Wir bekommen die Dinge hier schon geregelt.« Es war nicht von unbezahltem Urlaub die Rede – er sollte bei laufendem Gehalt frei über seine Zeit verfügen.

Ein halbes Jahr dauerte es, bis das Kind aus dem Krankenhaus entlassen wurde (heute ist es kerngesund). In manchen Wochen war Joseph Kanter nur zwei- oder dreimal in der Firma gewesen. Aber raten Sie mal, mit welcher Haltung er zurückkam? In den folgenden Jahren wurde er zu einem der Top-Leistungsträger. Als sich Headhunter um ihn rissen, sagte er am Telefon immer nur: »Ich wechsle nicht, unabhängig vom Gehalt.«

Die Wissenschaft bezeichnet dieses Phänomen als reziprokes Handeln. Wer besonders viel bekommt, gibt besonders viel zurück.

> Seine Qualifikation entscheidet darüber, was ein Mitarbeiter leisten *kann*. Und seine Motivation entscheidet darüber, was er leisten *will*. Der zweite Faktor hängt entscheidend vom Vorgesetzten ab.

Ein unbeliebter Chef kann es zwar schaffen, seine Leute mit Zwang und Manipulation anzutreiben. Aber sobald er ihnen den Rücken zuwendet, federt das angespannte Gummiseil zurück. Dagegen war Joseph Kanter hinter dem Rücken seines Chefs genauso engagiert wie vor dessen Augen.

Laut einer Studie der Beratungsfirma »forum!« fühlt sich nicht einmal jeder fünfte Mitarbeiter in Deutschland emotional an sein Unternehmen gebunden. Und sechs von zehn Beschäftigten würden ihren Arbeitgeber nicht uneingeschränkt wieder wählen. Woran es vor allem fehlt? Wertschätzung und Anerkennung.[179]

Das liegt nicht zuletzt an der mangelnden Qualifikation der Vorgesetzten. Wer in Deutschland ein Auto führen möchte, braucht einen Führerschein – damit er im Straßenverkehr keinen Schaden anrichtet. Wer aber tausend Mitarbeiter führen will, braucht nur tausend Mitarbeiter – ob er mit Menschen umgehen kann oder nicht.

Führung will gelernt sein. Deshalb fordere ich einen Führerschein für Führungskräfte, der von einer staatlichen Stelle vergeben wird. Wer Mitarbeiter führen will, soll vorher lernen, wie Führung geht. Eine fundierte Ausbildung in Theorie und Praxis hilft.

Führung ist eine Humanwissenschaft, sie setzt vielfältige Kenntnisse voraus, etwa: Wie sehen die Grundbedürfnisse von Menschen aus? Wie entsteht intrinsische Motivation? Wie unterscheiden sich die Temperamente? Was machen Machtstrukturen mit Menschen? Wie wirkt Gruppendynamik? Inwieweit kann subjektive Wahrnehmung, etwa durch Geschlechterklischees, das Bild der Führungskraft von ihren Beschäftigten beeinflussen? Und welche Rolle spielen systemische Zusammenhänge?

Dieser Führerschein sollte durch ein »Flensburg für Führungskräfte« flankiert werden. Wer als Chef stets der Freizeit seiner Mitarbeiter die Vorfahrt nimmt und Menschen in den Burnout steuert, wer durch cholerische Ausbrüche oder durch Mobbing zwischenmenschliche Totalschäden verursacht – der muss seinen Führerschein verlieren und aus dem Verkehr gezogen werden, auch im Interesse der Firmen.

Fairness hat Vorfahrt.

6. Mehr Arbeit für Sinn – und weniger für Gewinn

Ein ärmlich gekleideter Fischer döst in der Sonne eines südlichen Hafens. Ein Tourist kommt vorbei, fotografiert ihn mehrfach und sagt: »Sie werden heute einen guten Fang machen.« Der Fischer gibt zu verstehen, er habe heute schon genug gefangen und werde nicht mehr ausfahren.

Der Tourist will den Ehrgeiz des Fischers anstacheln und schwärmt ihm vor, was sich mit mehreren Fängen pro Tag alles realisieren ließe: im ersten Jahr ein Schiffsmotor, im zweiten Jahr ein weiteres Boot, danach Kutter, Kühlhaus, Fischrestaurant und eigene Fabrik.

»Dann«, schwärmt der Fremde, könne der Fischer »beruhigt hier im Hafen sitzen, in der Sonne dösen – und auf das herrliche Meer blicken«.

»Aber das tu ich ja schon jetzt«, antwortet der Fischer, »ich sitze beruhigt am Hafen und döse, nur Ihr Klicken hat mich dabei gestört.«

Diese »Anekdote zur Senkung der Arbeitsmoral« von Heinrich Böll zeigt den Widerspruch auf: Wer sich tief in die Arbeit kniet, um ein schöneres Leben zu haben, kann sich genau dieses rauben. Ich erinnere mich an eine Volkswirtin, die erst promovieren, die zweite Managementebene erreichen und dann eine Familie gründen wollte. Aber mit Anfang 40 stand sie ohne Partner da. Und ich habe viele Erfolgsmänner begleitet, die angeblich nur deshalb Überstundenrekorde aufstellten, um ihren Familien ein sorgenfreies Leben zu ermöglichen. Erst der Scheidungsanwalt erinnerte sie daran, was die größte Sorge von Frau und Kindern war: nicht fehlendes Geld, sondern ein rund um die Uhr fehlender Mann und Vater.

Arbeit darf kein Selbstzweck sein: Sie hat uns zu dienen, nicht umgekehrt. Jeder benötigt sein Privatleben als einen Hafen, in dem er ungestört dösen kann. Wir brauchen mehr Fischer – und weniger Fischfabrikanten.

Ich schlage vor, »Arbeit« neu zu definieren. Als Arbeit darf nicht nur gelten, was Gewinn, sondern vielmehr, was Sinn ergibt. Der wahre Wert einer Tätigkeit hat nichts mit dem materiellen Ertrag zu tun, sondern mit ihrem Nutzen für andere. Die wertvollsten Arbeiten werden in Familien, Vereinen und Ehrenämtern geleistet – bislang fast ohne Anerkennung.

Es arbeitet eben auch:

- wer einen Angehörigen pflegt, ein Kind großzieht oder den Haushalt seiner Familie in Schuss hält;
- wer als Oma auf den Enkel aufpasst, als großer Bruder die

Hausaufgaben mit dem kleinen macht oder ein Weihnachtsgeschenk bastelt;

- wer seinen Balkon begrünt, ein kaputtes Haushaltsgerät repariert oder ein Vogelhaus für seinen Garten zimmert;
- wer alten Menschen im Heim etwas vorliest, Kinder auf der Paliativstation besucht oder Flüchtlinge in Deutsch unterrichtet;
- wer der Kollegin eine Geburtstagstorte backt, einem besorgten Azubi sein Ohr schenkt oder Freunden beim Umzug hilft;
- wer als freiwilliger Feuerwehrmann ausrückt, als Ministrant in der Kirche steht oder als Clown beim Kindergeburtstag auftritt;
- wer Jugendarbeit in einem Verein leistet, Froschzäune vor Straßen aufbaut oder beim Klassenspiel der Schüler die Schiedsrichterin gibt.

Solche Tätigkeiten ergeben Sinn. Dagegen kann sich Erwerbsarbeit sinnlos anfühlen, etwa wenn die Sachbearbeiterin den ganzen Tag nur Tabellen ausfüllt oder der Fabrikarbeiter denselben Handgriff ständig wiederholt. Aber auch die falsche Zielrichtung zerstört Sinn: wenn Kunden abgezockt, Ressourcen zerstört oder Waffen gebaut werden.

Arbeitsfreude lässt sich nicht per Motivationsrezept verschreiben. Und kein Mitarbeiter ist verpflichtet, in seiner Arbeit aufzugehen wie ein Soufflé im Backofen, auch wenn das pausenlos suggeriert wird. Niemand muss ein schlechtes Gewissen haben, weil er seine langweilige Arbeit langweilig findet und sich *nicht* mit seiner Firma identifiziert – nur muss er sich fragen, ob es die richtige Firma und die richtige Aufgabe für ihn sind.

Gesunde Arbeit lässt Menschen wachsen. Arbeit ist das, woran sich ein Mensch entwickeln kann, was ihn herausfordert und in die Lage versetzt, sein Können und seine Talente zum Vorteil anderer einzusetzen. Arbeit stiftet Nutzen und ergibt Sinn. Alles andere ist nur Verkauf von Arbeitskraft: Plagerei.

Sinnvolle Erwerbsarbeit sollte sich lohnen, auch materiell. Dass in Deutschland jemand, der eine Maschine betreut, fast doppelt so viel verdient wie jemand, der Menschen betreut – dafür schäme ich mich. Berufe wie Altenpfleger, Krankenschwester oder Erzieherin bieten der Gesellschaft einen großen Nutzen – ich fordere, dass sich dieser Nutzen in den Gehältern spiegelt.

Mein Vorschlag: Der Staat erhebt auf die Milliardengewinne der deutschen Konzerne einen »Solidaritätszuschlag« von drei Prozent. Dieses Geld fließt in Gesundheit, Pflege und Erziehung. Damit können wir das Gesundheitswesen auf stabilere Beine stellen. Die dortigen Gehälter würden anziehen, der Fachkräftemangel wäre rasch behoben, und jeder von uns könnte sicher sein, dass er im Notfall gut betreut wird.

Der Gewinn der Unternehmen wäre endlich auch ein Gewinn für die Allgemeinheit.

Der Durchdreh-Reim

Die Arbeit ist ein Hauptgewinn,
nicht durchs Gehalt, nur durch den Sinn.

Coaching-Sprechstunde: 45 Mitarbeiter-Fragen aus der Praxis

Der Irrsinn der modernen Arbeitswelt spiegelt sich in den Fragen, die ich als Karriereberater von meinen Klienten gestellt bekomme. Zum Abschluss dieses Buches habe ich Ihnen 45 Antworten auf typische Fragen zusammengestellt – als Inspiration für Ihren Arbeitsalltag und Medizin gegen das Durchdrehen.

Unser Team wurde zusammengestrichen von zwölf auf acht Mitarbeiter. Jeder arbeitet hier an der Schmerzgrenze. Was können wir tun?
Arbeiten Sie eben nicht an der Schmerzgrenze, sondern in vernünftigem Maß. Nehmen Sie es in Kauf, dass Termine platzen, Projekte auflaufen und Probleme entstehen. Erst wenn die Arbeit hakt, wird das Management seine Kürzungen hinterfragen – und Ihr Team womöglich wieder aufstocken. Solange die Arbeit reibungslos läuft, fühlen sich die Chefs bestätigt und produzieren Nachschub an dummen Kürzungs-Ideen.

Hier werden am laufenden Band Menschen entlassen. Ich habe Angst um meinen Arbeitsplatz. Was empfehlen Sie?
Fühlen Sie sich noch wohl in dieser Firma? Erfahren Sie Wertschätzung? Gehen Sie gern zur Arbeit? Wenn nicht: Was haben Sie eigentlich zu verlieren? Drehen Sie den Spieß doch um und denken Sie: »Diese Firma hat mich nicht verdient!« Wenn Sie das Heft des Handelns in die Hand nehmen und sich wegbewerben, machen Sie die Not zur Tugend. Und ich verspreche Ihnen:

Chefs schauen nie dümmer als in dem Moment, in dem ihnen einer kündigt, den sie selbst entlassen wollten.

Meine Geschäftsführung will mich in den Vorruhestand drängen – wie wehre ich mich dagegen?
Solidarität ist der beste Kündigungsschutz: Sprechen Sie mit Ihren Kollegen. Wer steht hinter Ihnen? Wer will Sie unbedingt im Team behalten? Wer betrachtet Ihre Erfahrung als unentbehrlich? Je geschlossener sich das Team öffentlich zu Ihnen bekennt, desto stärker Ihre Position. Wer Sie angreift, muss wissen, dass er die ganze Gruppe gegen sich aufbringt. Dann ist der Preis für die Firma zu hoch.

Ich bin frischstudierte Germanistin und arbeite seit vier Monaten als Praktikantin in einer Agentur. Ich erledige die gleichen Arbeiten wie die Kollegen, doch meine Chefin sagt, es sei zu früh für einen Festvertrag. Was raten Sie mir?
Sie haben studiert und leisten vollwertige Arbeit, jetzt schon vier Monate. Für mich ein klarer Fall von Ausbeutung. In einem Urteil des Bundesarbeitsgerichts heißt es: »Der Praktikant schaut und hört zu, läuft mit, probiert auch mal selbst aus, ist aber mit seinen Verrichtungen nicht in die tägliche Arbeitsplanung des Betriebes eingebunden.«[180] Ich nehme an, bei Ihnen trifft das Gegenteil zu. Deshalb: Fordern Sie jetzt energisch einen Festvertrag. Falls der nicht kommt, sollten Sie abspringen und Ihre Kraft für Bewerbungen verwenden – diesmal besser um Festanstellungen.

In unserem Großraumbüro will keine als Erste gehen, ich arbeite oft bis 19 Uhr. Welche Möglichkeiten sehen Sie?
Führen Sie Vier-Augen-Gespräche: Welche Kollegen würden

auch gern früher gehen? Ich bin sicher: Es wird mehr als die Hälfte sein. Und dann verabreden Sie sich, gleichzeitig zu gehen, etwa um 17.00 Uhr. Dann kommen diejenigen unter sozialen Druck, die länger bleiben. Vor Abstrafung, auch heimlicher, sind Sie in der Gruppe besser geschützt.

Was kann ich tun, um Mails und Anrufen nach Dienstschluss zu entgehen?

Unkonventioneller Vorschlag: Schalten Sie Ihr Handy aus! Falls Sie auf Ihrem Privathandy angesprochen werden: Nummer wechseln. Firmen gewöhnen sich nicht nur daran, Sie rund um die Uhr zu erreichen – sondern auch daran, dass Sie nicht zu erreichen sind. Wenn Sie Ihren Job während der regulären Zeit gut machen, kann Ihnen diese Abgrenzung sogar Respekt einbringen; das habe ich schon häufiger beobachtet.

Kann mich meine Firma zu regelmäßigen Überstunden zwingen?

Nein, Überstunden sind nur im Notfall erlaubt – und wenn Sie sich darauf einstellen können. Nur Ihre vertragliche Arbeitszeit müssen Sie leisten. Wenn Sie das Gefühl haben, dass Ihre Firma es übertreibt: Lehnen Sie kurzfristige Überstunden mit dem Verweis ab, dass Sie Ihre private Zeit schon anders verplant haben.

Haben Sie einen Tipp, wie ich Überstunden effektiv ablehne? Ich sage oft Ja, obwohl ich Nein sagen will.

Antworten Sie nicht sofort, wenn Ihr Chef Sie anspricht – sonst rutsch Ihnen ein »Ja« über die Lippen. Nehmen Sie sich Zeit: »Einen Augenblick, ich komme gleich auf Sie zu.« Dann können Sie sich innerlich sammeln. Sagen Sie in Gedanken Ja zu etwas

Größerem, zum Beispiel zu Ihrer Freizeitplanung für den Abend. Malen Sie sich aus, was Sie unternehmen werden. Mit diesen Bildern vorm inneren Auge fällt Ihnen ein Nein leichter. Rechtfertigen Sie sich nicht, sondern sagen Sie einfach: »Ich habe meine Zeit schon anders verplant.« Eine tiefe Stimmlage hilft Ihnen, überzeugend zu wirken.

Ich habe die Wahl, ob ich mir Überstunden vergüten lasse oder Freizeitausgleich wähle. Was empfehlen Sie?
Wählen Sie den Freizeitausgleich. Nach meiner Erfahrung nimmt die Zahl der vergüteten Überstunden umso mehr zu, je dünner der Personalbestand wird – und umgekehrt. Indem Sie Ihre Arbeitszeit auf Dauer erhöhen, schaden Sie nicht nur Ihrer Gesundheit – Sie unterstützen indirekt, dass Arbeitsplätze abgebaut werden. Dagegen erinnert ein Freizeitausgleich den Arbeitgeber an das eigentliche Problem: seine dünne Personaldecke.

Ich arbeite im Schichtbetrieb einer Fastfood-Kette. Oft stehe ich abends bis Mitternacht hinterm Tresen und muss morgens wieder um 8.00 Uhr anfangen. Ist das legal?
Nein, Ihnen steht eine Ruhezeit von elf Stunden zu. Wer um Mitternacht aufhört, darf frühestens um 11.00 Uhr wieder anfangen. Weisen Sie Ihren Vorgesetzten darauf hin, am besten zusammen mit Ihren Kollegen. Machen Sie Vorschläge, wie der Schichtplan aussehen könnte – und welche zusätzlichen Arbeitskräfte dafür nötig sind.

Die Meetings in unserer Firma sind überflüssig und fressen viel Arbeitszeit. Haben Sie eine Idee, was ich dagegen unternehmen kann?

Das beste Meeting ist eines, das unnötig wird. Besprechen Sie mit den Kollegen: Was lässt sich auf dem kurzen Dienstweg klären, wofür braucht es kein Meeting? Wenn eine Sitzung stattfindet: Sorgen Sie nicht nur für eine Tagesordnung, sondern auch für eine Zielsetzung. Also nicht: »Besprechung der Reklamationsquote«, sondern: »Besprechung von Maßnahmen, um die Quote der Reklamationen um mindestens ein Prozent zu senken«. Am kürzesten sind Meetings, wenn sie im Stehen abgehalten werden. Oder kurz vor der Mittagspause.

Ich habe keinen Bock auf After-Work-Partys, die bei uns um sich greifen. Wie kann ich mich da rausziehen?
Haben denn Ihre Kollegen Bock darauf? Partys ohne Menschen funktionieren bekanntlich schlecht. Idealerweise ziehen Sie sich kollektiv daraus zurück. Ansonsten: Weisen Sie darauf hin, dass Sie abends Ihre Ruhe brauchen, um für die Arbeit aufzutanken. So stellen Sie den Nutzen des Arbeitgebers in den Mittelpunkt, und es klingt irgendwie freundlicher als: »Ihr könnt mich mal«!

Ich habe immer weniger Zeit für mich selbst, manchmal fürchte ich, die Arbeit frisst mich auf. Was raten Sie?
Schreiben Sie einen besonderen Termin in Ihren Kalender: eine Verabredung mit sich selbst. Notieren Sie, was Sie mit sich unternehmen wollen, zum Beispiel: »Schwimmen gehen«, »Waldspaziergang«, »Kochen«, »Leseabend«. Setzen Sie solche Verabredungen regelmäßig an und nehmen Sie sie mindestens so ernst wie dienstliche Termine – dann fällt es Ihnen leichter, Anfragen abzuweisen und pünktlich zu gehen.

Unser Chef rühmt sich damit, dass er mit vier Stunden Schlaf pro Nacht auskommt. Wie deuten Sie eine solche Aussage?
Die Botschaft lautet: Schlaft weniger, arbeitet mehr! Aber warum müssen Lkw-Fahrer strenge Ruhezeiten einhalten, um Unfälle zu vermeiden – während übermüdete Manager ihre Firma an die Wand fahren dürfen? Mir ist ein Manager lieber, der in vier Stunden das Richtige entscheidet, als einer, der nach 14 Stunden aus der Kurve fliegt. Lassen Sie sich von diesem schlechten Vorbild nicht anstecken. Ihr Chef sollte mal richtig ausschlafen, dann fällt ihm sein Denkfehler auf.

Mein Gehalt tritt schon lange auf der Stelle, jetzt will ich verhandeln. Können Sie mir ein paar Ratschläge geben?
Erstens: Machen Sie sich bewusst, dass eine Gehaltsforderung nichts Unanständiges ist, im Gegenteil: Wer nie nach einer Gehaltserhöhung fragt, steht schnell in dem Verdacht, keine verdient zu haben. Erhöhte Leistung erfordert ein erhöhtes Gehalt.

Zweitens: Legen Sie eine Leistungsmappe von ein oder zwei DIN-A-4-Seiten an. Zeigen Sie dort auf, wie sich Ihre Leistung entwickelt hat. Tragen Sie mehr Verantwortung? Haben Sie Ihre Qualifikation ausgebaut? Der Firma zusätzliches Geld gebracht oder gespart? Die Mappe dient Ihnen in der Verhandlung als Gedächtnisstütze – und Ihre Führungskraft kann sie behalten, um eventuell den eigenen Chef zu überzeugen.

Drittens: Machen Sie sich bewusst, dass eine Verhandlung nicht logisch, sondern psychologisch funktioniert. Wenn Sie 300 Euro pro Monat fordern, bekommen Sie garantiert nur eines: weniger. Ihre Führungskraft sieht ihre Aufgabe darin, Sie nach unten zu handeln. Wenn Sie jedoch 500 fordern, können 350 übrig bleiben – und Ihre Führungskraft klopft sich auf die Schulter; Verhandlungsspielraum hilft.

Viertens: Werten Sie ein schnelles »Nein« in der Verhandlung als rhetorisches Betriebsgeräusch – und wiederholen Sie Ihre besten Argumente hartnäckig. Eine Verhandlung ist nicht vorbei, wenn zwei Standpunkte aufeinanderprallen – sie fängt erst an!

Meine Firma hat meinen Urlaub von 27 auf 20 Tage gekürzt, mit dem Hinweis, das sei laut Bundesurlaubsgesetz gestattet. Stimmt das?

Wahr ist, dass der gesetzliche Mindestanspruch bei 20 Tagen liegt – die meisten Tarifverträge schreiben ihn jedoch auf 27 bis 30 Tage fest. Aber falsch ist, dass man Ihnen aus einem laufenden Vertrag sieben Urlaubstage streichen kann; das käme einer Änderungskündigung gleich. Deshalb empfehle ich Ihnen, gegen die Regelung vorzugehen – gern mit Kollegen, die ebenfalls betroffen sind.

Mein Chef gibt mir meinen Jahresurlaub nur in kleinen Portionen: Wenn es die Arbeit zulässt, darf ich mal drei bis fünf Tage weg. Kann ich mich dagegen wehren?

Ja, denn die Firma muss Ihnen den Jahresurlaub zusammenhängend gewähren, mindestens zwei Wochen am Stück. Nur dann können Sie sich erholen, und dafür ist der Urlaub gedacht. Weisen Sie Ihren Chef darauf hin. Falls er sich weigert, sollten Sie, falls vorhanden, Ihren Betriebsrat hinzuziehen, sonst einen Anwalt für Arbeitsrecht.

Sobald das neue Jahr beginnt, sagt meine Firma: »Der alte Urlaub ist verfallen.« Dabei hatte ich vorher mehrfach keine

Urlaubstage genehmigt bekommen. Was empfehlen Sie für die Zukunft?
Bis Ende März steht Ihnen der Urlaub aus dem alten Jahr noch zu – er ist eben nicht automatisch weg mit Jahresbeginn. Und auch dann verfällt er nur, sofern nichts anderes vereinbart ist. Hier können Sie einhaken: Beantragen Sie Ihren Urlaub schriftlich im alten Jahr (oder ehe der April gekommen ist) – und fügen Sie dann den Satz hinzu: »Falls mir der zustehende Urlaub nicht vor Ende März genehmigt wird, gehe ich davon aus, dass die Urlaubstage unbefristet erhalten bleiben.« Damit sind Sie auf der sicheren Seite und können nachweisen, dass der Verzug des Urlaubs nicht an Ihnen lag.

Seit einem Sparprogramm dürfen wir unsere Gäste bei Meetings nicht mehr mit Kaffee bewirten, das ist extrem peinlich. Was tun?
Weisen Sie die Gäste darauf hin, dass seit einer Etatkürzung kein Kaffee mehr fließen darf. Drücken Sie Ihr Bedauern aus und fügen Sie hinzu: »Falls Sie dazu Anregungen haben, geben Sie unserer Geschäftsführung gerne einen Wink.« Ich wette: Wenn Kunden und Geschäftspartner protestieren, fließen Budget und Kaffee bald wieder. Protest von außen wird merkwürdigerweise immer ernster genommen also solcher der eigenen Mitarbeiter.

Neuerdings dürfen wir für Reisen in unsere 20 Kilometer entfernte Filiale keine Firmenautos mehr nutzen. Wir müssen in Privatautos fahren, aber ohne Kilometer-Erstattung. Haben Sie einen Tipp?
Die Firma greift in Ihre Tasche und raubt sich das Benzingeld –

umgekehrt wäre das ein Entlassungsgrund. Wie wäre es, wenn Sie für diese Fahrten den Bus nähmen, auch wenn das ein paar Stunden dauert? Oder wenn Sie vorschlagen, ein Taxi zu bestellen? Erst wenn die Alternativen teurer als die Erstattung der Kilometer ausfallen, werden die Firmenautos wieder rollen.

Ich bin Frau und möchte Kinder bekommen. Was ist aus Karrieresicht günstiger: in frühen oder späten Jahren?
Mein wichtigster Tipp: Richten Sie Ihren Kinderwunsch nicht an der Firma, sondern an Ihrem Herzen aus. Zu oft habe ich erlebt, dass die Familienplanung sich der Arbeit untergeordnet hat, bis sie gescheitert war. Die Firma bringt ja auch neue Projekte zur Welt, ohne Sie vorher zu fragen.

Theoretisch sind späte Mütter im Vorteil: Sie sind weiter aufgestiegen, verdienen mehr Geld und können eine Kinderbetreuung besser finanzieren – das erleichtert einen frühen Wiedereinstieg auf hohem Niveau.

Ich bin Ingenieur und Mitte 50. Meine Bewerbungen führen grundsätzlich zu Absagen. Warum will mich keiner haben?
Weil die Firmen nicht Ihre Erfahrung, sondern nur Ihren Preis sehen! Ein junger Ingenieur verdient 50 Prozent weniger als ein erfahrener. Machen Sie deutlich, welche Vorteile Sie der Firma bieten: Sind Aufgaben in der Ausschreibung genannt, die Sie andernorts schon bewältigt haben? Welche Chancen können Sie der Firma dadurch bieten, welche Reinfälle womöglich ersparen? Zeigen Sie den Wert Ihrer Erfahrung deutlich auf – dazu können Sie Ihrer Bewerbung eine dritte Seite hinzufügen, in der Sie diese Vorteile in freier Form aufschreiben.

Mein Mitarbeiter-Gespräch ist ein Witz, der Chef ist schlecht vorbereitet und drückt mir viel zu hohe Ziele aufs Auge. Was kann ich tun?
Bringen Sie Ihren Chef unter Zugzwang – indem Sie sich exzellent vorbereiten. Legen Sie eine Leistungsmappe an, in der Sie aufzeigen, wie sich Ihre Arbeit seit dem letzten Gespräch entwickelt hat. Geben Sie eine Einschätzung ab, welches Ziel im neuen Jahr realistisch ist – hier dürfen Sie tiefstapeln, so entsteht Verhandlungsspielraum. Wenn Sie Ihrem Chef diese Mappe einen Tag *vor* dem Gespräch geben, wird er sich ganz sicher vorbereiten – weil er sich sonst unterlegen fühlen müsste.

Wie bringe ich meine Chefin dazu, dass sie sich öfter Zeit für Gespräche mit mir nimmt? Im Moment ist sie vor lauter Meetings kaum zu greifen.
Geht es nur Ihnen so – oder auch anderen Kollegen? Falls sich das ganze Team daran stört, sollten Sie das Thema auch gemeinsam ansprechen. Schildern Sie Ihre Beobachtung – wie schwer es ist, einen Termin zu bekommen. Und sagen Sie, was durch zeitnahe Gespräche besser laufen könnte. Hilfreich sind Fragen, um die Selbstreflexion Ihrer Chefin anzuregen: »Wie wichtig ist Ihnen als Führungskraft der persönliche Austausch mit Ihren Mitarbeitern? Und inwiefern räumen Sie solchen Terminen Priorität ein?«

Mein Chef lobt mich immer dann, wenn er mir noch mehr Arbeit auf den Schreibtisch schaufelt. Was ist davon zu halten?
Offenbar wird Ihnen die bittere Arbeitspille durch ein paar Tropfen Lob versüßt – klarer Fall von Manipulation. Schildern Sie Ihre Beobachtung offen und mit Augenzwinkern: »Mir fällt auf, dass Sie mich immer besonders eifrig loben, wenn Sie gerade eine

Sonderarbeit im Gepäck haben. Darf ich Sie an Ihre hohe Meinung von mir in der nächsten Gehaltsverhandlung erinnern?« Meist reicht ein solcher Satz, damit der Chef seine Manipulationsversuche unterlässt. Wer durchschaut ist, kann nicht mehr manipulieren. Ihr humorvoller Ton verhindert, dass er sich bloßgestellt fühlt.

Mein Abteilungsleiter rastet immer wieder aus und vergreift sich im Ton. Wie soll ich damit umgehen?

Machen Sie sich bewusst: Das Problem liegt bei ihm, nicht bei Ihnen. Wer feindselig auftritt, verfünffacht damit laut Langzeit-Studien sein Risiko auf Herzkrankheiten.[181] Sagen Sie bei seinem nächsten Ausraster zu ihm: »Ich möchte mit Ihnen über diesen Vorfall sprechen, wenn sich die Emotionen wieder gelegt haben.« Gehen Sie ein paar Stunden später auf ihn zu. Schildern Sie in sachlichen Worten, wie Sie das »Gespräch« erlebt haben – und was Sie an Umfangsformen von ihm erwarten.

Fragen Sie ihn: »Wie soll ich mich verhalten, wenn es noch mal zu einer solchen Situation kommt?« Im ruhigen Zustand sind nahezu alle Chefs einsichtig; ein typisches Angebot wäre: »Das nächste Mal gehen Sie einfach raus. Dann eskaliert es nicht. Und ich komme auf Sie zu, wenn ich mich beruhigt habe – und entschuldige mich.« Sollte kein Vorschlag von ihm kommen, kündigen Sie an, wie Sie sich verhalten werden. Nach dieser Verabredung handeln Sie dann.

Meine Chefin wird nach dem Profit-Center-Prinzip bezahlt: Je mehr sie spart, desto mehr verdient sie an Prämie. Wie kann unser Team vor diesem Hintergrund erreichen, dass sie zwei vakante Arbeitsplätze endlich besetzt?

Das wird sie erst tun, wenn sie merkt: Mit der jetzigen Teamstärke erreiche ich meine Jahresziele nicht. Fahren Sie die Mehrarbeit zurück. Reduzieren Sie das Maß an Überstunden. Sorgen Sie dafür, dass Projekte, die im Bereich der vakanten Positionen liegen, auch mal an die Wand fahren. Nur das quietschende Rad wird geölt.

Ich weiß, dass in unserer Firma krumme Dinger laufen, Korruption auf höchster Ebene. Aber wie kann ich das aufdecken, ohne dass es mich meinen Kopf kostet? Eine Compliance-Abteilung haben wir nicht.
Wer weiß noch von den »krummen Dingern«? Gibt es einen Betriebsrat? Suchen Sie sich Verbündete, die zusammen mit Ihnen die Stimme erheben. Eine Gruppe kann mehr bewirken als ein Einzelner, der schnell mal als »Spinner« abserviert wird. Zeigen Sie auf, welche negativen Folgen der Firma drohen. Und fordern Sie gemeinsam Ihre Geschäftsführung auf, gegen die Missstände vorzugehen. Erst wenn diese Maßnahmen keine Früchte tragen, sollten Sie eine anonyme Anzeige erwägen.

Ich will als Mann meine Elternzeit nehmen, spüre aber die Bedenken meines Chefs. Zu welcher Entscheidung raten Sie mir: Familie oder Karriere?
Leider geht es vielen Männern so. Nur 30 Prozent der Väter nutzen die Elternzeit – und 80 Prozent beschränken sich auf jene zwei Monate, die es braucht, um das Fördergeld zu bekommen.[182] Ich frage mich: Sind Sie gut aufgehoben in einer Firma, in der die Elternzeit als Argument gegen Ihre Karriere gilt? Warum wird ein Widerspruch aus erfülltem Familien- und erfolgreichem Arbeitsleben konstruiert? Nach meiner Erfahrung kann sich beides

befruchten: Wer privat glücklich ist, bringt auch im Job bessere Leistungen. Genau diesen Standpunkt sollten Sie gegenüber Ihrem Chef vertreten. Lassen Sie sich die einmalige Zeit mit Ihrem Kind keinesfalls durch die Arbeit rauben.

Falls Ihre Firma das nicht akzeptieren will, sollten Sie sich umschauen nach einer modernen Firma, in der sogar die Top-Manager Elternzeit nehmen. Gelebtes ist immer glaubwürdiger als nur Gesprochenes.

Meine Chefin drängt mir für meine Projekte Fertigstellungs-Termine auf, die völlig unrealistisch sind. Aber wenn es schiefgeht, bin ich die Blöde. Was kann ich dagegen tun?
Stellen Sie Ihre Zeitkalkulation auf ein schriftliches Fundament – schon vor dem Termingespräch. Mailen Sie Ihrer Chefin diese Planung. Zeigen Sie auf, wie lang das Projekt mit den geplanten Ressourcen dauern wird. Halten Sie gleichzeitig fest, was Sie für eine schnellere Fertigstellung bräuchten, etwa an zusätzlichen Mitarbeitern. Wenn Ihre Chefin dann den Termin vorziehen will, bitten Sie sie, auch ihre Kalkulationsgrundlage offenzulegen. Je solider Ihre schriftlichen Argumente sind, desto schwieriger wird ein unrealistischer Termin für Ihre Chefin. Wenn sie sich dennoch durchsetzt, sind Sie gegen spätere Vorwürfe abgesichert.

Woran erkenne ich schon beim Bewerben, ob eine Firma hochstapelt?
Das geht los bei der Stellenausschreibung: Passt der Ton der Ausschreibung zum Inhalt? Wenn ein Unternehmen sich als »jung und dynamisch« bezeichnet, die Anzeige aber lahm und bürokratisch klingt – seien Sie misstrauisch! Verdächtig sind auch

winzige Print-Anzeigen von angeblichen »Marktführern«. Und wenn Unternehmen keinen Ansprechpartner und keine Durchwahl nennen, lässt das nicht gerade auf Mitarbeiterfreundlichkeit und kommunikatives Klima schließen.

Recherchieren Sie im Internet, zum Beispiel bei Portalen wie Kununu, welche Eindrücke andere Mitarbeiter und Bewerber von dieser Firma gesammelt haben. Sprechen Sie über soziale Netzwerke Mitarbeiter an und fragen Sie nach ihrer Insider-Meinung. Auf dieser Basis bekommen Sie ein fundiertes Bild.

Welche Warnsignale im Vorstellungsgespräch können mich vor einer durchgeknallten Firma bewahren?

Vier Signale halte ich für besonders wichtig. Das *erste Signal* erhalten Sie schon mit der Einladung: Übernimmt die Firma die Kosten für Ihre Anreise, wie gesetzlich vorgesehen? Oder sollen Sie als Reisesponsor einspringen? Wer Sie mit einem solchen Tritt begrüßt, wird Sie später nicht pfleglich behandeln.

Zweites Signal: Wie ist die Stimmung in der Firma? Achten Sie auf die Laune der Menschen, die Ihnen auf dem Flur begegnen. Wirken sie unbeschwert und fröhlich, plaudern sie miteinander? Oder erinnern sie eher an geprügelte Hunde? Miese Stimmung kommt meist von oben.

Drittes Signal: Wie ist die Wertschätzung der Gesprächsführer untereinander? Wird die Sekretärin, die den Kaffee bringt, mit einem Dankeschön und einem Lächeln belohnt? Ziehen der Personalchef und der Fachvorgesetzte in eine Richtung, oder deutet das Gespräch Spannungen an?

Viertes Signal: Wie gehen die Firmenvertreter mit Ihnen um? Werden Sie freundlich begrüßt? Wird Ihnen ein Getränk angeboten? Erfahren Sie Respekt durch gute Vorbereitung auf Ihren

Lebenslauf? Und findet das Gespräch in einem freundlichen Klima statt – oder fühlen Sie sich im Polizeiverhör?

Alle vier Punkte sollten Sie positiv beantworten können – sonst geraten Sie womöglich in ein Irrenhaus.

Muss man beim Bewerben eigentlich immer übertreiben? Ich fühle mich unwohl damit.

Ich finde es gut, wenn Sie sich *nicht* verstellen – sonst angeln Sie womöglich Jobs, die nicht zu Ihnen passen. Aber: Eine Bewerbung heißt so, weil Sie für sich werben. Also: Zeigen Sie Ihre Qualitäten auf. Geben Sie Beispiele für Erfolge. Zitieren Sie andere, die Sie schon gelobt haben – das fällt leichter als Eigenlob. Aber seien Sie niemals so ehrlich, dass Sie sich schaden. Wenn Sie zum Beispiel Ärger mit Ihrem letzten Chef hatten, sollten Sie das für sich behalten. Denn Firmen zeigen sich auch nur von ihrer besten Seite.

Mein Lebenslauf hat zwei Lücken von rund sechs Monaten. Bekomme ich deswegen so viele Absagen?

Gut möglich! Firmen neigen dazu, Lücken mit negativen Spekulationen zu füllen. Wer garantiert, dass Sie nicht sechs Monate im Gefängnis oder in der Entzugsklinik waren? Darum: Füllen Sie die Lücken selbst. Betonen Sie, was Sie in dieser Zeit für die Arbeit gelernt haben. Wer zum Beispiel einen Angehörigen pflegt, schult Verantwortung, Organisationstalent und Empathie. Schreiben Sie diese positiven Aspekte in den Lebenslauf. Das gilt auch im Fall einer Arbeitslosigkeit: Was haben Sie in dieser Zeit gelesen, gemacht, gelernt? Ich wette, da lassen sich glaubwürdige Perlen für den Lebenslauf finden und als »Entwicklungszeit« einbauen.

Ich hasse die Frage nach meinen Schwächen, die fast in jedem Vorstellungsgespräch kommt. Welche Antwort empfehlen Sie mir?
Ich empfehlen Ihnen drei Strategien, zwischen denen Sie wählen können.

Strategie eins: Sie nennen eine Schwäche, die Sie zu großen Teilen überwunden haben, schildern also eine Entwicklungsgeschichte. Zum Beispiel: »Früher ist es mir schwergefallen, vor anderen Menschen zu sprechen, ich war sehr zurückhaltend. Aber dann habe ich mich gezwungen, Präsentationen und Moderationen zu übernehmen. Erst lief das noch sehr holprig, aber dann bekam ich immer mehr Routine. Auch heute bin ich bestimmt noch zurückhaltender als viele andere, nur kann ich durch meine gute Vorbereitung professionell damit umgehen. Zum Beispiel habe ich neulich (…)«

Strategie zwei: Sie nennen eine Schwäche, die nicht absolut, sondern nur für eine begrenzte Situation gilt. Also nicht: »Ich bin unordentlich«, sondern: »Wenn ein Projekt in die Endphase geht, kann es schon mal passieren, dass auf meinem Schreibtisch ein wenig Unordnung entsteht. Dann bin ich völlig auf den Termin fokussiert. Sobald das Ziel erreicht ist, sorge ich wieder für Ordnung.«

Strategie drei: Sie nennen eine Schwäche, die nichts mit der angestrebten Position zu tun hat, als Büromensch etwa Ihre mangelndes Talent fürs Handwerkliche – oder als lokaler Handwerker Ihre Schwäche in einer Fremdsprache.

Auf meinem YouTube-Kanal »Martin Wehrle, Coaching- und Karrieretipps« präsentiere ich Ihnen die drei besten Antworten auf die Schwächen-Frage, das Video heißt: »Was sind Ihre Schwächen? 3 Beispiele für Antworten«.

Die Bürokratie in unserem Konzern bringt mich noch um. Aber als Einzelne kann ich nichts dagegen unternehmen – oder?
Versuchen Sie es einfach! Sprechen Sie mit Ihren Kollegen und bringen Sie konkrete Vorschläge ein: Wo könnte die Bürokratie abspecken? Welche Vorteile für den Konzern hätte das? Bitten Sie Kollegen anderer Abteilungen, dasselbe zu tun. Oft besteht Bürokratie aus schlechter Gewohnheit. Erst wenn Mitarbeiter protestieren und Alternativen aufzeigen, wird der Aktenstaub weggefegt.

Als Industriekauffrau habe ich nie studiert, würde aber dennoch gern eine Führungskarriere einschlagen – wo und wie gelingt mir das?
Ich empfehle Ihnen kleine und mittlere Unternehmen – gern solche, deren Inhaber selbst nicht studiert haben. Hier zählt die Leistung mehr als der Bildungshintergrund. Eine gute Selbst-PR im Alltag hilft: Nehmen Sie Ihre Vorgesetzten bei wichtigen Mails auf den Verteiler. Präsentieren Sie Ihre Erfolge bei Meetings. Und kommunizieren Sie wichtige Arbeitsfortschritte in Einzelgesprächen mit Ihrem Chef. Wenn Sie agieren wie eine Führungskraft, wenn Sie Ideen einbringen, Initiative ergreifen und Projekte erfolgreich leiten, steigt die Chance, dass Sie tatsächlich befördert werden.

Ich bin schon seit mehreren Jahren als Leiharbeiter tätig und begreife nicht, warum mich keine Firma übernehmen will. Haben *Sie* eine Erklärung?
Mehrfach habe ich Verträge gesehen, die für die Übernahme von Leiharbeitern eine horrende Prämie festschreiben, vier bis sechs

Monatsgehälter. Fragen Sie bei Ihrem Leih-Arbeitgeber nach, zu welchen Bedingungen Sie von einer Firma übernommen werden könnten. Falls Sie hier einen Pferdefuß entdecken: Fordern Sie, dass er beseitigt wird.

Sorgen Sie zugleich dafür, dass die leihende Firma mit Ihrer Leistung zufrieden ist. Holen Sie sich bei der Arbeit regelmäßig Rückmeldungen ein. Fragen Sie, was gut läuft und wo Sie sich noch verbessern können. Dadurch bekommen Sie wertvolle Hinweise, um sich weiterzuentwickeln. Zugleich signalisieren Sie Ihr Engagement. Und: Sprechen Sie offen aus, dass Sie gern übernommen würden.

Ein Kollege von mir wird gemobbt. Gerne würde ich ihm beistehen. Aber soll ich das wirklich? Oder riskiere ich, dass der Zorn sich dann gegen mich richtet?

Ich verstehe, dass Sie selbst nicht in die Schusslinie geraten wollen. Andererseits: Wer Mobbing sieht, aber nicht eingreift, macht sich mitschuldig. Drei Empfehlungen: Klären Sie in Einzelgesprächen mit Ihren Kollegen: Wer nimmt dieses Mobbing ebenfalls wahr? Wer würde es gern gestoppt wissen? Meist ist die Mehrheit dagegen. Laden Sie die Kollegen ein, in der nächsten Mobbing-Situation gemeinsam für das Opfer Partei zu ergreifen. Wenn der Mobber merkt, dass er die Gruppe gegen sich hat, wird er sein Verhalten überdenken.

Zweitens: Sprechen Sie den informellen Gruppenführer an, wenn er nicht selbst der Mobber ist, und sagen Sie zu ihm zum Beispiel: »Ich beobachte, dass Tanja von Jürgen bei unseren Meetings gemobbt wird. Und ich weiß, dass du das bestimmt auch nicht gut findest und Einfluss auf Jürgen hast. Kannst du ihn mal ins Gebet nehmen?«

Und drittens: Sprechen Sie das Mobbing-Opfer direkt an und erklären Sie Ihre Solidarität. Dieser emotionale Rückhalt kann für einen angegriffenen Menschen überlebenswichtig sein.

Mit diesen drei Maßnahmen lässt sich Mobbing meist schon im Anfangsstadium unterbinden.

Ich arbeite als Frau in Teilzeit und würde meine Stelle gern aufstocken, aber die Geschäftsleitung will nicht. Was kann ich unternehmen?

Tun Sie alles, um Ihren direkten Vorgesetzten für Ihr Anliegen zu gewinnen. Welche konkreten Vorteile hätte es für ihn, wenn Sie länger in der Firma wären? Er muss sich eindeutig hinter Ihr Anliegen stellen, dann besteht die Chance, dass Ihre Geschäftsleitung einlenkt. Falls Ihr Chef jedoch blockiert, sollten Sie nach anderen Teilzeit-Kräften mit demselben Anliegen suchen. Sorgen Sie dafür, dass Sie eine hörbare Stimme bekommen. Setzen Sie zum Beispiel eine gemeinsame Petition auf, freundlich und konstruktiv. Zeigen Sie dem Unternehmen auf, wo seine Vorteile liegen. Dieser Weg funktioniert am besten.

Wie kann ich mich als Frau gegen männliche Machtspiele wehren, etwa dass ich beim Reden unterbrochen oder als »Schätzchen« angesprochen werde?

Kontern Sie mit der gleichen Waffe, das ist am wirksamsten. Wenn Sie ein Mann zum Beispiel »Schätzchen« nennt, dann nennen Sie ihn »kleiner Liebling«. Danach wird er sich gut überlegen, Sie erneut zu verniedlichen. Wenn ein Kollege Sie anruft und in sein Büro bittet, sollten Sie sagen: »Komm du bitte bei mir vorbei!« Denn es hat eine Symbolik, ob Sie ein Heim- oder ein Auswärtsspiel austragen. Und wenn Ihnen ein Mann ins Wort fällt, sollten Sie einfach weiterreden – oder sich das Wort zurückholen. Denn wer sich unterbrechen lässt, fällt in den Tiefstatus.

Meine Führungskollegen fahren alle protzige Dienstwagen und reisen grundsätzlich erster Klasse. Kann ich mich als Frau da ausklinken? Oder schadet das meinem Image?
Offenbar wird in Ihrer Firma von der Größe des Dienstwagens auf die Bedeutung in der Hierarchie geschlossen. Das ist dämlich, aber Realität. Daher machen Sie es sich leichter, wenn Sie ebenfalls einen großen Dienstwagen wählen und erster Klasse reisen. Dann können Sie den Führungsmännern formal auf Augenhöhe begegnen. Mein Tipp: Wenn Sie ganz oben in der Hierarchie angekommen sind, sollten Sie diese albernen Spielregeln abschaffen – etwa durch die Festlegung einer einheitlichen Dienstwagen- und Reiseklasse.

Was halten Sie vom »Zickenkrieg«: Gibt es den wirklich in den Unternehmen? Oder ist er nur eine Erfindung der Männer?
Aus einer Forsa-Umfrage geht hervor: Nur drei Prozent der Frauen wollen eine Chefin – neunmal so viele ziehen einen Mann als Führungskraft vor.[183] Solidarität sieht anders aus. Und ich beobachte, dass Führungsmänner sich Jobs und Privilegien zuschaufeln, Frauen tun das seltener. Von »Zickenkrieg« würde ich nicht sprechen, aber von zu wenig Solidarität. Ich wünsche mir, dass weibliche Führungskräfte von anderen Frauen anerkannt werden. Und dass eine Frau, die es geschafft hat, über ihr Netzwerk auch andere Frauen nach oben holt – sofern die für einen Job kompetenter sind als ein Mann. Denn umgekehrte Diffamierung fände ich genauso schlecht.

Ich arbeite in einem Kleinbetrieb mit zwölf Mitarbeitern. Haben wir das Recht auf einen Betriebsrat? Wenn ja, wie gründet man ihn, und wie groß darf er sein?

Ja, Sie haben dieses Recht – sofern Ihre Firma über fünf wahlberechtigte Mitarbeiter verfügt. Wahlberechtigt sind Festangestellte von über 18 Jahren, nicht jedoch Führungskräfte. Lassen Sie sich bei der Gründung von einer Gewerkschaft beraten, der Ablauf sieht so aus:

Schritt 1: Bilden Sie einen Wahlvorstand aus drei Wahlberechtigten, von denen einer zum Vorsitzenden gewählt wird.

Schritt 2: Rufen Sie die Betriebsversammlung ein – durch drei Wahlberechtigte oder eine im Betrieb vertretene Gewerkschaft.

Schritt 3: Lassen Sie den Wahlvorstand die Wahlen geheim und unmittelbar durchführen.

Schritt 4: Zählen Sie die Stimmen öffentlich aus und fertigen Sie eine Wahlniederschrift an.

Schritt 5: Lassen Sie den Wahlvorstand das Ergebnis im Betrieb bekanntgeben.

Die Größe des Betriebsrates hängt von der Größe der Firma ab. In Firmen wie der Ihren, zwischen fünf und 20 Wahlberechtigten, ist es nur eine Person. Dagegen kommt ein Konzern zwischen 7001 und 9000 Arbeitnehmern auf 35 Mitglieder.

Was bringt es mir, wenn ich Mitglied einer Gewerkschaft werde? Und was kostet es?

Sie stehen nicht allein da, wenn's eng wird – sondern sind Teil einer Gemeinschaft. Ganz egal, ob Sie Rat brauchen oder gegen Ihren Arbeitgeber prozessieren müssen – die Gewerkschaften stehen Ihnen mit kompetenten Ansprechpartnern zur Seite und gewähren Rechtsschutz durch alle Instanzen. Die Mitgliedschaft stärkt nicht nur Sie, sondern auch die Gewerkschaft: Je mehr Menschen sich dort organisieren, desto besser lassen sich die Interessen aller Beschäftigten durchsetzen, etwa in Tarifverhandlungen oder bei politischer Lobbyarbeit. Die Kosten der Mitgliedschaft sind überschaubar, etwa ein Prozent Ihres monatlichen Bruttogehalts.

Weiterführende Literatur

Abidi, Heike; Koeseling, Anja, *Willkommen in der Bürohölle!* Eden, 2016

Bartussek, Joerg; Weyergraf, Oliver, *Mad Business.* Campus, 2015

Berger, Wolfgang, *Anleitung zur artgerechten Menschenhaltung im Unternehmen.* J. Kamphausen, 2012

Bierach, Barbara, *Das dämliche Geschlecht.* Wiley, 2011

Boltanski, Luc; Chiapello, Ève, *Der neue Geist des Kapitalismus.* Herbert von Halem, 2006

Drucker, Peter F., *Was ist Management?* Econ, 2010

Dueck, Gunter, *Das Neue und seine Feinde.* Campus, 2013

Erhard, Ludwig, *Wohlstand für alle.* Anaconda, 2009

Esser, Christian; Schröder, Alena, *Die Vollstrecker.* C. Bertelsmann, 2012

Esser, Christian; Randerath, Astrid. *Schwarzbuch Deutsche Bahn.* Bertelsmann, 2010

Freud, Sigmund, *Zur Einführung des Narzissmus.* CreateSpace, 2017

Herrmann, Brigitte, *Die Auswahl.* Wiley, 2016

Hockling, Sabine; Weigelt, Ulf, *Was Chefs nicht dürfen.* Ullstein, 2017

K., Emanuel, *Die Sklavenhändler.* Books on Demand, 2008

Kanning, Uwe Peter, *Von Schädeldeutern und anderen Scharlatanen.* Pabst, 2010

Knaths, Marion, *Spiel mit Macht.* Piper, 2009

Layard, Richard, *Die glückliche Gesellschaft.* Campus, 2005
Maier, Corinne, *Die Entdeckung der Faulheit.* Goldmann, 2006
Malik, Fredmund, *Führen, leisten, leben.* Heyne, 2005
Ramge, Thomas, *Montags könnt ich kotzen.* Rowohlt, 2014
Rifkin, Jeremy, *Das Ende der Arbeit und ihrer Zukunft.* Fischer, 2005
Rothlin, Philippe; Werder, Peter R., *Diagnose Boreout.* Redline, 2014
Rudan, Stojan; Kötting, Michael, *»Seien Sie gefälligst still, wenn ich Sie unterbreche!«.* Piper, 2014
Sandberg, Sheryl, *Lean in.* Econ, 2013
Schetar, Klaus, *Endlich en(d)tsorgt.* BoD, 2016
Schneider, Barbara, *Fleißige Frauen arbeiten, schlaue steigen auf.* Goldmann, 2011
Seligman, Martin E. P., *Der Glücks-Faktor.* Bastei Lübbe, 2008
Smith, Adam, *Der Wohlstand der Nationen.* dtv, 1999
Sennett, Richard, *Der flexible Mensch.* Berlin Verlag, 1998
Sennett, Richard, *Die Kultur des neuen Kapitalismus.* Berliner Taschenbuch-Verlag, 2007
Spät, Patrick, *Die Freiheit nehm ich dir.* Rotpunktverlag, 2016
Spät, Patrick, *Und, was machst du so?* Rotpunktverlag, 2014
Sprenger, Reinhard K., *Das anständige Unternehmen.* Deutsche Verlagsanstalt, 2015
Sprenger, Reinhard K., *Radikal führen.* Campus, 2012
Straub, Andreas. *Inside Aldi & Co.* Rowohlt, 2013
Sutton, Robert, *Stellen Sie Leute ein, die Sie eigentlich nicht brauchen.* Piper, 2002
Tannen, Deborah. *Job-Talk.* Kabel, 1995
Väth, Markus, *Feierabend hab ich, wenn ich tot bin.* Gabal, 2011

Vollmer, Lars, *Zurück an die Arbeit.* Linde, 2016

Wallraff, Günter, *Die Lastenträger.* Kiepenheuer & Witsch, 2014

Wehrle, Martin, *Bin ich hier der Depp?* Mosaik, 2013

Wehrle, Martin, *Der Klügere denkt nach.* Mosaik, 2017

Wehrle, Martin, *Herr Müller, Sie sind doch nicht schwanger?!* Mosaik, 2014

Wehrle, Martin, *Ich arbeite immer noch in einem Irrenhaus.* Econ, 2012

Wehrle, Martin, *Sei einzig, nicht artig.* Mosaik, 2015

Weiden, Ewald F., *Folienkrieg und Bullshitbingo.* Piper, 2016

Willemsen, Roger, *Wer wir waren.* Fischer, 2016

Wiseman, Richard, *Wie Sie in 60 Sekunden Ihr Leben verändern.* Fischer, 2013

Quellenverzeichnis

1. Die Fallgeschichten über Klienten sind real, die Namen zum Schutz der Persönlichkeit verändert.
2. Stern, »Irrsinn Büro«, 27.09.2012
3. Bild, Hat Ihr Chef einen an der Waffel?, 25.09.2012
4. Spiegel-Online, Was wurde aus dem Bahn-Chaos in Mainz?, 19.01.2016
5. stern.de, Setzt die irren Führungskräfte auf die Schulbank, 29.9.2012
6. tagesspiegel.de, Eröffnung 2019 oder doch erst 2023 – oder?, 19.09.2017
7. Spiegel Online, Viele Beschäftigte vertrauen Ihrer Firma kaum, 03.10.2016
8. Süddeutsche Zeitung, 07.09.2017
9. Storm, Andreas (Hrg.), *Gesundheitsreport 2017.* IGES Institut, 2017
10. Focus Money, Das Toyota-Modell, Nr. 41, 2006
11. faz.net, Mehr als zwei Drittel machen Dienst nach Vorschrift, 22.03.2017
12. Statistica, Unternehmensalter der DAX-Konzerne in Deutschland, 2014
13. welt.de, Diese legendären Marken sind nur noch Erinnerung, 28.09.2013
14. rp-online.de, Empörung über Millionen für Air-Berlin-Chef, 20.10.2017
15. Malik, Fredmund, *Führen, leisten, leben.* Heyne, 2005
16. computerworld.ch, Die 9 teuersten Meeting-Fehler – und wie sie vermieden werden, 15.04.2014

17. Wiseman, Richard, *Wie Sie in 60 Sekunden Ihr Leben verändern.* Fischer, 2013
18. zeit.de, Jagd auf vermeintliche Minderleister. 22.09.2016
19. Mannheimer Morgen, Immer schön locker bleiben, 18.08.2017
20. Weiden, Ewald F., *Folienkrieg und Bullshitbingo.* Piper, 2016
21. focus.de, Deutsche Arbeitnehmer lassen ihre Urlaubstage verfallen, 07.07.2016
22. s. Mannheimer Morgen, 18.08.2017
23. Deutscher Gewerkschaftsbund (DGB), *Prekäre Beschäftigung.* 2017
24. morgenpost.de, Druck und Stress belasten Arbeitnehmer immer mehr, 06.09.2017
25. wiwo.de, Junge Angestellte verzichten auf Pausen, 03.03.2016
26. report-psychologie.de, Entgrenzung der Arbeit gefährdet Gesundheit, 04.07.2017
27. Spät, Patrick, *Und, was machst du so?* Rotpunktverlag, 2014
28. Boltanski, Luc; Chiapello, Ève, *Der neue Geist des Kapitalismus.* Herbert von Halem, 2006
29. zeit.de, Erst die Arbeit, nie das Vergnügen, 07.10.2016
30. sueddeutsche.de, Mehr als die Hälfte der Arbeitnehmer leidet unter Termin- und Leistungsdruck, 10.10.2016
31. Layard, Richard, *Die glückliche Gesellschaft.* Campus, 2005
32. Sennett, Richard, *Der flexible Mensch.* Berlin Verlag, 1998
33. Spät, Patrick, *Die Freiheit nehm ich dir.* Rotpunktverlag, 2016
34. welt.de, Zu viele Vätermonate sind ein Karriere-Risiko, 11.03.2015
35. Schetar, Klaus, *Endlich en(d)tsorgt.* BoD, 2016
36. zeit.de, Goldman Sachs führt 17-Stunden-Tag für Praktikanten ein, 18.06.2015
37. Wehrle, Martin, *Bin ich hier der Depp?* Mosaik, 2013
38. managerSeminare, 7–2017

39. Drucker, Peter F., *The Practice of Management.* Harper & Row, 1954
40. marconomy.de, Studie »Erfolgsfaktor Wertschätzung«, 02.02.2017
41. s. managerSeminare, 12/2016
42. Machiavelli, Niccolò, *Der Fürst.* Nikol Verlag, 2013
43. managerSeminare, 12/2016
44. Seligman, Martin E. P., *Der Glücks-Faktor.* Bastei Lübbe, 2008
45. Kölner Express, Wie darf ein Chef seine Mitarbeiter überwachen?, 13.01.2015
46. tagesspiegel.de, Schläfst du noch, oder arbeitest du schon?, 10.0.2015
47. ndr.de, Amazon: Verstöße gegen Mitarbeiterrechte, 12.12.2017
48. jetzt.de, Ein Mitarbeiter bei Amazon kämpft für gerechte Arbeitsstrukturen im Unternehmen, 30.03.2017
49. Willemsen, Roger, *Wer wir waren.* S. Fischer, 2016
50. Hockling, Sabine; Weigelt, Ulf, *Was Chefs nicht dürfen.* Ullstein, 2017
51. Spiegel-Online, Was wurde aus dem Bahn-Chaos in Mainz?, 19.01.2016
52. ebenda
53. Rügemer, Werner; Wigand, Elmar, *Die Fertigmacher.* PapyRossa, 2017
54. Esser, Christian; Randerath, Astrid. *Schwarzbuch Deutsche Bahn.* Bertelsmann, 2010
55. wiwo.de, Niemand will mehr Lokführer werden, 04.01.2018
56. Esser, Christian; Schröder, Alena, *Die Vollstrecker.* C. Bertelsmann, 2012
57. Süddeutsche Zeitung, 12.06.2017
58. handelsblatt.com, Deutsche Konzerne vor Abschluss eines Rekordjahrs, 26.12.2017

59. berliner-zeitung.de, Die Reallöhne sinken besonders im Westen, 19.09.2014
60. deutsche-wirtschafts-nachrichten.de, Studie: Deutschland hat die meisten Niedriglöhner in Europa, 24.12.2012
61. Koch, Hans-Gerd, *»Als Kafka mir entgegenkam …«*. Wagenbach, 1995
62. Sprenger, Reinhard K., *Radikal führen.* Campus, 2012
63. tagesspiegel.de, Renaissance der Ehrlichkeit, 27.10.2011
64. ebenda
65. faz.net, Die Trickser der Wirtschaft, 21.10.2015
66. Väth, Markus, *Feierabend hab ich, wenn ich tot bin.* Gabal, 2011
67. Straub, Andreas. *Inside Aldi & Co.* Rowohlt, 2013
68. Spiegel-Online, Viele Beschäftigte vertrauen ihrer Firma kaum, 03.10.2016
69. compliance-manager.net, Die ehrliche Wahrheit über die Unehrlichkeit, undatiert
70. handelsblatt.com, Aufseher nehmen Exportwirtschaft ins Visier, 14.10.2002
71. Spiegel-Online, Daimler-Vorstandsfrau soll bei VW aufräumen, 16.10.2015
72. Böcklerimpuls, 4/2013
73. nwzonline.de, Gutes Zeugnis für Mörder Högel trotz Verdachts, 24.06.2016
74. nwzonline.de, Sechs Klinikmitarbeiter im Fall Niels Högel angeklagt, 26.11.2016
75. ebenda
76. Süddeutsche Zeitung, 23.01.2018
77. s. nwzonline.de, 24.06.2016
78. br.de, Wie viel Transparenz muss sein?, 29.03.2017
79. Süddeutsche Zeitung, 09.03.2018

80. autozeitung.de, Dieselgate – Darum geht's, 24.09.2015
81. Sprenger, Reinhard K., *Das anständige Unternehmen.* Deutsche Verlagsanstalt, 2015
82. ndr.de, Die VW-Abgas-Affäre: Eine Chronologie, 16.03.2017
83. faz.de, Weil ließ Regierungserklärung von VW umschreiben, 06.08.2017
84. der Freitag, 31/2017
85. zeit.de, Verdienen diese Männer, was sie bekommen?, 23.02. 2017
86. Spiegel-Online, Hohmann-Dennhardt bekommt mehr als zwölf Millionen von VW, 30.01.2017
87. Süddeutsche Zeitung, 29.01.2018
88. Süddeutsche Zeitung, 30.01.2018
89. Spiegel-Online, Das geheime Kartell der deutschen Autobauer, 21.07.2017
90. auto-motor-und-sport.de, VW ist wieder die Nummer 1, 19.01.2018
91. Herrmann, Brigitte, *Die Auswahl.* Wiley, 2016
92. Layard, Richard, *Die glückliche Gesellschaft.* Campus, 2005
93. humanresourcemanager.de, Die Psychologie der Personalauswahl, 14.08.2013
94. Sutton, Robert, *Stellen Sie Leute ein, die Sie eigentlich nicht brauchen.* Piper, 2002
95. Wehrle, Martin, *Der Klügere denkt nach.* Mosaik, 2017
96. Berger, Wolfgang, *Anleitung zur artgerechten Menschenhaltung im Unternehmen.* J. Kamphausen, 2012
97. s. humanresourcemanager.de, 14.08.2013
98. Kanning, Uwe Peter, *Von Schädeldeutern und anderen Scharlatanen.* Pabst, 2010
99. Schneemann, Dirk, *Wer bin ich? Wer bist du?.* Heel, 2002

100. faz.de, Schlechtere Bewerbungschancen mit ausländischen Namen, 26.03.2014
101. Spiegel-Online, Die Rückkehr der Grauhaarigen, 27.01.2017
102. Vollmer, Lars, *Zurück an die Arbeit.* Linde, 2016
103. Rudan, Stojan; Kötting, Michael, *»Seien Sie gefälligst still, wenn ich Sie unterbreche!«*. Piper, 2014
104. s. Spiegel-Online, 03.10.2016
105. wiwo.de, Deutsche Unternehmen schaden sich selbst, 27.03.2017
106. Rothlin, Philippe; Werder, Peter R., *Diagnose Boreout.* Redline, 2007
107. Dueck, Gunter. *Das Neue und seine Feinde.* Campus, 2013
108. zeit.de, Fallstricke für Mitarbeiter, 05.01.2006
109. Freud, Sigmund, *Zur Einführung des Narzissmus.* CreateSpace, 2017
110. deutschlandfunk.de, Dokumentationspflicht viel zu groß, 02.01.2015
111. Süddeutsche Zeitung, 29.1.2018
112. svz.de, Die 15 Lohn-Tricks der Arbeitgeber, 03.03.2015
113. focus.de, 816.000 freie Stellen und kaum Bewerber, 07.03.2017
114. ebenda
115. ebenda
116. s. wiwo.de, 27.03.2017
117. faz.de, Der Staat drängt sein Personal in Zeitverträge, 29.05.2013
118. ebenda
119. Spiegel-Online, Prekär ist immer noch normal, 17.03.2017
120. zeit.de., Zeitverträge: Entfristet uns!, 12.01.2017
121. IBA-Kurzbericht, 5/2016
122. Süddeutsche Zeitung, 11.8.2017
123. s. DGB, 2017
124. ebenda

125. s. focus.de, 07.03.2017
126. handelsblatt.com, Unter Haien, 06.07.2007
127. tagesspiegel.de, 05.05.2011, Der Wegwerfmann
128. s. DGB, 2017
129. DGB, 2017
130. Wehrle, Martin, *Ich arbeite immer noch in einem Irrenhaus.* Econ, 2012
131. K., Emanuel, *Die Sklavenhändler.* Books on Demand, 2008
132. Süddeutsche Zeitung, 06.06.2011
133. taz.de, »Ausbeutung breitet sich aus«, 04.12.2015
134. ebenda
135. ebenda
136. Wallraff, Günter, *Die Lastenträger.* Kiepenheuer & Witsch, 2014
137. Wehrle, Martin, *Herr Müller, Sie sind doch nicht schwanger?!* Mosaik, 2014
138. s. Wehrle, Martin, 2012
139. faz.net, Das Einfrieren von Eizellen zahlt die Firma, 15.10.2014
140. Süddeutsche Zeitung, 10./11.02.2018
141. Bartussek, Joerg; Weyergraf, Oliver, *Mad Business.* Campus, 2015
142. Schneider, Barbara, *Fleißige Frauen arbeiten, schlaue steigen auf.* Goldmann, 2011
143. Tannen, Deborah. *Job-Talk.* Kabel, 1995
144. Maier, Corinne, *Die Entdeckung der Faulheit.* Goldmann, 2006
145. Bierach, Barbara, *Das dämliche Geschlecht.* Wiley, 2011
146. Sandberg, Sheryl, *Lean in.* Econ, 2013
147. s. morgenpost.de, 06.09.2017
148. wiwo.de, Diese Fehler verbauen Frauen die Karriere, 16.06.2015
149. zeit.de, Gerechtigkeit kommt nicht von allein, 14.07.2016
150. zeit.de, Warum Sie auch 2018 nicht erfahren, was Ihre Kollegen verdienen, 06.01.2018

151. Knaths, Marion, *Spiel mit Macht.* Piper, 2009
152. s. zeit.de, 05.01.2006
153. zeit.de, EU-Kommission befragt Bürger zur Frauenquote, 05.03.2012
154. Süddeutsche Zeitung, 25.03.2008
155. derstandard.at, Der tiefe Fall der Osterinsel-Kultur, 29.9.2017
156. greenpeace.de, Riesenbanner an Fischtrawler, 23.12.2011
157. welt.de, Rücksichtslose Jagd auf den neuen, alten Bodenschatz, 19.01.2016
158. zeit.de, Smartphones aus Kinderarbeit, 19.01.2016
159. Smith, Adam, *Der Wohlstand der Nationen.* dtv, 1999
160. Sennett, Richard, *Die Kultur des neuen Kapitalismus.* Berliner Taschenbuch-Verlag, 2007
161. focus.de, Fake News mit fatalen Folgen, 19.09.2017
162. wiwo.de, Auch deutsche Konzerne sparen sich die Steuer, 28.05.2013
163. Spiegel-Online, 45 Deutsche besitzen so viel wie die ärmere Hälfte der Bevölkerung, 23.01.2018
164. zeit.de, Mehr Luft für den Aufstieg, 23.05.2017
165. welt.de, 30 Prozent der Deutschen ohne Geld-Reserven, 14.11.2017
166. rp-online.de, Knapp jeder Vierte arbeitet für Niedriglohn, 17.06.2017
167. Erhard, Ludwig, *Wohlstand für alle.* Anaconda, 2009
168. s. Spät, 2016
169. wdr.de, Helmut Kohl in Zitaten, 26.09.2012
170. Spiegel-Online, Kritik am Kapitalismus, 31.12.2017
171. Brecht, Bertolt, *Werke* (kommentierte Ausgabe, Band 14). Suhrkamp, 1988
172. Rifkin, Jeremy, *Das Ende der Arbeit und ihrer Zukunft.* Fischer, 2005

173. Wehrle, Martin, *Sei einzig, nicht artig.* Mosaik, 2015
174. dgb.de, Die Mitglieder der DGB-Gewerkschaften, undatiert
175. bpb.de, Daten und Fakten: Arbeitslosigkeit, 01.06.2010
176. Spiegel-Online, Papst Franziskus geißelt Profitgier, 16.05.2013
177. tagesschau.de, Dieselkrise – na und?, 13.03.2018
178. Drucker, Peter F., *Was ist Management?* Econ, 2010
179. managerSeminare, 2–2017
180. s. DGB, 2017
181. s. Seligman, 2008
182. sueddeutsche.de, Who cares?, 12.03.2015
183. s. wiwo.de, 16.06.2015

Register